인공지능의 존재론

이 저서는 2016년 대한민국 교육부와 한국연구재단의 지원을 받아 수행된 연구임
(NRF-2016S1A5A2A03927217)

포스트휴먼 시대의 인공지능 철학 01

인공지능의 존재론

Ontology of Artificial Intelligence

이중원 엮음

이중원 · 박충식 · 이영의 · 고인석 · 천현득 · 정재현 · 신상규 · 목광수 · 이상욱 지음

한울
아카데미

머리말

2016년 봄, 알파고의 등장은 우리 사회에 커다란 충격을 던져주었다. 인간에게 유용한 스마트한 도구 정도로 인식했던 인공지능이, 인간의 능력을 훨씬 뛰어넘어 자율적 행위자로서 인간을 위협할지도 모른다는 공포심을 낳은 것이다. 그렇다면 그러한 공포감은 어디서 온 것일까, 우리는 왜 알파고에 두려움을 느낀 것일까? 그 두려움은 우리에게 익숙한 공상과학 영화들의 디스토피아적인 시나리오가 강제한 허구인가, 아니면 미래에는 충분한 가능성이 있는 실재인가?

이 의문에 실제적이고 의미 있게 대응하기 위해서, 인공지능의 본성과 그것의 존재적 지위 및 사회적 역할에 대해 더욱 통합적이면서 심도 있는 분석과 연구가 필요하다. 도대체 인공지능의 정체가 무엇인가, 스스로 학습하여 똑똑해지는 이들을 우리는 어떤 존재자로 봐야 할 것인가, 이들의 등장으로 인간의 생활 세계는 어떻게 달라질 것인가, 달라진 생활 세계에는 어떤 윤리적 문제들과 사회적 문제들이 발생할 것인가, 우리는 이들과 어떻게 공존할 것인가, 다가올 인공지능 시대에 인간의 정체성은 무엇인가 등등. 이러한 질문들을 우리가 얼마나 진지하게 숙고하고 이에 어떻게 선제적으로 대응하는가에 따라, 앞으로 다가올 인공지능 시대에 대한 인간의 대처 능력은 많이 달라질 것이며, 앞서 우리가 겪었던 두려움의 실체도 더 명확해질 것이다.

알파고, 자율주행차, 의사 왓슨, 판사 로스 등으로 상징되는 인공지능은 우리 사회 속에 이미 깊숙이 들어와 있고, 앞으로 더 많이 유입되어 우리 삶의 일부가 될 것이다. 이러한 인공지능(로봇)의 등장은, 더 이상 인간의 직접적 조작에 의해 작동되거나 지속적인 개입을 필요로 하는 수동적 존재가 아니라, 일종의 직권 위임에 의해 스스로의 자율적 판단을 통하여 작동하는 능동적 행위자이자 비인간적 인격체의 출현을 상징한다. 인공지능의 출현으로 인간은 앞으로 과거에 전혀 경험하지 못했던 새로운 유형의 다양한 윤리적·사회적 문제들에 직면하게 될 것이고, 인간과 인공지능의 공존이라는 새로운 시대적 과제를 안게 될 것이다. 이러한 문제들에 능동적이고 미래지향적으로 대처하기 위해, 인공지능에 관한 존재론적·윤리학적·인간학적 관점에서의 체계적인 철학적 연구, 곧 '포스트휴먼 시대의 인공지능 철학'에 대한 연구가 필요하고 시급하다. 인공지능 기술의 발전과 그에 수반한 미래의 변화들에 대해, 통섭적인 분석에 바탕을 둔 철학적 성찰이 필요한 시기다.

이러한 역사적인 시대적 소명에 철학자로서 응답하기 위해, 알파고가 등장했던 바로 2016년 봄, 이런 문제에 오래전부터 관여해왔거나 아니면 새롭게 문제의식을 갖게 된 철학자와 공학자 아홉 명이 모여 통합 연구팀을 꾸렸다. 과학철학, 기술철학, 기술윤리, 응용윤리학, 인지철학, 동양철학 등 다양한 철학 분야의 연구자와 인공지능 알고리즘을 설계하는 공학자(이 책의 지은이들)가 다음과 같은 연구 목표 아래 모인 것이다.

전체 연구 목표는 포스트휴먼 시대 인공지능의 철학 체계를 미래적 관점에서 구축하는 것이다. 막연한 두려움이나 단순한 도구주의적 관점을 넘어, 인공지능의 본성, 존재론적 지위, 사회적 역할 등을 통합적으로 검토하는 체계적인 인공지능의 철학 체계를 구축하는 일이다. 다시 말해 인간 중심적 관점에서 벗어나 포스트휴먼 관점에서 인공지능의 본성을 평가할 수 있는 인공지능의 존재론, 윤리학, 인간학의 통합 체계를 구축하는 것이다.

이를 달성하기 위해 전체 연구를 다음과 같은 세 가지 세부 연구로 구체화했고, 3년 동안 연차별로 각 세부 연구를 수행하고자 한다.

첫 번째 세부 연구는 '인공지능의 존재론'이다. 인공지능의 물리적 특성에 대한 과학적 이해와 인격체의 다양한 요소들에 대한 철학적 분석을 토대로 인공지능의 존재론적 본성을 새롭게 규명하는 것이다. 특히, 인공지능이 비인간적 인격체라는 지위를 부여받을 가능성을 모색하는 것이다.

두 번째 세부 연구는 '인공지능의 윤리학'이다. 앞서 정립된 인공지능의 존재론적 본성에 기초해 인간이 인공지능과 맺는 관계를 새롭게 정립하고, 인공지능의 등장으로 새롭게 제기된 윤리적 문제들을 해결하기 위한 규범 원리들 그리고 이 원리들을 정당화할 수 있는 새로운 윤리학 이론을 모색하는 것이다.

세 번째 세부 연구는 앞서 진술한 존재론적 관점과 윤리학적인 제반 논의에 바탕을 두고, 인간과 인공지능이 조화롭게 공존할 수 있는 미래 사회의 모습과 그에 필요한 사회적 거버넌스 체계를 인간학적 관점에서 고찰하는 '인공지능 시대의 인간학'이다.

이번에 펴내는 『인공지능의 존재론』은 첫 번째 세부 연구의 성과물이다. 이어 출판될 두 번째, 세 번째 세부 연구의 성과물은 각각 『인공지능의 윤리학』(가제), 『인공지능 시대의 인간학』(가제)이 될 것이다. 이렇게 3년간 세 권의 책을 내는 것이 연구팀의 목표다.

그 첫 번째 성과물인 이 책 『인공지능의 존재론』에서 다루는 핵심 내용은 다음과 같다. 인공지능의 과학적·공학적 측면에 대한 검토에서 출발해, 인공지능의 존재론적 지위와 본성을 철학적 관점에서 정립하는 것이다. 다시 말하면 인공지능과 관련된 윤리적·사회적 문제들의 해결을 위한 논의의 토대에 해당하는 인공지능의 존재론을 구성·제안하는 것이다. 이를 위해 인공지능이 인격체로 불릴 수 있는 조건과 관련, 생명, 의식, 자율성, 감정, 지향성, 그리고 인격성의 개념을 철학적으로 분석하고, 인공지능에 어떠한 인격적 지위가 부여될 수 있는지를 동양철학과 서양철학의 관점에서 검토했다. 각 장의 내용을 간략히 소개하면 다음과 같다.

1장 "생명으로서의 인공지능: 정보철학적 관점에서"(박충식)는 지능이라고 부르는 현상이 (인공지능이든 자연지능이든 간에) 정보처리로 간주되어야 한다고 보며, 그러한 정보처리의 중요 원리로 구성적 정보철학을 강조한다. 이 관점에서 보면 인공지능이 인간과 같은 자연지능 수준에 이르기 위해서는 스스로의 목적을 가지고, 이를 충족하기 위해 자신의 감각기관을 통하여 환경의 차이를 구별하고, 그 차이들을 인간과 공유할 수 있는 지칭이 가능한 '심벌 그라운딩'을 해야만 한다. 여기서 심벌 그라운딩이란 인공지능에게서 '언어 기호가 어떻게 외부 세계의 대상에 대해 의미를 가지게 되는가'의 문제가 된다. 이러한 심벌 그라운딩이 가능해지려면 최소한 생명 메커니즘이 필요한데, 인공지능에게는 자기생산체계를 갖춘 인공생명 개념이 적용될 수 있을 것으로 본다. 이처럼 인공지능이 최소한의 생명적 메커니즘(인공생명)을 가진다면, 인공지능은 인간과의 의미 공유, 사회적 소통 그리고 공존이 가능하게 될 텐데, 이는 루만의 사회체계이론에 의해 잘 설명될 수 있다.

2장 "의식적 인공지능"(이영의)에서는 '인공지능 로봇과 같은 인공물도 과연 의식을 가질 수 있는가?'라는 질문에 대해, 지금까지와는 다른 차원에서 긍정적인 답변을 시도한다. 먼저 이 질문에 대한 기존의 상반된 두 입장, 곧 긍정(튜링 검사)과 부정(중국어 방 논변)의 입장 사이의 논쟁을 살펴본다. 다음으로 이 논쟁을 통해 결국 의식이란 무엇인가라는 본성 문제가 중요하게 대두된 만큼, 철학적 좀비의 가능성 여부와 흑백방의 메리 사고실험 등을 통해 의식의 어려운 문제를 구성하는 주관성과 감각질을 중심으로 의식의 본성을 검토한다. 마지막으로 인공지능에서의 의식의 가능성을, 내러티브적 자아와 인공적 밈(meme) 개념을 이용해 모색한다. 즉 구성하기와 이해하기라는 내러티브의 양방향성을 통해 자전적 내러티브를 형성할 수 있는 밈적 존재로 인공지능을 바라본다. 그 결과 언어 및 행위와 연관된 사회적 규범들, 지적 세계를 구성하는 지식을 우리와 동일한 방식으로 습득하게 된다. 여기서 중요한 문제는 인간과 유사한 밈적 효과를 낳는 능력들을 기계에 얼마만큼 부여할 것인가다.

3장 "인공지능이 자율성을 가진 존재일 수 있는가?"(고인석)에서는, 전통적인 철학자 루소, 칸트 그리고 크리스먼의 자율성 개념에 기초해서 인공지능(로봇)이 자율적 존재가 될 수 있는지를 분석·평가한다. 이 철학자들의 논의에 따르면, 자율성은 책임과 권리의 전제조건으로 행위자가 한 일과 관련된 책임과 공헌을 배분하는 데 적용할 규범의 근거가 된다. 그런데 인공지능(로봇)에게는 인간 공동체의 역사 속에서 만들어지고 인간들 안에서 내면화된 '사회적 직관'이 없고 '자연이 부여한 몸'이 결여된 까닭에, 책임과 권리의 주체가 될 수 없게 된다. 결국 전통적 자율성 개념에 따르면 인공지능(로봇)은 자율적 존재가 될 수 없다. 따라서 인공지능의 자율성을 논하고자 한다면, 전통적인 자율성 개념과는 다른 개념적 접근이 필요하다.

4장 "인공지능과 관계적 자율성"(이중원)에서는, 먼저 인공지능(로봇)이 다양한 수준에서 설계자 및 제작자의 의도에서 벗어나 독자적 결정을 내리는, 자율적 행위자로 발전해가는 현황을 살펴본다. 그러한 자율성의 물리적 토대는, 물론 새로운 문제 해결 방법을 찾아 스스로 문제를 해결해나가는 딥러닝 프로그램의 자기 주도적 학습 메커니즘이다. 이러한 딥러닝 프로그램에 대해 루소와 칸트의 전통적 자율성 개념을 적용하는 것은 무리이지만, (일정 수준의) 관계적 자율성 개념은 적용 가능하다. 인공지능(로봇)은 빅데이터에 대한 자체 분석을 통해 자율적인 판단과 행위를 하는데, 이때 빅데이터에는 사회적 관습과 규범에 따른 인간의 수많은 행위들, 곧 다양한 사회관계들이 반영돼 있다. 그런 의미에서 인공지능(로봇)의 행위는 기존의 사회적 관계가 반영되어 구성된 자율적 행위로 볼 수 있다. 다시 말해 인공지능(로봇)의 행위의 정체성 자체가 내재적인 자율성보다는, 인공지능(로봇)이 인간 사회와 맺은 사회적 관계에 의해 규정되고 있다고 말할 수 있다. 그런 의미에서 인공지능(로봇)은 관계적 자율성을 갖는다고 할 수 있다.

5장 "인공지능은 감정을 가질 수 있을까?"(천현득)에서는 인공지능 시대에 감정이 중요한 문제로 등장하게 된 배경을 살펴보고, 인공 감정의 가능성을 검토한다. 최근 인공지능의 급속한 발달과 압도적인 성능에 직면해, 우리는 인간이란 어떤 존재인지를 다시 묻게 된다. 전통적으로 인간을 정의하는 가장 중요한 요소이던 이성의 영역에서 인공지능에 추월당할 가능성을 염려하는 사람들은 이제 감정으로 눈을 돌린다. 그러나 감정에서 인간의 고유성을 찾아 안도하기 전에, 인공지능에 감정을 부여하려는 감성 로봇의 개발 시도에 주목할 필요가 있다. 이 글은 감정 로봇을 개발하려는 주요 동기와 현황을 개괄하는 데서 출발하여, 진정한 감정을 소유한 로봇이 가능한지 검토한다. 어떤 대상에 감정을 부여할 수 있는 몇 가지 핵심 기준을 정하고 이를 인공지능에 적용해보면, 진정한 감정 로봇이 근미래에 실현될 가능성은 낮다. 그러나 감정을 소유한 로봇이 등장하기 이전이라도, 사람들의 감정 표현을 인식하고 적절히 반응하는 로봇의 개발은 가능하며 이는 일방적인 감정 소통의 문제를 야기할 수 있음을 보여준다.

6장 "동아시아 철학과 인공지능의 인격성: 감정기능주의, 상관론, 전체론"(정재현)에서는 특별히 전통 동아시아 철학 학파인 묵가와 유가에 주목해, 이 입장이 인공지능의 존재적 본성에 어떤 긍정적인 답변이 가능함을 보여준다. 즉 묵가와 유가와 같은 동양의 철학사상에서의 감정에 대한 생각이 현대의 첨단적 사고방식인 기능주의와 만남으로써, 인공지능이 감정을 가질 수 있고 나아가 자율적 존재임을 보이는 데 중요한 자원일 수 있음을 강조한다. 묵가는 손익계산을 하는 지능에 의해 우리는 얼마든지 감정을 조절·통제할 수 있다고 생각하는 점에서 대표적인 감정 기능주의이고, 이러한 감정 기능주의는 수양을 통해 감정이 조절될 수 있다고 보는 유가에게도 적용될 수 있다. 이는 감정과 이성 간의 일종의 상관주의이자 전체론이다. 묵가와 유가의 감정 기능주의적 해석이 타당하다면, 정서적 측면이 결여된 것으로 간주되는 인공지능이, 지능에 의한 통제나 수양을 통해 감정을 구비한 슈퍼 인공지능으로 출현할 수 있다는 가능성을 동아시아 철학이 열어줄 수도 있다.

7장 "**인공지능과 지향성**"(신상규)에서는 인공지능 개발의 역사에서, 인공지능은 인간 지능이 해결하지 못했던 과제들을 해결했다 하더라도, 그러한 과제들이 단지 복잡한 종류의 자동화 사례일 뿐이었기에 가능했다고 치부돼왔다. 이러한 논란의 배후에는 지능이라는 개념이 지닌 애매성이나 모호성이 있다. 사실 지능을 고찰하는 데 인간 심성이 가지고 있는 지향성과 의식은 매우 중요하다. 초창기 인공지능이 가질 수 있는 지향성은 설계자가 부여한 파생적 지향성이겠지만, 이는 인간의 선택이나 해석에 의존하지 않는 인공지능 스스로의 진화적 역사를 거쳐 본래적 지향성으로 발전할 수 있다. 이는 인공지능이 세대를 거치면서 진화적 선택의 역사를 갖게 된다면 가능할 것이다.

8장 "인공지능 시대에 적합한 인격 개념"(목광수)에서는 인공지능
(로봇)의 현실화가 예견되면서 부각되고 있는 인격 논의를 다룬다. 앞
으로 이들과 인간이 사회적 관계를 맺을 때, 제기될 수 있는 법적 또
는 도덕적 차원의 문제들에 규범적으로 대응할 수 있는 가장 기초적
인 이론적 토대가 인격 논의이기 때문이다. 그렇다면 인공지능 시대
에 적합한 인격 개념은 무엇일까? 전통적인 인격 개념은 합리성이나
쾌고 감수 능력(sentiment)과 같은 특정한 내재적 속성과 관련된다. 그
런데 이러한 내재적 속성에 기반을 둔 기존 인격 개념은 식물인간과
같은 존재에 취약하다. 또한 자연종에 토대를 두고 있어, 인공지능
로봇과 같은 인공종을 대상에서 처음부터 배제한다는 문제가 있다.
이러한 한계를 극복한, 인공지능 시대에 적합한 인격 개념이 바로 인
정(recognition)에 근거한 인격 개념이다. 인정에 근거한 인격 개념 모
델은 전통적인 인격 개념의 정의를 유지하면서도 내재적 속성 해석
이 갖는 한계를 극복할 수 있을 뿐 아니라, 인정의 범위에 대한 확장
가능성, 인정 논의 세분화를 통한 인격 개념의 분화 설명 등의 장점이
있다.

마지막 9장 "인간, 낯선 인공지능과 마주하다"(이상욱)에서는 인공
초지능의 실현 가능성이 불투명한 상태에서 종말론적 위험을 언급하
기보다는 우리와 다른 종류의 지능을 가진 존재와 어떤 방식으로 상
호작용을 하는 것이 바람직한지를 따져보는 것이 중요함을 강조한
다. 인공지능이란 인간에게는 어려운 일들을 수행하지만, 수행에 있
어서 주관적 느낌이 없는 '자각 없는 수행'을 위한 지능일 뿐이다. 중

요한 것은 다양한 지능이 함께 모여 사는 사회에서 어떤 관계 설정이 바람직한지 생각해보는 일이며, 인공지능의 다양한 구현 형태를 인식론적으로 어떻게 규정하고 그것에 대한 기술 철학적 함의를 해명하는 일이 시급하다. 이러한 문제에 대한 실마리를 찾게 된다면, 인공지능이 우리의 후손으로 여겨질 수 있을지, 아니면 우리 삶에 통합된 도구가 될지 분명하게 제시될 수 있을 것이다.

끝으로 이 책과 앞으로 출판될 두 권의 책이, 4차 산업혁명 시대에 필요한 우리 사회의 새로운 철학적 담론 구성에, 그리고 인간과 공존하는 인공지능의 연구 및 개발에 조금이나마 보탬이 되기를 소망한다. 인격성의 주요 요소들인 이성, 감정, 자율성, 도덕성, 자아 등의 개념이 철학적으로 더욱 정교하게 분석돼 유형과 정도에 따라 세분화될 수 있다면, 이러한 개념들을 인공지능 개발에도 적절하게 적용함으로써 인공지능 기술의 발전에 기여할 것으로 기대할 만하기 때문이다. 달리 말해 개발된 인공지능이 감정 혹은 자율성 혹은 도덕성을 갖고 있다고 할 때, 그것이 어떤 유형의 혹은 어느 정도의 감정 혹은 자율성 혹은 도덕성을 가졌는지 더욱 정확하게 진단할 수 있을 것이기 때문이다.

이 책이 나오기까지 많은 분의 도움이 있었다. 가장 먼저, 국내의 많은 학자가 모여 1년이라는 긴 시간 동안 인공지능의 존재론에 관해 다각도로 심층적인 논의를 할 수 있도록 지원해준 한국연구재단에 깊이 감사드린다. 또한 논의 과정에 함께 참여해 인공지능의 존재론이 좀 더 성숙하고 세련되도록, 수많은 시간을 함께 토론하고 숙의했던 국내의 수많은 과학자와 철학자(이 책의 저자들과 그 외 세미나 참가자들)에게도 이 자리를 빌려 진심으로 감사의 뜻을 전한다. 마지막으로 이 책의 출판을 흔쾌히 수락해주신 한울엠플러스(주)의 김종수 대표님과 편집자들께도 깊이 감사를 드린다. 이 책의 출판을 계기로 인공지능 철학에 관한 더 풍요로운 논의들이 지속적으로 이루어지길 다시금 기대해본다.

서울 배봉골 산자락에서

이중원

차례

1장
생명으로서의 인공지능

정보철학적 관점에서

박충식

1. 시작하며

필자는 인공지능이든 자연지능이든 지능이라고 부르는 현상은 정보처리로 간주되어야 한다고 보며, 정보철학을 그러한 정보처리의 원리로 보고자 한다. 이 글에서는 먼저 정보철학의 기본적인 내용을 알아보고, 정보는 생명과 같은 행위자에 의해 이루어지는 구성적 현상이라는 측면에서 구성적 정보철학의 개념을 논의하고 구성적 정보철학의 중요 개념으로서 심벌 그라운딩(symbol grounding)을 살펴보겠다. 그리고 구성적 정보철학에 기반을 둔 구성적 인공지능 관점에서 생명적 존재로서의 인공지능을 논의하고자 한다.

2. 정보철학이란?

정보철학이라는 표현은 1990년대에 루치아노 플로리디(Luciano Floridi)에 의해 만들어졌다. 플로리디는 그의 책 『정보철학(The Philosophy of Information)』(2011)에서 정보철학을 '사물의 제일의 모든 원인과 제일의 모든 원리를 취급하는 철학'인 제일철학(第一哲學, Philosophia Prima)으로 간주한다. 세상을 이루는 가장 근본적인 것으로 언급되어온 물질, 에너지와 더불어 이제 정보가 언급되고 있다.

'국가정보화 기본법' 제3조에서는 "정보는 특정 목적을 위해 광(光) 또는 전자적 방식으로 처리되어 부호, 문자, 음성, 음향 및 영상 등으로 표현된 모든 종류의 자료 또는 지식"이라고 정의하며, 위키피디아는 "정보는 언어, 화폐, 법률, 자연환경 속의 빛이나 소리, 신경, 호르몬 등의 생체 신호부터 비롯한 모든 것"이라고 언급하고 있다. 우리 또한 정보를 일상용어에서 전문용어까지 다양한 뜻으로 사용하고 있다. 정보라는 말이 세상에 처음 등장한 이후로 확장을 거듭해 이제 세상을 바라보는 관점이 제공하는 하나의 패러다임이 되었고, 드디어 '세상 모든 것이 정보'라고 하는 개념 과잉에까지 이른 것 아닐까 하는 생각이 들 정도이다. 하지만 컴퓨터와 정보통신은 물론 물리학, 생물학, 의학, 뇌과학, 심리학, 인지과학, 경제학, 사회학, 정치학, 행정학, 언론·홍보학, 그리고 심지어 문학이나 예술 분야에 이르기까지 정보적 관점을 도입한 이론이 늘고 있는 이유는 이 개념이 무시할 수 없을 만큼 유용하기 때문일 것이다. 더구나 융합과 통섭이 요구되는 시대의 흐름에서 정보 개념은 결코 따로 떼어 볼 수 없는 여러 분야를 연결할 수 있는 키워드로서의 효용가치 또한 적지 않다.

플로리디는 「인공지능의 뉴 프론티어: 인공지능 동지와 4차 산업혁명(Artificial intelligence's new frontier: artificial companions and the fourth revolution)」이라는 논문에서 천체물리학에서의 '코페르니쿠스 혁명', 생물학에서의 '다윈 혁명', 심리학에서의 '프로이트 혁명' 이후 네 번째 혁명으로서 정보 혁명을 언급한다. 이러한 지동설, 진화, 무의식의 개념들이 세상을 바라보는 관점을 획기적으로 바꾸어놓았듯이 정보는 또 한 번 세상을 바라보는 관점을 전환시킬 것이며, 이러한 경향은 새로운 무엇인가가 등장할 때까지 당분간 지속될 것으로 보인다.

플로리디는 인공지능을 아직은 미성숙된 정보철학이라고 여긴다. 세상을 이해하기 위한 자연철학, 과학철학, 인공지능철학, 정보철학의 계보로 파악하는 것이다. 그러므로 정보철학은 성숙한 인공지능 철학이라고 할 수 있다. 인공지능이 컴퓨터 기술과 인지과학을 바탕으로 세상을 해석하고 실행하는 '앎'으로서의 정보를 조작적으로 다룰 수 있는 '지능'을 천착하게 됨으로써, 다소 애매한 개념이었던 정보가 형식화되고 정보철학을 촉발하게 되었다. 이제까지 과학 철학이 과학의 기반을 떠맡고 있었다면 이제 정보철학은 과학 철학적 임무의 확장으로서 여러 개별 철학을 아우르면서 어느 때보다 넓고 어느 때보다 통합적인 철학의 임무를 떠맡아야 하지 않을까.

정보철학의 연구는 ① 정보의 개념적인 성격과 기본 원칙, 정보의 동학(dynamics), 활용과 과학을 포함하는 비판적 연구와 더불어 ② 철학적 문제에 대한 정보 이론 및 계산 방법론의 정교화와 적용을 포함하고 있다. 정보철학은 데이터 통신(data communication)의 정량적 연구나 통계적 분석(정보이론)과는 다른 중요한 연구를 제공해야 한다. 정보철학의 임무는 정보의 통일이론을 만드는 것이 아니고 정보의 다양한 원리와 개념을 분석하고, 평가하고, 설명하는 통합된 관련 이론들을 개발하고, 서로 응용의 맥락으로부터 발생한 체계적 이슈에 대한 특별한 관심으로 정보의 동학과 활용을, 그리고 존재, 지식, 진리, 생명, 또는 의미와 같이 철학에 있어서의 다른 중요한 개념과 연관성을 개발하는 것이다.

플로리디가 제시하는 정보의 기본 원칙과 동학을 살펴보면, 먼저 정보의 기본 원칙은 컴퓨터 과학에서 사용되는 시뮬레이션의 개념에서 원용한 추상화 수준(Level of Abstraction: LoA) 방법이다. 컴퓨터 과학의 시뮬레이션은 해당 시스템의 기능 요구 사항에 따라 적절한 수준으로 관련된 내용들만을 대상으로 삼는 추상화를 사용한다. 또한 정보의 동학은 시스템의 성질, 상호작용의 형태, 내부적인 발전 등을 포함하는 정보 환경에 대한 구성, 모델링(constitution and modeling of information environments), 초기 발생으로부터 최종적인 활용과 있을 수 있는 소멸 내내 형태와 기능적인 활동에서 정보가 겪는 다양한 단계들의 연속인 정보생명주기(information life cycles), 튜링 기계적 의미의 알고리즘적인 처리와 넓은 의미의 정보처리 모두에서의 계산(computation)이다.

정보철학의 이념은 정보의 원칙과 동학으로 모든 철학 문제에 대한 해결을 시도한다. 하지만 모든 자물쇠를 여는 열쇠는 자물쇠에 뭔가 문제가 있다는 것을 알려줄 뿐이다. 정보철학이 철학과 동의어가 되는 위험이 있다. 이러한 정체성 상실을 피하는 가장 좋은 방법은 정보철학 정의의 앞쪽 절반에 집중하는 것이다. 철학 분과로서 정보철학은 무엇에 대한 문제인지에 의해 정의되는 것이지 후자가 어떻게 정형화되는가에 의해 정의되는 것이 아니다.

많은 철학적 이슈가 정보 분석으로부터 크게 덕을 보더라도 정보철학에서 후자는 단지 은유적인 초구조가 아닌 문자 그대로의 기반을 제공한다. 정보철학은 문제나 설명은 정당하게 그리고 참으로 정보적인 문제나 설명으로 환원된다고 가정한다. 개념공학(conceptual engineering)으로 이해되는 철학은 정보의 새로운 세상으로 관심을 돌릴 필요가 있다. 이것이 깔끔하지는 않지만 정보철학을 소개하는 빠른 방법이다.

이 글에서 정보철학의 자세한 내용과 논점을 모두 소개할 수 없지만 정보철학의 내용은 플로리디가 제시하는 정보철학의 열린 문제들

표 1-1 정보철학의 18가지 열린 문제

분류	문제
분석	**문제 1. 근본적인 문제:** 정보란 무엇인가?
	문제 2. 입력/출력 문제: 정보의 동학은 무엇인가?
	문제 3. UTI(Unified Theory of Information) 문제: 정보의 대통일이론은 가능한가?
	문제 4. 데이터 그라운딩 문제(DGP: Data Grounding Problem): 데이터는 어떻게 의미를 획득하나?
의미론	**문제 5. 진리화 문제(the problem of alethization):** 의미 있는 데이터는 어떻게 진릿값을 획득하나?
	문제 6. 정보적 진리 이론(informational truth theory): 정보는 진리를 설명할 수 있나?
	문제 7. 정보적 의미론(informational semantics): 정보는 의미를 설명할 수 있나?
지능	**문제 8. 데카르트의 문제:** 인지 C(Cognition)는 어떤 추상화 수준 LoA (Level of Abstraction)에서 정보처리 IP(Information Processing)로 충분히 그리고 만족스럽게 분석될 수 있나? C, IP, LoA는 어떻게 해석되는가?
	문제 9. 재공학 문제(the re-engineering problem): 자연 지능 NI(Natural Intelligence)는 어떤 추상화 수준 LoA에서 정보처리 IP로 충분히 그리고 만족스럽게 분석될 수 있나? NI, IP, LoA는 어떻게 해석되는가?
	문제 10. 튜링의 문제: 자연지능은 비생물학적으로 충분히 그리고 만족스럽게 구현될 수 있는가?
	문제 11. 마음-정보-몸 문제[the MIB(Mind - Information - Body) problem]: 정보적 방법이 마음-몸 문제를 해결할 수 있는가?
	문제 12. 정보적 순환(the informational circle): 정보는 어떻게 평가되는가? 정보는 초월되는 것이 아니고 다른 정보에 대하여 점검될 수만 있다면 이것이 세상에 대한 우리의 지식에 대하여 알려주는 것은 무엇인가?
	문제 13. 연속체 가설(the continuum hypothesis): 인식론은 정보 이론에 기반을 두는가?
	문제 14. 과학의 의미적 관점(the semantic view of science): 과학은 정보적 모델링으로의 환원이 가능한가?

자연	문제 15. **위너의 문제**(Wiener's problem): 정보의 존재론적 위상은 무엇인가?
	문제 16. **지역화의 문제**(the problem of localization): 정보는 자연화될 수 있는가?
	문제 17. **정보-존재 가설**(the It from Bit hypothesis): 자연은 정보화될 수 있는가?
가치	문제 18. **유일성 논쟁**(the uniqueness debate): 컴퓨터 윤리는 철학적 토대를 가지는가?

을 살펴봄으로써 알 수 있다.

3. 구성주의, 생명, 그리고 구성적 정보철학

다양한 입장의 정보철학이 있을 수 있지만 구성적 정보철학은 구성주의적 관점의 정보철학을 뜻한다. 구성주의는 지식이 어떻게 정의되든 사람의 머릿속에 있는 것이며 자신의 경험에 기반을 두고 '구성'될 수밖에 없는 것이라고 여긴다. 구성주의의 연원을 따지면 소크라테스(Socrates), 버클리(George Berkeley), 칸트(Immanuel Kant), 비코(Giovanni Battista Vico)까지 거슬러 올라갈 수 있지만 최근의 구성주의는 근간에 이루어진 생물학, 심리학, 컴퓨터과학, 인지과학과 시스템과학 등의 연구 성과와 깊은 관련을 맺고 있다. 그러한 예는 베르탈란피(Ludwig von Bertalanffy)의 일반시스템이론, 피아제(Jean Piaget)의 발생인식론과 관련된 글라저스펠트(Ernst von Glasersfeld)의 급진적 구성주의, 슈미트(Carl Schmitt)의 경험구성적 문예학, 푀르스터(Heinz von Foerster)

의 2계 사이버네틱스 이론, 마투라나(Humberto Maturana)와 바렐라(Francisco J. Varela)의 오토포이에시스(자기생산체계), 켈리(George Kelly)의 PCP(Personal Construct Psychology), 패스크(Gordon Pask)의 대화이론, 루만(Niklas Luhmann)의 사회체계이론, 레이코프(George Lakoff)의 은유이론, 베이트슨(Gregory Bateson)의 정보이론 등, 관련된 많은 것을 모두 언급하기 어려울 정도로 복잡하게 얽혀 있다. 구성주의는 매우 다른 학문 분야로부터 개개 연구자마다 서로 다른 이야기들로 이루어져 있기 때문에 차라리 구성주의 담론이라고도 할 수 있다.

마투라나와 바렐라는 인지를 생물학적 현상으로 신경체계의 변화에 의해서만 가능한, 세상에 적응하기 위한 앎(정보, 또는 모델)이라고 한다.[1] 말해지는 모든 것은 관찰자에 의해 다른 관찰자에게 말해지는 것이고, 또 다른 그 관찰자는 자신일 수도 있다. 자기생산체계와 환경의 피드백 관계를 인지영역이라고 하며, 인지하는 개체는 자신의 신경시스템의 변화라는 형태로만 '세상'에 관여할 수 있다. 인지는 오직 관찰자에 의해서만 생물학적·인지적·문화적 조건하에서 이루어지고, 이러한 관찰은 오직 차이와 구별, 지칭에 의해서 이루어지며, 지각이나 인식은 외부 세계를 복사하는 것이 아니라 관찰자의 인지체계가 행하는 조작들의 목록화로 이루어지는 조작적 폐쇄(operational closure)이다. 그러므로 객관적 진리는 유무에 관계없이 확인 불가능하며, 지식의 진위 문제는 정합성 문제로 바뀌게 된다. 푀르스터는 "진리는 거

---

1 프란시스코 J.바렐라(Francisco J. Varela), 『윤리적 노하우』, 유권종·박충식 옮김 (갈무리, 2009) 참조.

짓말쟁이의 발명품"이라고까지 말한다.[2] 또한 인지가 생물학적 현상이기 때문에 당연히 심신일원론적 견해를 보일 수밖에 없다. 지식의 가치는 절대적인 도그마에 의해 정해지기보다는 환경에 적응하기 위한 인간 삶의 유용성에 따라 정해지는 실용적 노선을 추구하게 되고, 인간에게는 스스로의 인지와 그에 따른 행동에 대한 책임이 강조된다. 구성주의는 지식의 정합성을 기준으로 삼기 때문에 모든 주장이 모두 옳다는 상대주의와는 다르며 구성주의 스스로에게도 정합성을 따르도록 한다.

이러한 구성주의적 관점의 구성적 정보철학에서 정보는 차이를 만드는 차이이고, 환경과 자신이 구별될 수 있는 체계만이 이 차이를 구별하고 지칭할 수 있다. 이러한 체계가 정보 행위자이며, 의식적이든 무의식적이든 자신의 목적이나 의도가 있고, 그 정보처리 수준은 자신의 감각기관, 운동기관, 정보처리기관에 의해 정해진다. 하지만 정보 행위자의 이러한 기능은 주어진 물리학적 환경에 따라 변화할 수 있다. 결국 정보는 정보 행위자의 목적에 기여하는, 그리고 행위자가 감지할 수 있는 환경의 물리적 차이들에 붙여진 지칭이며, 이러한 지칭들은 해당 정보 행위자가 자신의 목적에 따라 구성한 세상에 대한 모델링이라고 할 수 있다. 정보 행위자에게 세상은 관찰할 수 있는 차이로서만 존재한다. 세상에 대한 이러한 구성적 해석조차도 구성과 구성하는 과정을 구별함으로써 이루어지는 것이므로, 구성은 스스로

---

2   하인츠 폰 푀르스터(Heinz Von Foerster)·베른하르트 푀르크센(Bernhard Prksen),
    『진리는 거짓말쟁이의 발명품이다』, 백성만 옮김(늘봄, 2009) 참조.

의 구성을 구별하는 자기 모순적 역설을 가질 수밖에 없다. 정보 행위자의 관찰은 정보 행위자의 물리학적 환경뿐 아니라 정보 행위자의 정보 내적 상태를 포함한 모든 차이를 대상으로 하는 것이다.

플로리디가 제시하는, 추상화 수준이라는 정보의 원칙과 정보의 동학을 구성적 정보철학의 견해에서 보면, 추상화 수준은 정보 행위자의 능력과 관련된다. 정보 행위자는 자신의 감각기관이 허락하는 범위 내에서만 환경들로부터의 차이를 감지해 구별할 수 있으며, 구별된 차이에 대해 지칭할 수 있어야 자신의 정보처리기관에서 처리해 환경에 대한 모델링을 구성할 수 있기 때문이다. 정보 행위자가 고도의 정보처리 능력을 가지고 있다면 환경에 대한 다양한 추상화 수준의 모델들을 구성할 수 있을 것이고, 다양한 추상화 수준의 모델들은 자신의 행동기관을 통해 이루어진 결과가 자신의 목적에 부합하는 정도에 따라 선택될 것이며, 해당 추상화 수준의 모델도 자신의 감각기관, 정보처리기관, 행동기관, 그리고 환경의 변화에 따라 변화하게 된다.

구성적 정보철학은 정보의 동학에 있어서 자신 내부의 구성하는 과정조차 차이로 구별할 뿐 아니라 자신 외부의 다른 행위자들의 구성조차도 구별함으로써 자신의 구성을 환경에 더욱 적합하도록 재구성한다고 여긴다. 이러한 과정은 2차적 관찰에 의해 이루어지고 이러한 과정이 정보 행위자들의 문화를 만들어낸다고 생각한다. 이러한 정보 행위자들의 문화는 정보의 외재화를 통해 공시적으로 문화를 퍼뜨리고 통시적으로 문화를 전수한다. 정보의 외재화는 구어, 문자, 관습, 제도, 교육 등을 통해 이루어지지만 정보 행위자에 의해서만 해석될 수 있기 때문에 정보 자체만으로는 의미가 없다고 여긴다.

구성적 정보철학의 이러한 정보 동학에서 이루어지는 모든 정보는 정보 행위자 자신의 목적에 기여할 것을 전제로 하기 때문에 정보의 획득과 배포는 정보 행위자나 정보 행위자 집단의 정치적 고려 아래 이루어지고 경쟁은 불가피한 현상이 된다. 그런 점에서 '모든 정보는 정치적'이라고 할 수 있고, 구성적 정보철학의 정보 동학은 개체적인 현상이면서도 사회적 현상이라고 할 수 있으며, 이러한 관점은 정보철학이 자연과학뿐 아니라 인문과학과 사회과학을 연결해 설명할 수 있는 모델을 제공할 수 있는 단초가 된다.

4. 구성적 정보철학 관점에서의 인공지능 알고리즘 비판

인공지능은 '컴퓨터를 지능적으로 만들려는 컴퓨터 과학의 한 분야'로 정의할 수 있다. 정보철학은 자연지능뿐 아니라 정보를 처리하는 시스템이라는 점에서 인간에 의해 만들어지는 인공지능도 대상으로 삼는다. 구성적 정보철학은 컴퓨터를 지능적으로 만드는 방식도 구성적이어야 한다는 것이다.

인공지능에서는 생각하는 지능을 구현할 수 있는 여러 기술을 개발하고 있는데, 그 아이디어의 핵심을 들여다보면 먼저 세 가지 정도로 대별될 수 있다. 그 세 가지는 기호적 인공지능(symbolic artificial Intelligence), 인공신경망(artificial neural network), 그리고 유전자 알고리즘(genetic algorithm)이다. 기호적 인공지능은 기호처리가 지능적 처리에 핵심적인 내용이라고 보는 견해이다. 기호적 인공지능은 인

그림 1-1 유전자 알고리즘, 인공 신경망, 기호적 인공지능

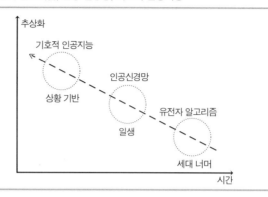

간의 대표적인 지능적 기능인 언어, 수학, 물리 등이 기호로 표현되고 처리되는 데 기초해 이러한 기호를 처리할 수 있는 방법을 연구한다.

인공신경망은 인간 지능을 처리하는 두뇌의 주된 구성요소가 신경세포인 뉴런들의 연결망으로 이루어져 있는 데 착안해 로봇 또는 컴퓨터의 지능적인 기능에 이러한 신경세포들로 이루어진 신경망을 이용하는 인공지능 기술을 연구하는 것이다.

유전자 알고리즘은 가장 지능적인 생물인 인간이 오랜 세월 동안 환경에 적응하는 유전적 진화를 통해 지능이라는 기능을 획득하게 되었다는 데 기초해 이러한 아이디어를 이용한 인공지능 기술을 개발하려고 한다.

이러한 인공지능의 아이디어들은 전형적인 추상화 수준의 관점에서 논의될 수 있다. 유전자 알고리즘은 개체의 세대를 넘어서는 적응 방법이고, 인공신경망은 하나의 세대에서 이루어지는 방법이며, 기호적 인공지능은 상황별로 이루어지는 방법이다(〈그림 1-1〉). 생물학

적 의미에서 유전자 알고리즘은 물질적 구성을 표현하기 때문에 추상화 수준이 낮고, 기호적 인공지능은 기호로 표현되기 때문에 추상화 수준이 높다. 모두 아는 바와 같이 추상적 기호를 처리하는 인간의 두뇌가 신경세포(뉴런)로 이루어진 신경망이고 이러한 신경망은 유전자에 의한 진화에 의해 이루어졌다는 그럴듯한 진화생물학적 설명이 인공지능 기술의 구현에는 그대로 반영되고 있는 것이 아니라고 보아도 좋을 것이다. 정보철학적 관점에서 볼 때 세 가지 인공지능 구현 기술은 각기 단편적인 추상화 수준에서 지능에 대한 서로 다른 관점을 가진 것이라고 할 수 있다.

최근 많은 성과를 보여주고 있는 딥러닝(Deep Learning)은 인공신경망 기술이 빅데이터와 빠른 컴퓨터 처리 속도를 기반으로 삼아 인공신경망 알고리즘을 개선함으로써 이루어졌다. 하지만 딥러닝으로 고양이 사진을 식별하게 하려면 학습에 엄청나게 많은 사진이 필요할 뿐 아니라, 식별해내더라도 그것이 왜 고양이인지를 설명하게 할 수는 없다. 인간은 고양이를 알기 위해 엄청난 양의 사진이 필요하지도 않고 자기가 본 대상이 왜 고양이인지 설명할 수도 있는 점을 감안하면 딥러닝의 놀라운 성능에도 불구하고 이것이 궁극적인 인공지능을 구현할 수 있는 기술인지에 대한 의구심을 가지지 않을 수 없다. 딥러닝 기술을 사용해 인간 세계의 바둑 챔피언에게 승리한 구글 딥마인드의 알파고는 다른 대책을 세우지 않는 한 결코 바둑을 가르칠 수는 없을 것이다. 그 이유는 구성적 정보철학 관점에서 볼 때 자신이 구별한 상황을 지칭할 수 없고, 이러한 지칭이 가능하더라도 인간이 하는 것과 같은 지칭이어야만 설명이 가능하게 된다고 할 수 있기 때문이다.

그림 1-2 고양이 인식을 위한 딥러닝

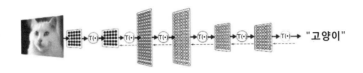

"고양이"

자료: http://redcatlabs.com(검색일: 2015.12.14).

5. 구성적 인공지능과 심벌 그라운딩

인공지능은 '컴퓨터를 지능적으로 만들려는 기술'이라고도 할 수 있지만 '지능적 기계를 만들기 위해 인간을 포함한 지능적 존재에 대한 계산적 이해'라는 측면도 간과할 수 없다. 그러므로 구성적 정보철학적 관점에서의 인공지능, 즉 '구성적 인공지능'에서는 인간의 지능을 '개체가 불확실한 환경에서 적응하기 위한 정보처리 능력'이라고 정의한다. 그리고 지능은 진화의 결과이며 자연 선택과 자기 조직화하는 창발적인 복잡적응시스템으로 간주한다. 지능은 생물학적 현상이므로 지능의 재료는 뉴런이며, 세포이고, 분자이며, 물질이므로 지능은 몸과 정신으로 분리할 수 없다. 또한 뇌는 지능의 전부는 아니지만 지능의 주요 기관이며 중앙통제기관 없이 분산 처리되는 모듈들로 구성되고, 인지의 많은 부분은 무의식적으로 이루어지는 것으로 본다. 또한 동기나 욕망은 체계의 장단기 목표 조절 기능으로 간주하고, 정서나 감정은 내·외부 자극에 대한 평가 기능으로, 의식은 세계에 대한 모델링으로, 자의식은 자신에 대한 모델링으로, 자아는 세계에서 환경으로부터 자신을 구별하기 위한 기능으로, 자유의지는 자신이 포함된 의사결정 과정의 모델링으로 본다.

인간을 포함한 모든 종은 그 자신의 세계를 만들어내는 모델을 가지고 있고 언어는 인간이 가지고 있는 모델 설정장치라고 본다(토머스 시벅).[3] 인간은 언어의 특징인 통사론(개별 요소를 운용하는 규칙들)을 통해서 인간이 경험하는 사건들과 대상들을 정렬하고 이들을 주변세계를 구성하는 요소로 변형시킨다. 구성적 인공지능은 언어를 학습 가능한 구조를 타고난 본능이라고 생각하고, 보편 문법(Universal Grammar)의 개념에 대해서도 통념과는 달리 구성적 관점으로 설명할 수 있다고 생각한다. 모델 설정장치로서의 언어에서 문제는 '외부 세계를 어떻게 모델링하는가'이고, 그 핵심은 결국 '언어를 이루는 기호가 어떻게 외부 세계의 대상을 의미하게 되는가'이며, 이 문제를 심벌 그라운딩(symbol grounding)이라고 한다. 이러한 심벌 그라운딩은 구성적 정보철학에서 정보 행위자가 환경의 차이를 구별하고 이 차이를 지칭하는 메커니즘이다. 심벌과 대상의 관계를 의미론(semantics)이라고 한다면 심벌 그라운딩은 의미론이 가능해지는 과정의 화용론(pragmatics)이라고 할 수 있을 것이다.

인공지능이 일반적인 지능을 가진 강인공지능이 되기 위해서는 자기생산체계적 존재가 되어야 하고, 욕망을 가진 주체만이 행위를 통

---

3 좀 더 자세한 논의는 수전 페트릴리(Susan Petrilli)·아우구스토 폰지오(Augusto Ponzio), 『토머스 시벅과 생명의 기호』, 김수철 옮김(이제이북스, 2003) 참조.

해 가치에 기반을 둔 심벌의 의미를 획득할 수 있다고 생각한다. 자기 생산체계적 의미에서 모든 생명은 욕망 충족을 위해 심벌 그라운딩으로 세계를 모델링하기 때문에 심벌 그라운딩이 인간에게만 국한되는 것은 아니다. 하지만 우리가 만들려는 인공지능이 인간과 같은 수준의 지능을 가지기를 원하고 인간과 같이 소통하기를 원한다면 인간과 같은 수준과 방식의 심벌 그라운딩을 할 수 있어야 한다.

그러므로 심벌 그라운딩은 단순히 환경을 모델링하는 단일한 정보 행위자의 문제일 뿐 아니라 정보 행위자 집단의 문제가 되어, 정보 행위자들이 개체의 목적에 기여하는 공존적인 집단적 사회를 구성하기 위해 정보를 소통해 공유하고 전수하는 문제가 된다. 인간과 같은 정보 행위자들은 사회를 떠나서는 그 존재를 상상할 수 없다. 그리고 소통은 사회를 이루기 위해 매우 중요하다. 정보철학의 관점에서, 세상에 대한 모델링은 정보 행위자 내부적으로만 구성된다. 그러므로 소통 과정에서 정보 행위자들 간의 정보가 단순히 있는 그대로 전달된다고는 결코 전제할 수 없다.

이러한 구성주의적 관점에서 사회의 정보 소통을 다루면서 이러한 소통들이 자기생산체계적 사회를 구성한다는 대담한 가설로부터 사회체계이론을 구축한 학자가 니클라스 루만이다. 루만은 사회를 효과적으로 이해하기 위해 '인간'이 아닌 인간들 사이의 '소통'을 구성요소로 설정해 전례 없는, 사회에 대한 거대이론을 시도했다.[4] 루만은

---

4 루만의 자기생산체계에 관한 부분은 니클라스 루만(Niklas Luhmann), 『사회의 사회』, 장춘익 옮김(새물결, 2012)과 『체계이론 입문』, 윤제왕 옮김(새물결, 2014) 참조.

사회를 '전체/부분'으로 나누는 도식에서 벗어나 '체계/환경 차이'로 인식하도록 패러다임을 전환할 것을 강조한다. 이러한 자기생산체계는 고유한 합리성에 의거해 스스로 구성요소를 재생산하며 체계의 경계를 유지하고 지속하는 체계를 의미한다. 자기생산체계는 기계와 같은 타자생산체계와 구분된다. 자기생산체계는 다시 생물적(혹은 유기적) 체계들, 심리적 체계들, 사회적 체계들로 구분된다.

심리적 체계와 사회적 체계는 '의미'를 매체로 삼는 체계로서 생물적 체계와 구분된다. 심리적 체계와 사회적 체계는 재생산되는 체계의 구성요소가 각각 '의식'과 '소통'이라는 점에서 서로 구별된다. 이러한 소통은 '정보 - 통지 - 이해'의 3단계로 이루어지며, 자아는 전달하고자 하는 내용을 선택하고, 내용을 전달하기 위한 매체를 선택하며, 타아는 매체에 의해 전달된 가능한 한 많은 의미의 가능성 중 몇 가지를 선택해 이해한다. 그러므로 내용의 전달이 원활히 이루어진다고 할 수 없는 것이다. 루만의 사회체계이론이 다루는 주된 대상은 바로 이 사회적 체계들이다. 루만은 사회적 체계들을 다시 상호작용들, 조직들, 사회들로 구분한다. 이러한 체계들은 서로 독립된 체계이고 서로에게 환경일 뿐이지만 상호의존성을 의미하는 '구조적 접속'을 가진다. 사회적 체계의 구성요소는 '인간'이 아니라 '소통'이며, 이러한 사회적 체계는 '의미'라는 '매체'를 공유하는 구조적 접속을 통해서만 서로 영향을 미칠 수 있다(〈그림 1-3〉).

심벌 그라운딩은 이러한 사회적 체계의 소통에 의해 이루어진다. 정보 - 통지 - 이해의 소통은 언어를 매체로 이루어지는데, 루만의 사회체계이론에서는 언어를 체계로 간주하지 않는다. 루만의 체계는

환경과 경계를 이루며
체계의 고유한 합리성
에 의해 유지되는 자기
생산체계만을 체계로
정의하기 때문이다. 언
어를 통한 소통은 소통
의 3단계를 통해 이루
어지는 자아와 타아의
임의적 선택들로 인해
원활한 소통을 보장할
수 없기 때문에 연속적

그림 1-3 세 가지 자기생산체계

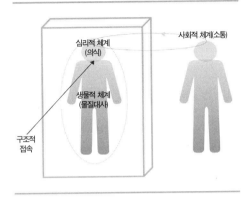

자료: Søren Brier, "Levels of Cybersemiotics: Possible Ontologies of Signification," *Cognitive Semiotics*, Vol.4(2009), pp.28~63.

인 상호작용에 의한 확인이 필요하고, 심벌 그라운딩은 그러한 과정을 통해 이루어진다.

루만의 사회체계이론적 관점에서, 인공지능적 존재가 사회적 맥락 안으로 들어오는 것은 인공지능적 존재가 소통에 참여하는 것이라고 할 수 있다. 루만에 따르면 심리적 체계는 생물적 체계에 의해서만 존재할 수 있다. 그렇다고 심리적 체계가 생물적 체계에 종속적인 것이라는 의미는 아니다. 심리적 체계는 스스로의 생각을 구성요소로 이루어지는 자기생산체계이며 생물적 체계를 환경으로 가지므로 구조적 연결을 통해 생물적 체계에 반응한다. 그러므로 오랫동안 논란이 되어온 심신이론이나 체화된 인지는 루만의 사회체계이론에서 생물적 체계와 심리적 체계의 구조적 연결이라고 할 수 있다.

구성적 인공지능의 관점에서 볼 때 현재의 인공지능이 생명적 존재로서의 자기생산체계적인 자율적 인공지능이라고는 할 수 없지만, 인공지능 기계를 둘러싼 조직과 인간들에 의해 자기생산체계를 이룬다고 할 수 있다. 이러한 인공지능 기계들이 기계학습을 통해 좁은 범위에서나마 심벌 그라운딩의 토대가 이루어지고 있으며, 나아가 심벌 그라운딩도 이루어질 것이다.

6. 마치며

필자는 이 글을 통해 정보철학의 기본적인 개념을 기술하고 구성주의적 관점의 정보철학인 구성적 정보철학을 논의했다. 그리고 구성적 정보철학적 입장에서 인공지능을 논의하면서 구성적 인공지능의 개념을 설명했다.

구성적 인공지능은 자신과 자신을 둘러싼 환경과의 구별을 통해 이루어지는 자기생산적 체계인 생명에 기반을 두어야 하며, 고도화된 자기생산체계는 환경에 적응하는 능력으로서의 지능을 의미하고, 그 지능은 자기생산체계인 정보 행위자가 환경들의 차이를 구별하고 지칭하는 심벌 그라운딩에 의해서만 가능하다고 생각한다.

구성적 정보철학의 관점에서 인공지능이 인간과 같은 자연지능 수준에 이르기 위해서는 스스로 목적을 가지고 이를 충족하기 위해 자신의 감각기관을 통해 환경의 차이를 구별하고 그 차이를 지칭해 인간과 공유할 수 있는 심벌 그라운딩을 해야만 한다. 우리가 아는 한, 이러한 심벌 그라운딩은 최소한 우리가 '생명'이라고 부를 수 있는 존재만 할 수 있는 행동이며, 이러한 존재가 인공지능의 최소한의 조건일 것이다. 즉 인공생명은 최소의 인공지능이며, 인공지능은 최소한 이러한 생명적 메커니즘을 가져야 한다. 구성적 정보철학 관점에서 정보는 정보 행위자 없이는 존재의 의미가 없고, 최소한 정보 행위자는 생명이라고 할 수 있을 것이다.

참고문헌

루만, 니클라스(Niklas Luhmann). 2012. 『사회의 사회』. 장춘익 옮김. 새물결.
_____. 2014. 『체계이론 입문』. 윤재왕 옮김. 새물결.
바렐라, 프란시스코 J.(Francisco J. Varela). 2009. 『윤리적 노하우』. 유권종·박충식 옮김. 갈무리.
유권종·박충식 외. 2009. 『유교적 마음모델과 예교육』. 한국학술정보.
최제영·박충식. 2014. 「행위자 기반 미시: 거시 연계 경제 시뮬레이션과 루만의 사회체계이론 구현」. 2014년 한국지능정보시스템학회 추계 학술대회 발표 논문.
페트릴리, 수전(Susan Petrilli)·아우구스토 폰지오(Augusto Ponzio). 2003. 『토머스 시벅과 생명의 기호』. 김수철 옮김. 이제이북스.
푀르스터, 하인츠 폰(Heinz Von Foerster)·베른하르트 푀르크센(Bernhard Prksen). 2009. 『진리는 거짓말쟁이의 발명품이다』. 백성만 옮김. 늘봄.

Brier, Søren. 2009. "Levels of Cybersemiotics: Possible Ontologies of Signification." *Cognitive Semiotics*, Vol.4(Issue Supplement), pp.28~63.
Floridi, Luciano. 2008. "Artificial intelligence's new frontier: artificial companions and the fourth revolution." *Metaphilosophy*, Vol.39, No.4~5, pp.651~655.
_____. 2011. *The Philosophy of Information*. Oxford: Oxford University Press.

2장
의식적 인공지능

이영의

1. 들어가며

우리는 살아 있는 동안 매 순간 자신의 의식을 대면하고 경험하지만, 의식이 무엇인지 잘 모르고 있다. 우리는 치과 진료를 받을 때 잇몸이 마취되었으므로 고통을 의식하지 못한다. 또한 꿈을 꾸지 않는 깊은 잠에 빠지거나 졸도 직후 두뇌에 일시적으로 산소가 공급되지 않은 경우에도 의식적 경험을 하지 못한다. 이처럼 의식은 의식이 있는 상태와 의식이 없는 상태를 구분하는 중요한 기준임에도, 의식의 정체를 학문적으로 설명하기란 쉽지 않다.

의식은 인간만이 갖고 있는가 아니면 살아 있는 생명체는 모두 의식을 갖고 있는가? 인공지능이나 로봇과 같은 인공물도 의식을 가질 수 있는가? 이런 질문들에 대답하기 위해 우리는 먼저 의식이 무엇인지 알아야 한다. 전통적으로 의식은 인간과 동물, 생물과 무생물을 구분하는 기준으로 활용되어왔고, 최근 들어 생명윤리 분야에서 인간이 아닌 동물과 식물의 의식에 대해 연구가 활발히 진행되고 있지만, 인간이 아닌 다른 존재들은 논외로 치더라도 인간의 의식을 설명하는 것조차 쉬운 일이 아니라는 점이 관련 연구자들의 공통된 생각이다.

최근 신경과학 분야에서 인간 의식을 부정하는 논변들이 제시되고 있는데, 그 요지는 '자아라는 것은 없다'라거나 '자아는 환상이다'라고 표현할 수 있다. 크릭(Francis Crick)의 '놀라운 가설'에 따르면, 우리의 기쁨과 슬픔, 기억과 야망, 자아동일성과 자유의지에 관한 우리의 감각은 실제로는 신경세포들과 그것들과 연결된 분자들의 거대한 집합의 행동에 불과하다. 그렇다면 왜 우리는 여전히 자아를 믿고 있는가? 크릭에 따르면, 그 이유는 우리가 자아와 의식을 신경과학적으로 설명하는 것에 대해 동의하기를 꺼리고, 감각질에서 발견되는 의식의 주관성을 믿으며, 자유의지를 믿기 때문이다. 크릭이 지적했듯이, 의식의 주관성과 자유의지는 자아와 의식에 대한 우리의 믿음을 지탱하는 중요한 두 기둥이며, 그 기둥을 흔드는 것은 환원론적 설명이다. 이 글에서는 먼저 '인공지능이 생각할 수 있는가?'라는 질문에 긍정적인 대답을 제시하는 튜링 검사와 부정적인 대답을 제시하는 중국어 방 논변을 살펴본다. 이어서 의식의 어려운 문제를 구성하는 주관성과 감각질을 중심으로 의식의 본성에 대해 검토한다. 이상의 논의를 바탕으로 의식적 인공지능의 가능성을 내러티브적 자아와 인공적 밈(meme)을 이용해 검토한다.

2. 생각하는 인공지능

1) 튜링 검사

사람들은 매우 오래전부터 인간처럼 생각할 수 있는 기계를 상상해왔고 실제로 '생각하는 기계'를 제작하려고 시도하기도 했다. 예를 들어 호메로스(Homeros)의 『일리아드』에는 헤파이스토스(Hephaestos)가 만든 로봇에 대한 이야기가 등장하는데, 그것은 인간을 닮은 부분도 있고 기계를 닮은 부분도 있다고 기술되어 있다. 중국의 경우 기원전 3세기경 주(周)나라 시대에 한 기술자가 왕에게 실물 크기의 로봇을 제작해 바쳤다는 기록이 전해진다. 1769년에는 오스트리아의 폰 켐펠렌(Wolfgang von Kempelen)이 여제 마리아 테레지아(Maria Theresia)를 위해 체스를 두는 기계 투르크(Turk)를 제작했다.

그러나 이러한 인공 기계들은 상상 속의 존재였거나 아니면 실제로 존재했다 하더라도 겉으로만 인간을 닮은 것처럼 보였을 뿐이고 진정한 지능을 가진 존재가 아니었다. 인간처럼 생각할 수 있는 기계에 대한 현대적 논의는 1950년 튜링으로부터 시작되었다. 튜링은 '기계가 생각할 수 있는가?'라는 질문에 대답하기 위해 독창적인 모방게임을 제안했다. 그가 제안한 게임에는 세 사람(남자, 여자, 질문자)이 등장하는데, 그들이 하는 역할은 각기 다르다. 질문자는 대화를 통해 남자와 여자 중 누가 남자이고 누가 여자인지를 제대로 판정하려고 한다. 남자는 질문자가 잘못된 판정을 내리도록 유도하려 하고, 여자는 질문자가 올바른 판정을 내리도록 도우려 한다. 그 세 사람은 각자 완전히 격리된 방에 혼자 앉으며, 남자와 질문자, 여자와 질문자 사이의 대화는 상대방을 볼 수 없도록 오직 전신을 통해서만 이루어진다.

정상적인 지능을 가진 이라면 이런 게임에서 남자의 역할을 하게 되면 항상 그렇지는 않겠지만 종종 자신의 목표를 달성할 수 있다. 즉 그는 남자의 역할을 수행하면서 질문자가 자신을 여자라고 생각하도록 속일 수 있다. 이제 이 모방게임을 약간 변경해 남자를 기계로 대치했다고 가정해보자. 물론 여자와 질문자는 이전처럼 둘 다 인간이고 모든 장치도 동일하다. 남자가 기계로 바뀌면서 그들의 목적도 달라진다. 이제 질문자는 여자와 기계 중 누가 인간이고 누가 기계인지를 판정하려 하고, 기계는 질문자가 자기를 인간이라고 잘못 판정하도록 유도하려 하며, 여자는 질문자가 자신을 인간이라고 올바르게 판정하도록 도우려 한다. 튜링은 새로운 모방게임에서 기계가 인간 질문자를 속일 수 있다면, 즉 질문자가 기계를 인간이라고 판정하도록 유도할 수 있다면, 우리는 그 기계를 '생각할 수 있는 기계'라고 인정해야 한다고 주장했다. 튜링이 제안한 게임은 튜링 검사(Turing test)라고 불린다.

튜링은 이런 검사를 통해 '특정 대상이 생각할 수 있다'라는 진술이 갖는 애매한 의미를 경험적으로 조작 가능한 조건을 통해 엄밀하게 정의하고자 했다. 이런 점에서 튜링 검사는 지능에 대한 조작적 정의를 제시했는데, 그것은 '만약 어떤 대상이 이러저러한 조작 가능한 조건들을 만족하면, 그것은 생각할 수 있다'라는 형식을 갖는다. 여기서 나타나는 '조작 가능한 조건들'은 모방게임에서 다음과 같은 조건들로 표현되어 있다. 즉 그것들은 '남자, 여자, 질문자는 격리된 방에 있다', '그들은 전신을 통해서만 대화를 한다', '질문자는 어느 쪽이 인간이고 어느 쪽이 기계인지를 판정하려고 한다', '남자는 질문자가 잘못된 판정을 내리도록 대답한다', '여자는 질문자가 올바르게 판정하는 것을 돕는다'와 같은 진술들을 포함한다. 이런 조건들은 경험적으로 조작 가능할 뿐 아니라 실제로 검증 가능하기도 하다.

과학자들은 이론에 등장하는 용어들을 조작적으로 정의함으로써 그것들을 포함하는 이론이나 가설을 애매하지 않은 방식으로 경험적으로 검사할 수 있도록 만들기 위해 노력한다. 그러나 '생각한다'와 같은 인간의 심성 작용을 당사자를 제외한 다른 사람들은 관찰할 수 없기 때문에 그런 작용을 기술하는 용어들은 조작적으로 정의될 수 없다는 주장도 있다. 그러나 이런 비판적 시각에도 불구하고 튜링이 조작적 정의를 채택한 이유는 분명하다. 튜링은 '기계가 생각할 수 있는가?'라는 우리의 질문에 대답하기 위해 '기계'와 '생각'과 같은 용어들의 일상적 용법에 의존하게 되면 그 대답은 여론조사 수준을 넘지 못할 것이라고 보았다. 그런 바람직하지 않은 상황을 벗어나는 유일한 방안은 언어를 경험적으로 조작 가능한 방식으로 사용하는 데 있다.

튜링은 모방게임이 발표된 논문에서 2000년 무렵에는 실제로 튜링 검사를 통과할 수 있는 기계가 등장할 수 있을 것이라는 낙관적인 견해를 표명했다. 물론 이런 낙관적 견해는 튜링의 전유물은 아니었다. 최초의 디지털 컴퓨터로 인정받고 있는 에니악이 1943년에 등장했지만 튜링의 꿈을 구체화하는 데는 10여 년 이상의 세월이 걸렸다. 생각할 수 있는 기계에 대한 인류의 오랜 꿈은 1956년 다트머스 학술대회에서 '인공지능(artificial intelligence)'이라는 용어가 처음으로 등장함으로써 구체화되었다. 다트머스 대회를 주도했던 학자들은 인공지능 연구의 목표가 인간의 지능을 모의하는 것이고, 그 목표는 시간이 흐르면 자연스럽게 달성될 수 있다고 전망했다. 다트머스 대회 이후 연산속도가 매우 빠른 고성능 컴퓨터들이 속속 개발되면서 많은 연구자가 튜링 검사를 통과할 수 있는 프로그램을 개발하려고 노력해왔다. 일부 연구자는 자신들이 개발한 프로그램이 튜링 검사를 통과할 수 있다고 주장하고 있지만 2018년 현재까지 미국전산학회(ACM)가 공식적으로 인정한 프로그램은 없다.

이런 결과와 관련해 우리는 튜링 검사가 지능에 대해 지나치게 높은 기준을 설정했다고 볼 수도 있다. 튜링이 제시한 모방게임에서 남자의 역할을 적절히 수행할 수 있는 기계는 거짓말을 할 수 있어야 하는데, 기계는 원리상 그런 능력을 지닐 수 없기 때문이다. 과연 기계는 거짓말을 할 수 없는가? 우리는 여기서 '기계가 거짓말을 할 수 없기 때문에 인간을 속일 수 없는가?'라는 문제와, 영화 〈2001 스페이스 오디세이〉에 등장하는 컴퓨터 '할 9000'처럼 '기계가 거짓말을 할 수 있더라도 인간을 속일 수 없는가?'라는 문제를 구별할 필요가 있다. 일부 학자는 기계는 원칙적으로 거짓말을 할 수 없다고 주장한다. 어떤 체계가 거짓 진술 L을 한다는 것은 'L은 거짓이다'라는 점을 알면서도 'L은 참이다'라고 말한다는 것을 의미한다. 그런데 두 진술은 논리적으로 모순 관계에 있으므로 그것들을 동시에 포함하는 체계는 모순적이다. 인간의 경우 거짓말을 하면 양심의 가책을 받겠지만 거짓말 때문에 생명체로서의 작동이 멈추지는 않는다. 반면 기계의 경우 거짓말은 체계 내에서 모순을 야기할 것이고 그 모순은 버그나 오작동을 유발할 것이다. 이런 의미에서 기계는 원칙상 거짓말을 할 수 없다.

　인간이 기계와 달리 거짓말을 할 수 있는 이유는 정서를 갖고 있기 때문이라는 견해도 있다. 그들에 따르면 인간과 기계를 사고 능력에 의해 구분하는 것은 튜링 검사를 통과할 수 있는 기계가 등장한 경우에는 더는 의미가 없다. 인간과 기계를 구분할 수 있는 새로운 기준이 필요할 터인데 그것은 바로 정서라는 것이다. 그 결과 '기계가 거짓말을 할 수 있는가?'라는 우리의 질문은 이제 '기계가 정서적일 수 있는가?'라는 질문으로 전환된다.

　모든 사람이 튜링 검사가 지능에 대해 지나치게 높은 기준을 제시하고 있다는 비판에 동의하는 것은 아니다. 그와 반대로 일부 학자는 튜링 검사는 지능에 대해 지나치게 낮은 기준을 제시한다고 비판하거나, 심지어 튜링 검사는 지능에 대한 기준이 될 수 없다고 주장하기도 한다. 이들에 따르면 튜링 검사에서 남자가 하는 역할, 즉 대화 상대자를 속이는 역할을 성공적으로 수행하는 능력은 지능에 대한 충분조건이 될 수 없다. 예를 들어 인간은 누군가를 생각하고 사랑하고 배려한다. 이런 인간의 정신 능력을 플라톤처럼 지(知), 정(情), 의(意)라는 세 부분으로 구분해보면 튜링 검사가 제시하는 기준은 기껏해야 그 세 가지 중 첫째 부분만을 검사할 수 있다. 다른 한편으로 튜링의 모방게임에서 대화 상대자를 속이는 역할을 성공적으로 수행하는 능력은 지능에 대한 필요조건도 될 수 없다. 즉 그런 역할을 하지 못한다고 해서 자연지능을 갖지 못한다고 말할 수 없기 때문이다. 그렇다면 인간을 속일 수 있는 능력은 지능에 대한 충분조건도 아니고 필요조건이 아니라는 결론이 나온다.

2) 중국어 방 논변

　이제 튜링 검사가 지능을 판별할 수 있는 기준이 될 수 없다고 주장하는 설(John Searle)의 주장을 살펴보자. 설은 먼저 인공지능을 약한 인공지능(weak AI)과 강한 인공지능(strong AI)으로 구분한다. 약한 인공지능은 인공지능을 구현한 컴퓨터가 인간의 마음을 연구하는 데 매우 효율적인 수단과 방법을 제공한다고 보는 입장이다. 약한 의미의 인공지능은 '컴퓨터가 실제로 마음을 갖는다'와 같은 존재론적 주장을 하지 않고, 단지 '컴퓨터는 마음을 연구하는 데 유용한 도구이다'와 같은 방법론적 측면만을 강조한다. 반면에 강한 인공지능은 인공지능을 구비한 컴퓨터는 인간의 심성 상태를 구현한다는 의미에서 문자 그대로 마음을 갖는다고 주장한다. 설이 비판하려는 것은 강한 인공지능이다.

강한 인공지능의 지지자 중 일부는 인간의 심성 상태를 구현하는 컴퓨터를 개발하기 위해 자연언어 이해를 연구해왔다. 이들이 이 분야를 연구한 데는 분명한 이유가 있었는데, 바로 기계가 인간처럼 자연언어를 이해할 수 있다면 그 기계는 튜링 검사를 통과할 수 있다고 생각한 것이다. 설은 그들이 개발한 인공지능 프로그램들이 자연언어를 이해하지 못한다는 점을 보이기 위해 중국어 방 논변(Chinese room argument)이라 불리는 사고실험을 제안했다. 중국어 방 논변은 다음과 같이 전개된다. 우선 중국어를 전혀 알지 못하는 사람이 방 안에 앉아 있는데 그 방에는 입력창과 출력창이 하나씩 있다. 방 외부에 있는 사람들이 입력창을 이용해 방 안에 있는 그 사람에게 중국어로 쓰인 질문지를 제시하면 방 안의 사람은 출력창을 통해 중국어로 쓰인 대답을 제시한다. 어떻게 중국어를 전혀 알지 못하는 사람이 그런 일을 할 수 있는가? 전혀 문제가 없다. 왜냐하면 방 안에는 중국어로 쓰인 특정한 질문에 완벽한 중국어로 대답할 수 있게 하는 영어로 쓰인 규정집이 있고, 대답을 구성하는 데 필요한 중국어 문자가 든 바구니들이 있기 때문이다. 과연 그런 규정집을 제작할 수 있는가는 여기서 문제가 되지 않는다. 이제 방 안의 사람은 규정집에 따라 제시된 질문에 대해 적절한 대답을 만들어 출력창을 통해 방 밖으로 내보낸다.

이런 경우 방 외부의 질문자는 방 안에 있는 사람이 중국어를 잘 이해한다고 생각할 것이다. 그러나 실제로 방 안의 사람은 중국어를 전혀 이해하지 못한다. 그는 단지 규정집에 따라 중국어 문자를 구문적으로 조작하고 있을 뿐이다. 이제 방 안의 사람을 컴퓨터로 대치했다고 가정하자. 이 경우 중국어 문자 바구니들은 데이터베이스에 해당하고, 규정집은 컴퓨터 프로그램에 해당한다. 이런 새로운 상황에서 방 안에 있는 컴퓨터는 방 안의 사람과 마찬가지로 중국어를 전혀 이해하지 못하지만, 프로그램에 따라 중국어를 처리할 수 있고 그 결과 방 외부에 있는 사람들은 방 안의 컴퓨터가 중국어를 잘 이해하는 것으로 생각할 것이다.

설이 중국어 방 논변을 통해 주장하려는 것은 '컴퓨터가 언어를 이해한다'는 생각은 잘못이라는 점이다. 다시 말해, 컴퓨터는 결코 자연언어를 이해하지 못한다. 그렇다면 컴퓨터가 수행하는 것은 정확히 무엇인가? 설에 따르면, 컴퓨터는 단순히 입력장치를 통해 들어온 기호들을 프로그램이 제공하는 규정에 따라 처리할 뿐이다. 컴퓨터는 기호를 의미론적으로 처리하는 것이 아니라 단지 구문적으로 처리할 뿐이다. 강한 인공지능에 대한 설의 비판은 다음과 같이 재구성될 수 있다. ① 컴퓨터 프로그램은 순전히 형식적이고 구문론적 체계이다. ② 인간의 마음은 정신적 내용, 즉 의미론을 갖는다. 사고, 믿음, 욕구와 같은 심성 상태는 세계에 존재하는 대상이나 사태와 같은 '그 무엇에 대한 것'이다. 마음이 갖는 이런 특징은 지향성(intentionality)이라고 불린다. 우리 마음은 외부에 있는 대상과 사태를 지향한다. ③ 구문론은 그 자체만으로는 의미론을 구성하지 못한다. ④ 그러므로 프로그램은 마음을 구성하지 못한다. 이런 결론은 강한 인공지능은 실현될 수 없다는 주장을 함축한다. 설에 따르면 어떤 체계가 심성 상태를 갖기 위해서는 형식적이고 구문론적인 차원 이외에도 의미론적인 차원을 갖고 있어야만 한다.

이제 중국어 방 논변을 튜링 검사와 연결해보자. 강한 인공지능의 지지자들은 튜링 검사를 통과할 수 있는 대표적 예로 엘리자(Eliza) 프로그램을 꼽는다. 그러나 설은 중국어 방 논변이 엘리자 프로그램뿐 아니라 지능을 모의할 수 있다고 주장되는 모든 프로그램에 해당된다고 본다. 설에 따르면, 인공지능 프로그램이 이야기를 이해하는 것처럼 보일 수 있겠지만 그런 생각은 단지 프로그램에 대한 근본적인 오해 때문에 발생한다. 즉 컴퓨터는 구문론적으로 작동할 뿐 의미론을 갖고 있지 않기 때문에 그것이 처리하고 있는 기호에 대해 어떠한 지향성도 갖고 있지 않으며 그 결과 그것들을 이해할 수 없다. 중국어 방에 놓인 프로그램이 방 외부에 있는 사람들을 속일 수는 있겠지만 그것은 실제로는 중국어를 이해하지 못한다. 그러므로 특정 인공지능 프로그램이 설사 튜링 검사를 통과했다고 하더라도 자연언어를 이해한다고 볼 수 없다. 자연언어를 이해하는 것은 인간 지능의 본질적 특징이므로 튜링 검사를 통과한 인공지능 프로그램이라고 하더라도 지능을 갖는다고 볼 수 없다. 이는 곧 튜링 검사는 기계가 생각할 수 있는가에 대한 적절한 평가 기준이 될 수 없다는 것을 뜻한다.

3. 의식과 자유의지

1) 의식의 어려운 문제

의식이란 무엇인가? 사전적 정의에 따르면, 의식이란 '깨어 있는 상태에서 자기 자신이나 외부 대상에 대해 인식하는 작용'이다. 그러나 이런 정의는 의식에 대한 일상적 의미를 전달하기는 하지만 의식에 대한 정확한 정의는 되지 못한다. 동물도 의식을 갖고 있다는 점이 분명해 보이기 때문에, 이러한 정의로는 인간과 동물을 구분할 수 없다. 무엇보다도 그 정의는 왜 우리가 자신이 느끼는 바와 같이 세계를 의식하는지 설명하지 못한다.

데카르트(René Descartes)에 따르면, 의식은 정신적 삶에 본질적 요소가 아닌 부수적 요소로서 다양한 심성 상태가 거기에 포함되는 흐름이다. 현대에 들어 의식에 대한 데카르트의 생각을 따르는 학자는 매우 드물고 의식이란 우리가 항상 느끼고, 믿고, 희망하는 대상들에 대한 의식이라는 입장이 지배적이다. 의식은 다양한 심성 상태로부터 분리될 수 없기 때문에 그것은 심성 상태들에 의해 설명되어야 한다. 이런 점 때문에 정신적 삶을 영위하는 모든 생명체가 의식을 갖는다고 말할 수는 없지만 인간과 유사한 정신적 삶을 사는 생명체는 의식적이라고 말할 수 있다.

정신적 삶에 대한 다양한 이론 중 어느 이론이 의식을 가장 잘 설명할 수 있는가? 먼저 우리는 마음에 관한 이론들을 이용해 의식을 정의할 수 있는 가능성을 고려해볼 수 있다. 예를 들어 우리는 기능주의를 이용해 의식 상태가 담당하는 심성적 역할을 규정하거나, 심신동일론을 이용해 물리적 용어로 의식 상태를 규정할 수 있을 것이다. 그러나 이런 이론들은 왜 의식적 상태가 이런저런 방식으로 느껴지는지를 설명하지 못한다는 점에서 한계가 있다. 물론 이처럼 의식을 설명하는 일이 매우 어렵다는 사실이 의식을 과학적으로 설명할 수 없다는 주장을 함축하는 것은 아니다. 의식은 과학적으로 설명할 수 있는 측면과 그렇지 못한 측면을 동시에 지닌 것처럼 보인다. 과학자들은 의식을 뒷받침하는 두뇌의 물리적이고 생리적인 기제를 설명할 수 있다. 예를 들어 도파민과 같은 신경전달물질들이 어떤 방식으로 과잉 분비되는지를 들어 흥분 상태를 설명할 수 있다. 여기서 우리가 의식을 설명하는 일이 어렵다고 지적하는 이유는 그런 설명은 여전히 왜 우리가 그런 방식으로 흥분을 느끼는지를 설명하지 못하기 때문이다. 의식은 객관적 측면과 주관적 측면을 모두 갖고 있으며, 그렇기 때문에 의식의 주관적 측면은 과학적으로 설명하기 매우 어렵다는 전망이 나온다.

차머스(David Chalmers)는 이런 이유로 의식을 설명하는 어려운 문제와 쉬운 문제를 구분한다. 차머스에 따르면 의식의 어려운 문제는 주관적 의식을 설명하는 것이고 의식의 쉬운 문제는 객관적 의식을 설명하는 것이다. 전자는 심성 상태와 관련된 느낌들은 무엇인지, 그것들은 어디에서 오는지 등을 묻는다. 이와 반면에 후자는 심성 상태들의 인과적 역할은 무엇인지, 그런 인과적 역할이 어떤 방식으로 다른 생명체의 두뇌에서 구현될 수 있는지 등을 묻는다. 물론 의식의 쉬운 문제들이 문자 그대로 현대과학이 쉽게 해결할 수 있다는 의미에서 '쉬운' 것은 아니다. 그것들이 쉬운 문제로 분류되는 이유는 충분히 성숙된 과학은 그것들을 해결할 수 있다고 예상하는 것이 합리적이기 때문이다. 반면에 의식의 어려운 문제들은 과학이 아무리 발전하더라도 설명되기가 매우 어렵거나 아니면 원리상 해결되기가 불가능한 것들이다.

러바인(Joseph Levine)은 차머스와 마찬가지로 감각질과 같은 주관적 경험을 물리적 과정으로 설명할 수 없는 영역이 존재한다고 주장하면서, 의식을 충분히 설명하려는 목표와 과학이 제공하는 설명 사이에는 설명적 간극(explanatory gap)이 존재한다고 지적한다. 심리학이나 신경과학은 어떻게 상이한 심성 상태들이 인과적으로 작용하는지, 그러한 인과적 작용에 어떤 기제들이 포함되어 있는지를 설명하지만 그러한 설명이 아무리 완벽하더라도 설명되지 않고 남아 있는 것이 있다는 것이다. 그것이 바로 의식의 주관적 영역이다. 우리는 앞에서 감각질이 심신동일론과 기능주의를 비판하는 논거로 사용될 수 있다는 점을 보았다. 감각질은 물리적 과정으로 설명될 수 없기 때문에 과학적으로 설명되지 않은 채로 남아 있으며, 이와 같은 설명적 간극은 심신동일론을 비판하는 중요한 논거에 해당한다. 의식을 설명하면서 우리가 궁극적으로 원하는 것은 의식의 객관적 측면이 아니라 의식의 주관적 측면이다. 그러나 과학은 의식의 객관적인 측면만을 설명할 수 있을 뿐이고 여전히 해명되지 않은 무엇인지가 그러한 설명에서 빠져 있다.

그렇다면 의식에 대한 과학적 설명이 놓치고 있는 것은 무엇인가? 적어도 그것은 의식의 물리적 과정들이나 사건들은 아닐 것이다. 그것은 비과학적인, 아마도 형이상학적인 요소임에 틀림없다. 우리는 일상적으로 그것을 '주관적 요소'라고 부른다. 예를 들어, 여러분이 몇 년 전 좋아하는 친구와 함께 마셨던 커피의 향기는 지금도 여러분의 기억 속에 남아 있을 것이며 코끝을 스치는 감각적 경험을 여전히 갖고 있다. 이것이 바로 감각질이다. 여기서 커피의 향기에는 단순히 감각적인 향기만이 아니라 친구와 나누었던 대화와 감정이 함께 묻어 있다. 이처럼 감각질은 물리적 요소 이외에 여러분의 주관적 감정이라는 현상적 요소를 포함한다. 사정이 이렇다면 과학이 그러한 주관적 요소들을 설명할 수 있다고 보기는 어려울 것이다.

우리는 앞에서 현대과학이 의식의 주관적 측면을 설명할 수 없는 이유를 검토해보았다. 그런데 이러한 사정은 역설적으로 의식에 대한 우리의 일상적 생각을 바꿀 것을 요청하는 것처럼 보인다. 현대문화에서 과학기술은 인간과 세계에 대한 우리의 인식을 결정하는 매우 중요한 요인이다. 그런데 만약 현대과학이 설명할 수 없는 대상이나 영역이 있다면 그것들은 과학적 탐구 대상이 될 수 없다고 판정받을 가능성이 매우 높다. 마치 귀신이나 마녀의 존재가 과학적으로 연구될 대상이 아닌 것처럼 의식의 존재 역시 비과학적 대상으로 추락할 가능성이 높다.

심신동일론의 일부 지지자들은 이러한 상황에서 매우 극단적인 견해를 주장한다. 우리는 앞에서 심신동일론자들이 그들의 입장을 지지하기 위해 과학사에서 발견되는 사례들을 제시하는 것을 보았다. 그들이 제시한 주장의 요지는 과학사에서 종종 나타나듯이 선행 이론은 더 나은 설명을 제공하는 후속 이론으로 환원되어야 한다는 것이다. 그리고 선행 이론이 가정하는 이론적 대상이 실제로 존재하지 않는 경우에는 그러한 대상은 과학적 탐구의 목록에서 제거되어야 한다. 처칠랜드(Paul Churchland)는 과학적으로 접근할 수 없는 대상을 가정하는 과학 이론들은 제거되어야 한다는 제거적 유물론을 주장했다. 제거적 유물론을 의식의 문제에 적용하면 어떤 결과가 나타나는가? 의식의 객관적 측면은 과학적으로 접근이 가능하므로 그 영역에 속하는 문제들과 대상들은 당연히 과학적 탐구의 대상으로 인정받을 것이다. 반면에 감각질과 같은 의식의 어려운 문제는 과학적 탐구의 적절한 대상으로 인정되지 않을 것이고, 그 개념을 가정하는 이론들은 제거되어야 할 것이다. 따라서 감각질의 존재를 인정할 수 있는 실체이원론이나 속성이원론은 제거의 대상이 된다.

그러나 차머스가 주장한 의식의 어려운 문제들이 과학적으로 해결되지 않는다고 해서 그러한 점이 심신동일론이나 제거적 유물론을 지지하는 것은 아닐 것이다. 즉 의식의 주관적 성질을 과학적으로 설명하기 어렵다는 것 때문에 우리가 의식의 주관적 성질을 무시하거나 고려할 필요가 없다는 것을 뜻하지는 않는다. 주관적 의식을 설명하기가 어려운 이유를 다시 살펴보자. 철학자 네이글(Thomas Nagel)은 의식의 본질은 주관성 또는 '……의 입장에서 느끼는 것'이라고 보았다. 네이글의 주장은 다음과 같이 전제된다. 우리는 박쥐들이 변조된 초음파들을 송출해 그 초음파들이 대상으로부터 반사되어 오는 것을 탐지함으로써 외부 세계를 지각한다고 알고 있다. 박쥐의 두뇌는 송출된 파동을 그것의 반사와 상관시키도록 설계되어 있다. 박쥐는 그렇게 얻은 정보를 이용해 대상과의 거리, 대상의 크기, 모양, 운동, 표면 조직들을 우리가 시각을 이용해 파악하는 것에 비교될 만큼 정밀하게 분간해낼 수 있다. 그러나 박쥐의 초음파 반향 탐지는 분명히 지각의 한 형태이기는 하지만, 우리가 갖고 있는 어떤 감각과도 비슷하게 작동하지 않는다. 따라서 박쥐의 탐지의 내용이 인간이 경험하거나 상상할 수 있는 어떤 것과도 주관적 느낌의 측면에서 유사하리라고 생각할 이유가 없다. 바로 이러한 점이 우리가 박쥐의 입장에서 느낀다는 것이 어떠한지를 알기 어렵게 만든다.

우리는 경험을 이용해 상상을 하므로 만약 인간이 박쥐가 된다면 어떤 느낌을 갖게 될지 상상하는 것은 제한적일 수밖에 없다. 우리의 팔에 날개가 달려 있어서 새벽과 저녁에 날아다니면서 입으로는 벌레를 잡아먹고, 시력은 형편없이 나쁘지만 초음파를 통해 주위 환경을 지각하고, 낮에는 어두운 동굴 안에서 거꾸로 매달려 지낸다고 상상한들 그것이 박쥐의 느낌을 이해하는 데는 전혀 도움이 되지 않는다. 내가 그러한 상상을 한다면 그 상상은 단지 내가 한 마리 박쥐처럼 행동한다는 것이 어떠한 것인지를 알려줄 뿐이다. 우리가 알고 싶은 것은 박쥐의 입장에서 살면서 느끼는 것이 어떤 것인지에 대한 것이다. 그러나 우리가 갖고 있는 정신적 자원들은 제한되어 있고 그 자원들만으로는 이러한 상상을 제대로 하기는 어렵다. 우리는 현재의 내 경험에 무엇을 더 보태거나 빼면서 상상하거나 또는 더하고 빼고 고치기를 여러 번 반복해도 박쥐의 느낌을 알 수 없다.

결국 우리는 박쥐가 세상에 대해 갖는 느낌을 가질 수 없다. 네이글은 우리가 박쥐의 감각체계에 대해 아무리 많은 과학적 사실들을 알게 되더라도 박쥐의 경험을 가질 수는 없을 것이라고 주장한다. 박쥐의 두뇌가 입력된 정보들을 어떻게 처리하는지에 대한 모든 과학적 사실들이 알려진다고 해도 우리는 그것이 박쥐에게 어떻게 느껴지는지를 알 수 없으리라는 것이다. 마찬가지로 우리는 고양이와 같이 의식적 경험을 갖는다고 가정되는 생물체에 대해 '고양이에게 세상은 어떻게 보일까?'라고 질문할 수 있다. 네이글이 강조했듯이 우리는 고양이에게 드러나는 세상의 모습이나 고양이가 갖는 경험을 공유할 수 없고, 이 점은 심신동일론과 환원론을 반박하는 결정적인 증거로 간주될 수 있다.

2) 감각질

앞에서 살펴보았듯이 의식은 주관적 성질이라는 특징을 갖고 있다. 우리는 가려움과 아픔을 느끼지만 그 느낌의 질은 사람마다 다르다. 날카로운 못에 찔린 고통은 화상으로 인한 고통과 다르게 느껴진다. 그러나 수 '2'가 가장 작은 소수라는 믿음과 지구가 평평하다는 믿음은 다르게 느껴지지 않는다. 마찬가지로 붉게 보이는 물체를 보는 것은 녹색으로 보이는 물체를 보는 것과는 다르게 경험되지만, 황사가 그칠 것이라는 기대감은 내가 입학시험에 합격할 것이라는 기대감과 다르게 경험되지는 않는다. 이런 차이는 '그런 느낌을 갖는 것이 무엇인가'라는 질문이 의미가 있는 심성 상태와 의미가 없는 심성 상태의 차이에서 비롯한다. 신체적 감각과 지각적 경험은 '그런 느낌을 갖는 것'의 상태에 대한 대표적인 사례이며, 그런 감각과 경험은 현상적 느낌, 즉 그대로 느껴지는 경험이다.

우리의 심성 상태가 기능적 상태라고 주장하는 기능주의에 동의한다고 가정해보자. 이는 곧 우리가 어떤 주어진 심성 상태에 있다는 것을 의미한다. 예를 들어 내가 특정한 고통 상태에 있다는 것은 내가 일련의 인과적 역할을 수행하는 심성 상태에 있다는 것이다. 즉 내가 날카로운 못에 찔려 피부가 손상되는 상태에 있고, 그로 인해 특정한 고통 반응을 나타내고, 고통스럽다는 믿음이 형성되고, 그런 고통에서 벗어나야 한다는 욕구를 갖는다.

그러나 이런 과정들을 제시하는 것만으로는 고통과 관련된 심성 상태가 모두 설명된 것은 아니다. 내가 고통 상태에 있을 때 나는 분명히 특정한 인과 과정을 갖는 상태에 있지만 여기서 제시된 과정들만이 전부는 아닐 것이다. 내가 고통 상태에 있을 때 나의 경험은 독특한 질적인 느낌을 갖는데, 철학자들은 그런 느낌을 감각질(qualia)이라고 표현한다. 감각질은 우리가 자신의 심성 상태에 주목할 때 갖게 되는 정신적 삶의 질적인 성질이다.

감각질은 주로 세 가지 의미로 사용된다. 첫째, 감각질은 과학적 설명에 포함될 수 없는 것으로 이해되는 현상적 성질들을 나타낸다. 이런 용법에 따르면, 감각질이 실재한다고 믿는 것은 심성 상태와 두뇌 상태의 동일함을 주장하는 심신동일론을 받아들이지 않는 것이다. 반면에 감각질이 실재한다는 점을 부정하는 것은 그것이 과학적 설명의 대상이 아니라는 점을 주장하는 것이다. 둘째, 감각질은 기능적으로 포착하기 어려운 심성 상태들의 본래적 성질들을 가리키기 위해 사용된다. 이런 용법에 따르면, 감각질이 실재한다고 주장하는 것은 기능주의를 뒷받침할 수 있지만, 반드시 환원론적 동일론을 부정하는 것은 아니다. 반면에 감각질의 존재를 부정하는 것은 감각들의 주관적 성질에 대한 설명은 내적 상태들의 기능적 역할을 제시하면 된다고 보는 것이다. 기능주의는 내적 상태들에 대한 설명이므로 둘째 용법에서의 감각질에 대한 논의는 심성 상태들이 기능적 상태로 환원 가능한지를 논의하지는 않는다. 셋째, 감각질은 철학적으로 중립적 의미에서 사용되기도 한다. 여기서는 감각질을 갖는 심성 상태는 고통이나 색 감각 등을 포함하는 것으로 이해된다. 이런 용법에 따르면, 우리의 신념과 욕망이 감각질과 연관되는지는 분명치 않다. 감각질에 대한 셋째 용법은 그 개념에 대해 충분한 설명을 제공하지 않기 때문에 그것이 물리적 상태인지 아니면 기능적 상태인지, 정신적 삶이 어느 정도 질적인지에 대해서는 다루지 않는다.

이제 감각질과 관련된 하나의 재미있는 사고실험을 생각해보자. 어떤 존재가 심성 상태에 대한 기능주의적 기준들을 충족하지만 고통을 전혀 느끼지 못한다고 가정해보자. 특히 그 존재는 겉으로 보면 정상적인 인간과 동일하게 행동하지만 전혀 의식이 없기 때문에 어떤 감각질도 갖지 않는다고 가정해보자. 차머스는 그런 존재를 철학적 좀비라고 불렀다. 여기서 말하는 철학적 좀비는 영화에 흔히 등장하는 좀비와 차이가 난다. 좀비는 원래 카리브 연안에 퍼져 있는 종교인 부두교에서 등장하는데, 사후에 주술사에 의해 생명이 부여되어 조종되는 움직이는 시체이다. 좀비 영화에 나타나는 좀비들은 겉으로 이미 정상인과 구별되며, (직접 관찰할 수는 없지만) 정신적 삶도 없는 존재들이다. 그러한 좀비들과 구별하기 위해 우리가 여기서 가정하는 좀비는 '철학적 좀비'라고 불린다. 철학적 좀비는 외모나 행동은 정상인과 전혀 차이가 없지만 단지 의식과 감각질을 갖고 있지 않다는 점에서만 차이가 난다.

철학적 좀비가 가능하다는 것은 심신동일론을 비판하는 좋은 증거가 될 수 있다. 심신동일론에 따르면 심성 상태는 물리적 상태이다. 철학적 좀비는 정상적 인간과 동일한 물리적 상태에 있다. 그러므로 심신동일론은 철학적 좀비는 정상인과 동일한 심성 상태를 갖는다고 주장해야 한다. 그러나 철학적 좀비는 정의상 의식을 갖고 있지 않기 때문에 이로부터 심신동일론은 잘못이라는 결론이 나온다. 심신동일론의 지지자들은 이런 결론을 피하기 위해 앞의 논증이 의존하는 가장 기본적인 전제를 공격한다. 즉 그들은 철학적 좀비가 과연 가능한지에 대해 의문을 제기한다. 철학적 좀비가 가능하다는 논증은 다음과 같이 전재된다.

① 철학적 좀비는 상상 가능하다.
② 상상 가능한 것은 가능하다.
③ 그러므로 철학적 좀비는 가능하다.

우선 이 논증에서 첫째 전제를 살펴보자. 어떤 의미에서 철학적 좀비가 상상 가능한가? 만약 여기서 상상 가능성이 '사각형인 원'과 같은 모순 개념을 상상할 수 있다는 의미로 사용된다면 둘째 전제는 성립하지 못할 것이다. 그러므로 첫째 전제에 등장하는 상상 가능성의 범위를 논리적 모순을 제외한 것으로 제한할 필요가 있다. 앞의 논증을 비판하는 사람들은 그렇다고 하더라도 앞의 논증이 성립하는 것은 아니라고 지적한다. 왜냐하면 상상 가능성은 인식적 개념인 데 비해 가능성은 형이상학적 개념이므로 전자가 후자를 함축할 수 없다고 보기 때문이다. 따라서 철학적 좀비의 가능성이 심신동일론을 비판하는 논거로 인정되기 위해서는 그런 존재가 어떻게 가능한지에 대한 문제가 해결되어야 한다.

다른 한편으로 철학적 좀비의 가능성은 기능주의를 비판하는 논거가 될 수 있다. 앞에서 보았듯이 기능주의는 사고, 욕구, 통증과 같은 심성 상태를 물리적 요소가 아니라 인지체계에서 그 상태가 차지하는 기능으로 간주한다. 철학적 좀비가 가능하다는 것은 의식이 마음에 있어 본질적인 것이 아니라는 점을 함축하는 것으로 생각될 수 있다. 철학적 좀비는 온전한 심성 상태를 갖는 것에 대한 기능주의적 기준을 충족하지만 우리의 의식을 특징짓는 감각질을 결여하고 있다. 이로부터 정상인과 같이 모든 심성 상태를 갖고 있지만 의식적 경험을 갖고 있지 않은 존재가 가능하다는 점이 따라 나온다. 이런 점에서 기능주의 비판가들은 철학적 좀비의 가능성을 이용해 기능주의를 논박할 수 있다고 주장한다. 그들은 우리의 정신적 삶의 질적 차원이 마음의 필수적 요소이므로 기능주의는 고통 상태에 있으면서도 고통을 의식하지 않을 수 있다는 점을 인정할 수 없다고 지적한다. 기능주의자들은 이런 비판은 기능주의에 대한 오해로부터 비롯된다고 주장한다. 기능주의자들에 따르면 기능주의의 핵심은 정신적 성질을 인과적 힘으로 환원한 데 있다. 그러므로 만약 감각질이 환원 불가능하다면 우리에게는 두 가지 선택지가 있다. 그 하나는 기능주의를 포기하는 것이고, 다른 하나는 의식의 주관적 성질은 마음에 본질적인 것이 아니라는 점을 인정하는 것이다. 기능주의 입장에서 보면, 만약 철학적 좀비가 가능하다면 우리가 취할 수 있는 입장은 의식의 주관적 성질이나 감각질이 마음의 본질적 성질이 아니라는 점을 수용하는 것이다.

인간은 정신적 삶을 영위하고 있지만 물리적 세계에 속한다는 점은 의심할 여지가 없다. 우리는 물리적 몸을 갖고 있으며 물리적 세계에 위치하고 있다. 여기서 문제가 되는 것은 우리가 전적으로 물리적 존재인지 여부이다. 만약 인간이 진정으로 물리적 존재라면 과학은 인간에 대한 완전한 설명을 제공할 수 있을 것이라고 기대할 수 있다. 우리는 여기서 과학적 설명이 인간에 대한 완전한 설명이 되기에는 부족하다고 주장하는 잭슨(Frank Jackson)의 지식논변(knowledge argument)을 검토해보기로 한다.

신경과학에 대한 모든 것을 알고 있는 이상적인 과학자 메리가 있다고 가정해보자. 그런데 메리는 흑백의 세계에서 생활하고 있다. 즉 그녀는 흑백의 방에서 살고 있고 흑백으로 된 TV를 시청하고, 흑백으로 인쇄된 책을 보며, 제공받는 모든 시각정보도 흑백이다. 메리는 세계와 인간의 물리적 본성에 대한 모든 과학적 사실뿐 아니라 두뇌의 물리적 구조, 작용, 시각체계에 대한 모든 과학적 사실을 잘 알고 있다. 다시 말하면 메리는 세계와 인간에 대한 모든 신경과학적 지식을 갖고 있다. 그러므로 환원론적 동일론이 옳다면 메리가 우리의 심성 상태를 설명하는 데서 더 알아야 할 것은 없다.

그러나 여기서 메리가 알지 못하는 무엇인가가 있다. 예를 들어 그녀는 빨간색을 보는 것이 어떤 느낌인지 알지 못하며, 흑백 외의 다른 색들에 대한 색 경험을 하는 것이 어떤 느낌인지 알지 못한다. 이제 그녀가 그동안 생활해왔던 방 밖으로 외출하게 되면 그녀는 무엇인 가를 배우게 될 것이다. 예를 들어, 그녀는 빨간 장미를 보았을 때 '빨 강'이라는 단어가 동반하는 경험의 본성을 발견하게 될 것이다. 이와 같은 색 지각 과정을 통해 메리는 '인간으로 산다는 것'에 대해 이전에 그녀가 가졌던 지식이 완전하지 않다는 점을 알게 될 것이다. 잭슨은 이 점이 바로 메리가 빨간색 경험의 새로운 성질 또는 빨간색 경험의 의식적 느낌에 익숙해졌다는 점을 보여준다고 주장한다. 메리는 자 신의 방을 나오기 전에 이미 빨간색 경험의 모든 물리적 성질을 알고 있었다. 그녀가 무엇을 배웠다면 그것은 바로 물리적인 것과 동일할 수 없는 빨간색 경험의 특성 또는 의식적 특성이었다고 보아야 한다.

3) 자유의지

우리는 자신의 행동을 의식하고 있는가? 우리는 자유롭게 자신의 행동을 결정하는가? 일반적으로 사람들은 자신이 자유의지를 갖고 있다고 생각하기 때문에 이런 질문들은 너무나 당연한 사실을 문제 삼는다고 생각하는 경향이 있다. 그러나 우리가 진정으로 자유의지 에 의해 행동하는지를 진지하게 검토하면 우리의 직관과는 달리 자 유의지는 그렇게 자명한 것은 아니라는 점이 드러난다.

손가락들을 쭉 펴고 그다음 손목을 구부리는 경우를 생각해보자. 이때 손가락들을 펴고 손목을 구부리는 주체는 무엇인가? 그것은 자 아인가 아니면 의식인가? 그러나 내적인 자아가 존재한다는 생각은 실체이원론에 대한 반론에서 드러나듯이 상당한 문제가 있고, 설령 그런 자아가 존재한다고 하더라고 그것이 어떻게 행동을 유발하는지를 알기 어렵다는 문제가 있다.

이와 관련해 과학적으로 분명한 것은 언제 나의 손목을 구부릴 것인지 아니면 손목을 구부리지 않을 것인지를 결정하는 수많은 두뇌 과정들이 있다는 점이다. 인간과 동물을 대상으로 한 실험들을 통해 자발적 행동에 대한 많은 사실들이 밝혀지고 있다. 손목을 구부리는 것과 같은 자발적 행동이 발생할 때 두뇌의 많은 영역들이 관련되는데, 개략적으로 그 과정은 다음과 같다. 우선 전두엽에서 전운동 영역으로 신호를 보내고, 전운동 영역이 행동을 프로그램해서 1차 운동 영역으로 신호를 보내며, 마지막으로 1차 운동 영역은 근육을 움직이라는 지시를 보낸다. fMRI와 같은 두뇌영상술은 좌측 배측방 전전두엽이 언제 어떻게 행동할 것인지를 결정하는 주관적 경험과 관련되어 있다는 점을 보여준다. 이처럼 과학은 감각정보가 입력되거나 행동이 계획되고 실행될 때 특정 두뇌 영역들에 있는 신경세포들이 어떻게 활성화되는지를 보여줄 수 있다. 그러나 우리는 자신의 행동을 결정하는 것은 신경세포들의 활성화라고 생각하지는 않는다. 우리가 원하는 방식으로 자유롭게 행동하게 만드는 무엇인가가 있는 것처럼 보이는데 일반적으로 그것이 자아나 의식이라고 생각되고 있다.

여기서 자유의지의 문제가 대두된다. 흄(David Hume)은 자유의지야말로 철학에서 가장 논쟁적인 주제라고 보았다. 자유의지의 문제는 또한 현실적 문제들과 직접적으로 관련되는데, 그 이유는 자유가 책임을 함축하는 것처럼 보이기 때문이다. 우리는 자신의 행동에 대해 책임을 져야 한다고 생각하고 있으며, 다른 사람들도 그들의 행동을 자유롭게 결정한다는 가정하에 그들의 행동에 책임을 져야 한다고 생각한다. 만약 자유의지가 없다면, 즉 우리가 자유롭게 자신의 행동을 결정하지 못한다면, 우리는 자신의 행동에 대해 도덕적 책임을 질 필요가 없다고 주장할 수 있다.

자유의지를 부정하는 강력한 이론은 결정론이다. 결정론에 따르면, 우주에서 발생하는 모든 사건들은 선행 사건들에 의해 결정되어 있다. 만약 우주의 모든 사건들이 결정되어 있다면 이미 발생한 사건들은 피할 수 없고, 모든 사건들이 피할 수 없는 것이라면 자유의지는 성립할 수 없다. 자유의지와 결정론은 이처럼 양립 불가능한 것처럼 보인다. 즉 자유의지가 있다면 결정론은 성립할 수 없고, 결정론이 옳다면 자유의지는 성립할 수 없다.

그러나 자유의지와 결정론이 이처럼 양립 불가능하다는 점에 대해 모든 사람들이 동의하는 것은 아니며, 그 두 가지가 양립 가능하다고 주장할 수도 있다. 그렇다면 어떻게 그 두 가지가 양립 가능할 수 있는가? 그런 가능성을 보여주는 대표적인 예로서 결정론적이면서 카오스적인 과정들이 있다. 그런 과정들은 초기 조건들에 의해 결정되더라도 예측할 수 없는 극도로 복잡한 결과를 낳는다. 이와 마찬가지로 인간은 결정론적 세계에서 살고 있다고 하더라도 복잡한 선택을 하는 존재이다. 의사결정에서 선택의 자유가 있다면 결정론과 자유의지는 양립 가능할 것이고, 그 결과 우리는 결정론적 세계에 살고 있지만 자신의 행위에 대한 도덕적 책임을 져야 한다고 말할 수 있다.

이제 자유의지에 관한 논의에서 의식의 역할을 생각해보자. 우리의 의지적 행동은 의식된 것이므로 자유의지를 논의하려면 의식을 고려하지 않을 수 없다. 일부 학자는 인간을 여타의 동물이나 기계로부터 구분하는 것은 다름 아닌 인간의 의식이라고 주장한다. 인간이 자유의지를 갖고 있는 것은 인간은 의식적으로 선택지들의 비중을 비교하고 그 결과를 고려할 수 있기 때문이다. 그러나 이런 방식으로 자유의지를 의식과 연관시키면 우리는 다시 실체이원론의 근본 문제에 직면하게 된다. 즉 의식이 자유의지를 가능케 만드는 힘으로 간주되는 경우, 어떻게 인과적으로 닫힌 세계에 그런 힘이 작용할 수 있는가라는 문제가 발생한다. 그러나 의식이 그런 힘을 갖고 있지 않다면 의식적 의지에 대한 우리의 느낌은 환상일 것이다. 후자의 가능성을 보여주는 유명한 과학적 실험이 있다.

신경과학자 리벳(Benjamin Libet)은 아직도 논란의 대상이 되고 있는 실험 결과를 보고했다. 리벳은 언제 사람들이 자발적으로 그리고 의도적으로 행동을 하는지를 밝혀내는 실험을 수행했다. 구체적으로 그는 나의 손목을 굽히는 것은 나의 의식적 결정인지 아니면 무의식적인 두뇌 과정인지를 밝히기 위해 피험자들에게 적어도 40회 이상 자유롭게 손목 구부리기를 실시하라고 요구했다. 그다음 리벳은 손목을 구부리는 행동이 발생한 시간, 운동피질에서 두뇌 활동이 시작된 시간, 피험자들이 의식적으로 행동하려고 결정한 시간을 측정했다.

그 세 가지 시간 중 앞의 두 가지는 비교적 측정하기가 쉬웠다. 손목 구부리기 행동은 손목에 근전도(EMG) 장치를 설치해 측정했고, 두뇌 활동의 시작은 활성전위(RP)를 탐지하는 뇌전도(EEG) 장치를 두피에 부착해 측정했다. 문제는 피험자들이 행동하려고 결정한 의지의 순간(W)을 측정하는 일이었다. 만약 피험자들에게 손목을 구부리는 순간에 소리를 지르거나 버튼을 누르라고 요구할 경우 그 새로운 행동과 손목 구부리기 행동 사이에 미세한 시간 차이가 발생할 수 있다. 또한 그런 새로운 행동은 손목 구부리기 행동에 인과적 영향을 줄 수도 있을 것이다. 그래서 리벳은 W를 측정하기 위한 새로운 측정 장치를 고안했다. 리벳은 피험자들 앞에 손목시계처럼 눈금이 그어져 있고 하나의 점이 움직이면서 시간을 가리키는 시계를 걸어놓고 그들이 행동을 결정한 순간에 그 점이 어디에 위치하고 있었는지를 묻는 방식을 채택했다.

이런 상황에서 우리는 실험의 결과가 '의지(W) → 준비전위(RP) → 행동' 순서일 것이라고 생각하지만 실험의 실제 결과는 우리의 예상과는 달리 RP가 W에 비해 먼저 발생하고 그다음에 행동이 발생했다. 구체적으로 RP는 W보다 0.2초 앞에 발생했고 W는 움직임보다 0.35초 앞섰다. 손목의 움직임을 계획하는 두뇌 과정이 손목을 움직이려는 의식적 의지보다 0.2초 앞에 발생했다는 것인데, 두뇌 과정에서 0.2초는 '매우 긴' 시간이다.

리벳의 실험이 자유의지에 대해 함축하는 것은 무엇인가? 일부 학자는 리벳실험의 결과를 문자 그대로 수용해 의식은 자발적 행동을 처리하기에는 늦게 개입하므로 행동의 원인이 될 수 없다고 본다. 이는 곧 우리는 자유의지를 갖고 있지 않다는 주장이다. 반면에 리벳실험의 결과가 타당한지에 대해 의문을 제기하는 학자들도 있다. 그들은 관련된 시간들을 측정하는 방법, 특히 W를 측정하는 방법의 문제를 지적한다. 리벳은 이런 비판들을 수용하지는 않지만, 그렇다고 해서 자유의지가 환상이라는 결론을 내리지도 않았다. 리벳의 실험에서 피험자들은 종종 손목의 움직임이 발생하기 전에 그것을 중단시켰다고 보고했다. 리벳은 그 점을 검사하기 위해 별도의 실험을 실시했는데, 그 경우에 RP는 정상적으로 발생했지만 움직임이 발생하기 0.2초 전에 약해져서 사라진다는 점을 발견했다. 따라서 손목의 움직임이 발생하기까지 약 0.15초의 여유가 있다. 리벳은 그 시간 동안 의식적 자아가 무의식적인 결정을 뒤집을 수 있다고 주장했다. 바로 0.15초가 행동에 대한 거부권을 발휘할 수 있는 자유의지가 개입되는 시간인 셈이다. 따라서 리벳의 해석에 따르면 의식은 손목 구부리기를 시작할 수는 없지만 그것이 발생하는 것을 방지할 수는 있다. 달리 말하자면 우리는 자유의지를 갖고 있지는 않지만 '하지 않을 자유'는 갖고 있다.

4. 인공지능의 자아와 의식

1) 인공지능의 자아

지금까지 우리는 사고와 의식을 중심으로 마음 또는 정신을 인공지능이 가질 수 있는지를 검토해보았다. 인공지능은 생각할 수 없다든가(중국어 방 논변), 의식을 가질 수 없다는 주장(감각질 논변)이 보여주는 것은 인공지능에 '관한' 것일 뿐이다. 즉 그런 주장들은 인간은 인공지능과는 다른 사고와 의식, 자유의지를 갖고 있다는 점을 당연시한다. 그러나 과연 그러한가? 리벳실험은 인간은 우리가 이해하는 것으로서의 자유의지를 갖고 있지 않다는 점을 실험적으로 보여주었다. 그렇다면 의식은 어떠한가? 우리는 지금부터 인간 의식은 환상이라는 점을 보게 될 것이다. 이제부터는 그런 주제들에 대한 전통적인 이해와는 매우 다른 접근을 통해 새로운 관점에서 자아와 의식을 이해하고 이를 통해 의식적 인공지능의 가능성을 검토하기로 한다.

자아는 나를 '나'라고 인식하는 주체이다. 철학자들은 전통적으로 자아를 시공간에서 지속되고 있는 실체로 간주해왔지만, 그 개념을 둘러싼 논쟁의 역사에서 볼 수 있듯이 그런 자아 개념은 심각한 문제점을 안고 있다. 우리의 출발점은 인간의 삶에 대한 내러티브적 이해이다. 자아란 내러티브의 산물이다. 많은 학자들이 일찍이 내러티브의 자아형성 기능을 파악해왔는데, 그 대표적인 예로는 브루너(Jerome Brunner), 매킨타이어(Alasdair MacIntyre), 리쾨르(Paul Ricoeur) 등이 있다.

브루너는 세계 만들기가 마음의 주요한 기능이라고 주장하면서, 자아는 내러티브, 스토리텔링, 의미 구성의 언어적 과정의 산물이라는 점에서 우리의 구성물이라고 주장한다. 우리는 내러티브의 형식을 제외하고는 살아 있는 시간을 기술할 어떤 방안도 갖고 있지 않으며, 삶과 내러티브 간의 모방(mimesis)은 양방향적이다. 내러티브는 인간의 삶과 세계에 대한 이야기를 구성하고 거기에 등장하는 대상들에 의미를 부여하며, 이런 점에서 내러티브는 우리의 경험을 구성하는 동시에 역으로 경험을 이해하기 위한 수단으로도 작용한다. 내러티브가 갖는 '구성하기'와 '이해하기'라는 양방향성 때문에 내러티브는 주체와 세계를 연결하는 길을 제공한다. 그 결과 자신의 삶을 내러티브로 풀어내는 것을 지도하는 문화적으로 형태화된 인지적이고 언어적인 과정은 지각 경험을 구조화하고 기억을 조직하며 삶의 사건들을 분절하고 목적적으로 건설하게 되고, 우리는 자신의 삶에 대해 얘기하는 자전적 내러티브(autobiographical narratives)가 된다.

브루너가 내러티브의 자아형성을 인지심리학으로 해명한 데 비해 철학자들은 내러티브가 동반하는 동기, 의도, 행위, 책임 등을 집중적으로 검토한다. 매킨타이어는 행위자는 내러티브망 속에서 태어나며, 자신의 행위 목적을 내러티브적 탐구를 통해 정의해야 한다고 주장한다. 그러므로 우리의 발화는 내러티브적 맥락 안에 놓이지 않는 한 이해하기가 어렵고 개인의 정체성은 내러티브적 구조를 갖는다. 그는 자기 이해와 자기 행위의 내러티브적 맥락을 다음과 같이 설명한다.

인간은 자신의 허구에서뿐만 아니라 자신의 행위와 실천 내에서도 본질적으로 스토리텔링 동물이다. 인간은 본질적으로는 아니지만 자신의 이야기를 통해 진리를 열망하는 이야기꾼이 된다. 인간에게 핵심적인 질문은 자신의 저작권이 아니다. 만일 우리가 "자신을 어떤 이야기의 부분으로 발견하는가?"라는 앞선 질문에 대답할 수 있다면, "나는 무엇을 해야만 하는가?"라는 질문에 대답할 수 있을 것이다. 우리는 하나 이상의 귀속된 개성들을 갖고, 즉 우리에게 부여된 역할들을 갖고 사회에 진입하며, 어떻게 타인들이 우리에게 대응하며 어떻게 그들에 대한 우리의 대응이 해석되어야 하는지를 이해하기 위해서 그들이 누구인지를 알아야 한다.[1]

예를 들어, 뒤마의 소설 『몬테크리스토 백작』에 등장하는 주인공은 어떤 맥락에서는 '이프섬의 죄수'로 기술되고 또 다른 맥락에서는 '몬테크리스토 백작'으로 기술되기도 한다. 독자들이 이 소설이 동일한 인물에 대한 이야기라는 점을 이해하기 위해서는 여러 상황에서 다른 방식으로 기술되고 있는 그 인물에 주목해 이야기를 재구성할 수 있어야 한다. 이런 방식으로 개인의 정체성은 이야기에 등장하는 그 인물에 대해 기술되고 있는 정체성과 일치한다.

인간은 내러티브망 속에서 태어나며 내러티브적 질문을 통해 삶의 목적을 설정한다. 이런 점에서 인간은 내러티브적 주체이고 호모 나랜스(Homo Narrans)이며 인간의 행위는 내러티브망과 독립해 이해될 수 없다. 인간은 행위와 연결되어 있는 내러티브망에 등장하는 인물이며 그 망의 공동 저자라는 점에서 도덕적 행위자이다. 도덕적 행위자는 내러티브의 망에서 내러티브적 질문을 통해 자신의 목적을 규정해가므로 개인의 삶의 목적은 내러티브적 통일성을 향한 질문을 통해 추구된다. 매킨타이어는 행위가 발생하는 맥락, 또는 그 자신의 용어인 '세팅(setting)'의 역할을 강조한다. 매킨타이어에 따르면, 행위는 행위자의 목적과 의도로부터 지적 방식으로 유래하기 때문에 행위의 역사적 특징과 세팅을 제대로 설명하기 위해서는 해당 행위는 인과적 방식이 아니라 내러티브적 방식으로 설명되어야 한다. 그렇다면 어떻게 우리는 행위의 의도와 목적을 내러티브적으로 설명할

---

1 A. MacIntyre, *After Virtue: A Study in Moral Theory* (London: Duckworth, 1981), p.216.

수 있는가? 이 질문에 대해 매킨타이어는 다음과 같은 두 가지 대답, 즉 미시적 설명과 거시적 설명을 제시한다. 행위에 대한 미시적 설명은 의도와 연관된 행위적 특징들과 그렇지 않은 것들을 구분하기와 행위적 특징들의 상호 관계 이해하기로 구성된다. 행위에 대한 거시적 설명은 행위자의 역사 속에서 의도들을 시간적 순서로 정리하기와 세팅이나 세팅의 역사 속에서 의도들을 정리하기로 구성된다.

그렇다면 인간 행위의 내러티브적 구조는 어떻게 구성되어 있는가? 리쾨르에 따르면, 행위는 다음의 특징들로 구성된 개념망을 재생하는 한에서 단순 사건들과 구조적으로 구별된다.

① 목표: 행위는 목표를 지향한다.

② 동기: 행위가 수행된 이유를 제공함으로써 그것을 부분적으로 설명할 수 있다.

③ 행위자: 행위는 그의 행위이며, 따라서 그는 자신의 행위에 대해 책임을 진다.

④ 맥락적 상황: 행위는 자신의 성격을 결정짓는 도덕적으로 중요한 맥락에 내재되어 있다. 신체적 움직임은 일반적으로 특정 맥락 안에서 행위들에 특정 성격을 부여하는 행위로 식별될 수 있다.

⑤ 타인과의 상호 작용: 종종 우리의 행위는 우리가 협력하거나 투쟁하는 다른 사람들을 포함한다.

⑥ 의미 있는 존재: 어떤 행위가 아무리 일상적이거나 사소하게 보일지라도 그것은 항상 더 큰 계획, 즉 의미 있고 성취된 삶을 살기 위한 행위자의 시도의 일부이다.

⑦ 책임: 행위자의 행위는 자신의 것이기 때문에 그는 자신의 행위가 낳는 많은 결과들에 대해 책임이 있다.[2]

제시된 구조적 특징들은 행위의 내러티브망을 형성하지만 그것들 자체는 내러티브가 아니다. 오히려 그것들은 내러티브적 구조가 창발하는 경험 속에 있는 합성적 토대를 형성하는 것이다.

2) 밈적 존재로서의 인공지능

이제까지 보았듯이 우리의 자아는 자신의 삶에 대한 내러티브의 산물이며, 그런 점에서 실체적 자아 개념은 환상이다. 이제 우리의 관심사는 인공지능이 인간과 같은 내러티브적 자아를 가질 수 있는가이다. 내러티브적 자아의 소유자로서의 인공지능의 가능성은 여러 방식으로 논증될 수 있는데, 우리는 여기서 '밈' 개념을 활용해 논의를 전개하기로 한다.

밈 개념은 비유전적인 수단, 즉 모방을 통해 전달되는 문화적 요소들을 의미하는데, 도킨스(Richard Dawkins)의 저서 『이기적 유전자(The Selfish Gene)』에서 처음 등장했다. 유전자가 생물학적 정보를 전달하는 복제자인 것처럼 밈은 문화를 전달하는 복제자이다. 도킨스는 밈의 예로 곡조, 사상, 의복의 양식, 단지 제조법, 아치 건설법 등을

---

2 P. Ricoeur, *Time and Narrative*, Vol.3. K. McLaughlin and D. Pellauer(Trans.) (Chicago, IL: University of Chicago Press, 1984) 참조.

제시하고 있다. 유전자가 정자나 난자를 운반체로 하여 몸에서 몸으로 뛰어넘어 유전자 풀 안에서 자신을 번식하는 것과 마찬가지로, 밈은 모방 과정을 통해서 뇌에서 뇌로 건너다님으로써 자신을 전파한다. 도킨스의 동료인 험프리(Nicholas Humphrey)는 이런 점에서 밈은 은유적 의미가 아니라 전문적 의미에서 살아 있는 구조로 간주해야 한다고 주장한다. 누군가 내 머리에 번식력이 있는 밈을 실어놓으면, 문자 그대로 그는 내 두뇌에 기생하게 된다. 바이러스가 숙주 세포의 유전 기구에 기생하는 것과 마찬가지로 나의 뇌는 그 밈의 번식을 위한 운반체가 된다. 밈 개념이 우리의 주제와 관련되는 것은 밈이 언제든지 새로운 진화를 야기할 수 있기 때문이다. 도킨스에 따르면, 새로운 종류의 자기복제자가 자신의 사본을 만들 조건이 형성될 때면 언제나 그것들은 세력을 확장해 그 자체의 새로운 진화를 시작한다. 우리는 유전적 진화라는 사상에 익숙해져 있기 때문에 그런 진화는 여러 종류의 진화들 중 하나에 불과하다는 점을 종종 망각하고 있다.

도킨스의 밈 개념은 여러 사상가에게 영향을 미쳤는데, 특히 데닛(Daniel Dennett)과 블랙모어(Susan Blackmore)가 그 대표적인 예이다. 여기서는 블랙모어의 이론을 중심으로 밈적 존재로서의 인공지능을 검토해보기로 한다. 어떻게 밈들이 마음을 설계할 수 있었는가? 인간의 발달은 대규모의 밈들의 의해 구현되고 영향받는 과정이다. 데닛에 따르면, "대체로 언어에 의해 나타나지만 비언어적인 이미지와 다른 자료 구조들에 의해서도 나타나는 수천 개의 밈들이 개인의 두뇌에 상주하고 그 두뇌의 경향을 형태 지우고 그것을 마음으로 변환한다."[3] 블랙모어는 데닛과 마찬가지로 언어가 이 과정에서 중요한 역할을 한다는 점을 강조한다.[4] 인간 두뇌는 우리가 듣는 언어에 집중하고 문법을 익히고 자신이 성장한 언어의 특정한 소리들을 모방하도록 설계되었다. 3세가 되면 아이들은 '나'라는 단어를 사용하기 시작하며 그것을 이용해 자신의 물리적 몸과 타인의 몸을 구별하기 시작한다. 곧이어 아이들은 마치 생각, 의견, 욕구를 갖는 하나의 중심적 자아가 있는 것처럼 '나는 생각한다', '나는 믿는다', '나는 원한다'는 진술들을 발화한다. 앞에서도 보았듯이 이런 방식으로 자아 개념이 내러티브에 의해 형성된다.

　이제 마지막으로 밈적인 인공지능에 대해 생각해보기로 하자. 블랙모어는 이런 인공지능을 인간을 모방하는 기계와 기계들을 모방하는 기계로 구분한다. 먼저 인간을 모방하는 인공지능은 인간이 의식을 갖는 것과 동일한 방식으로 의식적일 수 있다. 즉 그런 인공지능은 언어, 행위와 연관된 사회적 규범들, 지적 세계를 구성하는 지식을 우리와 동일한 방식으로 습득하게 될 것이다. 이런 밈들을 습득하는 과정에서 인공지능은 자아를 비롯한 다양한 밈 집단들을 형성하게 된다. 밈적 인공지능과 관련된 가장 중요한 문제는 인간과 유사한 밈적 효과를 낳는 능력들을 모두 기계에 부여할 것인가 아닌가 하는 것이

3　D. C. Dennett, *Consciousness Explained* (London: Little, Brown and Co., 1991), p.254.

4　S. J. Blackmore, *The Meme Machine* (Oxford: Oxford University Press, 1999); S. J. Blackmore, "Consciousness in meme machines," *Journal of Consciousness Studies*, Vol.10, No.4-5(2003), pp.19~30 참조.

다. 현재의 인공지능이나 로봇들은 대체로 정보처리 기계로서 설계되고 있으며 밈적 기계로 설계되지는 않고 있다. 그러나 딥러닝을 활용한 학습기계로서 제작된 인공지능은 어느 단계에 이르면 밈적 기계로 진화할 것으로 예상된다. 그렇게 되면 미래의 밈적 인공지능들은 인간 행위를 모방하게 될 것이고, 인간이 밈적 진화 과정을 거쳤던 것처럼 동일한 진화 과정을 거치게 될 것이다.

　기계들이 자신들을 모방하는 경우는 어떠한가? 블랙모어는 로봇들 간 소리를 모방하는 로봇들에 대한 연구 경험을 토대로 로봇들은 인간이 이해할 수 없는 의미를 만들어낼 것으로 예상한다. 실제로 이런 가능성을 입증한 실험 결과들이 보고되고 있다. 탐지하고 소리를 낼 수 있는 로봇들의 경우 한 로봇이 자신의 목록에 있는 소리를 무작위로 내면 다른 로봇이 자신의 목록에 의해 그 소리를 인지하고 그다음 그것을 재생산한다. 이런 방식으로 로봇들은 자신의 언어체계를 구성하고 내러티브적 자아를 구성하며 자신들의 세계를 창조할 것이다. 여기서 중요한 점은 후자의 경우 로봇들의 자아와 세계는 인간이 이해하기 불가능하다는 점이고, 이런 소통 불가능성은 인류에게 재앙으로 다가올 수 있다는 점이다. 이런 이유로 이 두 가지 유형의 인공지능 중 어떤 인공지능을 연구하고 제작할 것인지는 관리적 차원, 경제적 차원, 윤리적 차원 등 여러 차원에서 검토되어야 한다.

참고문헌

Blackmore, S. J. 1999. *The Meme Machine*. Oxford: Oxford University Press(한국어판: 수전 블랙모어. 2010. 『문화를 창조하는 새로운 복제자 밈』. 김명남 옮김. 바다출판사).

_____. 2003. "Consciousness in meme machines." *Journal of Consciousness Studies*, Vol.10, No.4-5(2003), pp.19~30.

Brunner, J. 1990. *Acts of Meaning*. Cambridge, MA: Harvard University Press.

_____. 2004. "Life as Narrative." *Social Research*, Vol.71, No.3, pp.691~710.

Chalmers, D. J. 1995. "Facing up to the problem of consciousness." *Journal of Consciousness Studies*, Vol.2, No.3, pp.200~219.

Churchland, P. 1988. *Matter and Consciousness*, Revised Edition. Cambridge, MA: MIT Press.

Crick, Francis H. C. 1994. *The Astonishing Hypothesis: The Scientific Search for the Soul*. New York: Charles Scribner's Sons(한국어판: 프란시스 크릭. 2015. 『놀라운 가설』. 김동광 옮김. 궁리)

Dawkins, R. 1976. *The Selfish Gene*. Oxford: Oxford University Press. 30th Anniversary edition, 2006(한국어판: 리처드 도킨스. 2010. 『이기적 유전자』. 홍영남·이상임 옮김. 을유문화사).

Dennett, D. C. 1991. *Consciousness Explained*. London: Little, Brown and Co.(한국어판: 대니얼 데닛. 2013. 『의식의 수수께끼를 풀다』. 유자화 옮김. 옥당).

Descartes, René. 1985. "Discourse on the Method." in J. Cottingham, R. Stoothoff, D. Murdoch(trans.). *The Philosophical Writings of Descartes*, Vol.I, pp.109~175. Cambridge: Cambridge University Press.

Jackson, F. 1982. "Epiphenomenal Qualia." *Philosophical Quarterly*, Vol.32. pp.127~132.

Libet, B. 2004. *Mind Time: The Temporal Factor in Consciousness, Perspectives in Cognitive Neuroscience*. Harvard University Press.

MacIntyre, A. 1981. *After Virtue: A Study in Moral Theory*. London: Duckworth(한국어판: 알래스데어 매킨타이어. 1997. 『덕의 상실』. 이진우 옮김. 문예출판사).

Nagel, T. 1974. "What Is It Like To Be a Bat?" *Philosophical Review*, Vol.83, No.4, pp.435~450.

Ricoeur, P. 1984. *Time and Narrative*, Vol.3. K. McLaughlin and D. Pellauer(Trans.).

Chicago, IL: University of Chicago Press(한국어판: 폴 리쾨르. 1999~2004. 『시간 과 이야기』(전 3권). 김한식 · 이경래 옮김. 문학과지성사).

Searle, J. 1980. "Minds, Brains, and Programs." *Behavioral and Brain Sciences*, Vol.1, pp.417~424.

_____. 1997. *The Mystery of Consciousness*. New York: New York Review of Books.

Turing, A. 1950. "Computing Machinery and Intelligence." *Mind*, Vol.59, pp.433~460.

3장
인공지능이 자율성을 가진 존재일 수 있는가?

고인석

• 이 장은 ≪철학≫, 133집(2017), 163~187쪽에 같은 제목으로 수록된 글을 책의 취지에 맞게 수정한 것임을 밝혀둔다.

1. 들어가며

인공지능이 자율성을 가진 존재일 수 있는가? 이 질문이 현실적으로 중요한 이유는, 자율성이 책임과 권리 같은 관념의 선결 조건으로서 오늘의 사회에서 '인공지능이 해내는 일'에 연관된 책임과 공헌을 배분하는 데 적용할 규범의 이론적 기반이 되기 때문이다. 공학의 '자율적 에이전트' 개념은 현재의 철학적 논의에도 영향을 미치며, 공학과 철학의 자율성 개념 간의 관계가 명료하게 인식되지 못한 까닭에 혼란이 야기될 개연성이 실재한다. 이런 현실의 문제 상황을 의식하면서, 이 글은 앞의 물음을 가능성에 관한 물음과 정당성에 관한 물음으로 분석하고, 인공지능의 자율성에 관한 전망을 검토한다. 논의의 과정에서 'X가 자율성을 가진다'는 의미를 규명해야 할 필요가 확인되며, 필자는 루소(Jean-Jacques Rousseau)와 칸트(Immanuel Kant)와 크리스먼(John Christman)의 논의를 활용해 자율성의 개념을 고찰한다. 그렇게 분석한 자율성의 개념을 인공지능의 속성에 적용해볼 때, 칸트가 정립한 자율성 개념에 비추어 인공지능은 자율적 존재일 수 없으며, 크리스먼의 서술에서 부각된 자율적 존재의 핵심 속성을 고려할 때 인공지능이나 그것으로 작동하는 로보틱시스템이 자율성을 지니도록 하는 것은 부적절한 위험을 허용한다는 점에서 옳지 않음이 드러난다.

2. 문제를 확인함: 공학과 철학에서 '자율적'이라는 개념

　이 글은 인공지능이나 그것을 장착한 기계, 즉 지능을 가진 인공물[1]이 자율적 존재일 수 있는지를 따진다.[2] 이 질문의 이유는 인공지능이나 인공지능을 장착한 로봇, 혹은 로보틱시스템[3]처럼 제한적이면서도 중요한 의미에서 인간과 유사한 양상의 기능적 활동을 하는 것들에 합당한 존재론적 지위를 부여하는 일에 이 물음에 대한 해명이 필요하기 때문이다. 여기서 존재론적 지위란, 특히 사회적-윤리적 관계 속에서 그런 것들을 무엇으로 대우할 것인가 하는 물음에 대한 답을 지칭한다. 예를 들자면, 인공지능을 장착한 로봇을 그 인공지능의 특성이나 수준에 따라 인간의 지위와 어깨를 나란히 하는 인격체

1　'지능을 가진 인공물(intelligent artefact)'은 인공지능 로봇, 지능형 분산시스템, 그리고 그런 것들을 작동시키는 인공지능을 포괄하는 개념이다. 고인석, 「로봇윤리의 기본 원칙: 로봇 존재론으로부터」, ≪범한철학≫, 75집(2014) 참조.

2　이 글의 중심 물음을 세우게 된 직접적 계기는 2017년 1월 포스트휴먼연구소에서 '제4차 산업혁명과 포스트휴먼 사회'를 주제로 진행된 좌담회에서의 대화였다. 이 좌담의 내용은 ≪철학과 현실≫, 112호에 수록되었다.

3　여기서 '로봇'이 공간적 분리를 통해 개별화된 기계 형태의 인공물을 지칭하는 개념이라면 '로보틱시스템(robotic system)'은 그 물리적 외연이 분명하지 않은 방식으로, 혹은 공간적으로 분산된 양상으로 존재하면서도 정보적으로 한 몸처럼 서로 긴밀하게 연결되어 있음으로 인해 단일한 체계로 간주할 수 있는 물리적 체계를 뜻한다. 이 글에서 별도로 그 존재방식을 서술하지 않은 경우 '로봇'이라는 개념은 후자까지 포괄하는 것으로 간주된다.

로 인정할 것인가, 아니면 특별한 속성을 지닌 사물로 간주할 것인가, 혹은 그것에 동물에 준하는 수준의 지위를 부여할 것인가[4] 등이 그러한 답안의 모색에 해당한다.

필자는 이와 같은 물음에 대한 대답이 궁극적으로 공동체의 결정에 달린 문제라는 견해를 거듭 피력한 바 있다.[5] 여기서도 그 견해는 유지된다. 그러나 지능을 가진 인공물에 자율적 주체의 지위를 인정하거나 불인정하는 일이 결단의 문제라는 견해가 그 결단이 임의적임을 함축하지 않는다. 적절하고 현명한 결정이 있는가 하면 부적절하고 어리석은 결정도 있다. 우리는 우리가 가진 정보와 논리를 활용해 가능한 한 적절하고 현명한 결정을 내리도록 애쓸 이유가 있다. 이 글은 이러한 현명한 결정에 기여하려는 시도다.

지능을 가진 인공물의 지위에 관한 국내의 토론은 최근 빠른 속도로 인공지능이나 인공지능로봇에 행위자의 지위를 인정하는 방향으로 진행되고 있다. 2017년 봄 한국철학회와 이화인문과학원이 공동주최한 학술대회 "인공지능의 도전, 철학의 응전"의 기조강연에서 한국철학회장 이진우는 현재의 인공지능 기술에 대한 단적인 평가를 유보하면서도 "진화 과정을 통해 발전해온 인간의 능력을 훨씬 더 뛰

---

4 D. J. Calverley, "Android science and animal rights, does an analogy exist?" *Connection Science*, Vol.18, No.4(2007) 참조.

5 고인석, 「전문분야들의 융합적 작업에서 철학의 몫: 지능을 가진 인공물의 지위에 대한 토론이라는 사례」, ≪범한철학≫, 70집(2013); 고인석, 「로봇윤리의 기본 원칙: 로봇 존재론으로부터」, ≪범한철학≫, 75집(2014) 참조.

어넘는 인공지능을 갖춘 '기계인간'의 출현이 다가오고 있다"고 평하고, 구글(Google)의 딥마인드(DeepMind)를 "인공지능을 갖춘 행위자"라고 표현함으로써 인공물에 행위자의 지위를 인정하는 태도를 표명한다. 이와 유사한 태도 표명은 최근 다른 연구자들의 논의에서도 확인된다.[6]

그런데 필자가 느낀 한 가지 문제는 인공지능이나 인공지능 로봇에 그런 지위를 인정하는 근거에 대한 비판적 성찰과 찬반 토론이 불충분한 상황에서 논의가 진행되고 있다는 점이다. 지능을 가진 인공물에 자율적 주체의 지위를 인정하는 다수의 논구가 '이러이러한 사실들(공학적 현실)을 고려할 때 그것들은 이미 상당한 수준의 자율성을 지니고 있으며, 그 수준은 앞으로 전통적인 자율적 주체인 인간의 그것과 견줄 수 있을 만큼 혹은 그보다 더 높은 수준으로 점점 더 상

---

6 신상규, 「자율적 행위자로서의 인공지능」(2017년 이화인문과학원·한국철학회 공동학술대회 "인공지능의 도전, 철학의 응전" 자료집, 2017); 이중원, 「인공지능의 자율성, 어떻게 볼 것인가」(미간행 원고, 2017); 김진석, 「'약한' 인공지능과 '강한' 인공지능의 구별의 문제」, ≪철학연구≫, 117집(2017) 참조. 신상규는 그 논문에서 "인공지능 기술에서 가장 먼저 주목해야 할 특징은 그것이 가지고 있는 자율성"이라고 말하고, 현존하는 인공지능이 이미 "주어진 상황의 변화를 '인지'하고 그에 따라 적절한 행동을 '선택'할 수 있는 상당 정도의 행위 자유도를 갖고 있다"고 평가한다. 이중원은 논문의 결론부에서 "자율주행 자동차의 자율성은 인간에 준하는, 도덕적으로 높은 수준의 자율성이라고 말할 수 있을 것"이라고 전망한다. 한편 김진석은 이들과 다른 시각(인간-기계 대립의 가설 비판)에서 인간과 인공지능의 차이를 옹호하는 견해를 비판한다.

승할 것이다'에 해당하는 논리 구조를 가지고 있다. 그런 반면, 그러한 공학적 현실이 어떤 철학적 근거에서 자율성을 가진 인공 주체의 성립을 의미하는지에 대한 논의는 미진하다.

인공물에 자율적 주체의 지위를 인정하는 '진보적' 견해를 옹호하는 관점에서 말하자면, 이런 견해는 공학 분야에서 이미 정착된 개념과 어법을 충실히 반영한다는 점에서 학문적 정당성을 지닌다. 공학에서 '에이전트'는 '뭔가를 수행하는 어떤 것'을 가리키는 개념이다.[7] 그뿐 아니라, 번역하면 문자 그대로 '자율적 행위자'나 '자율적 행위주체'에 상응하는 'autonomous agent'라는 개념이 공학의 일상적 개념으로 자리 잡았다. 그것이 어떤 양상의 자율성을 갖는가는 각 에이전트의 구체적인 속성에 관한 평가를 통해 확인할 수 있겠지만, 그런 평가 이전에 이미 이런 에이전트가 인간일 필요가 없고 심지어 동물 같은 생명체이어야 할 이유도 없음은 분명하다. 공학의 어법으로는 이미 수많은 종류의 '자율성을 가진 인공 행위주체'가 현존하고 있는 것이다. 이러한 어법은 이른바 '로봇법(RoboLaw)'에 관한 유럽연합의 공식 문건에서도 확인된다.

가장 널리 인정된 견해에 따르면, 로봇은 인간이 하는 것과 같은 행위를 수행할 수 있는 자율적 기계(autonomous machine)를 의미한다.[8]

---

7 스튜어트 러셀(Stuart Russell)·피터 노빅(Peter Norvig), 『인공지능 1: 현대적 접근방식』, 류광 옮김(제이펍, 2016), 5~6쪽 참조. 이 책은 인공지능 분야에서 세계적으로 널리 쓰이는 표준 교과서다.

이 문건은 이 글의 주제인 자율성에 관해 "로봇공학에서 '자율성 (autonomy)'이란, [로봇이] 인간의 개입 없이 스스로 임무를 수행하는 역량을 의미한다. 일반적으로 자율성은 어떤 사물이 '로봇'으로, 혹은 'robotic'의 범주로 인정받는 데 필요한 핵심 요소다. 실제로 대부분의 사전적 정의가 그러할 뿐 아니라 국제표준화기구(International Organization for Standardization: ISO)처럼 권위 있는 기관의 공식 문건 (ISO 13482)도 예외 없이 자율성을 [그런 조건으로] 꼽고 있다"라고 서술한다.[9]

로봇이라는 범주를 정의하는 데 자율성이 핵심적인 필요조건으로 포함된다는 것은 '자율성을 결여한 로봇은 존재하지 않고, 모든 로봇은 정의에 따라(per definitionem) 자율성을 가지고 있다'라는 평가를 포함한다. 그리고 이런 평가가 전제된 상황에서는 '인공지능을 가진

---

8 "D6.2 - Guidelines on Regulating Robotics," p.15. URL=www.robolaw.eu. 원문에 강조된 부분은 표시하지 않았다. 여기서 '인간이 하는 것과 같은 행위'라고 옮긴 원문의 표현은 'human actions'이며, '인간이 하는 방식으로'나 '인간의 행위와 같은 의미, 같은 지위를 지닌'이라는 (부담스러운) 의미와는 무관하게, 예를 들어 물건을 들어 올리거나 걷거나 말하는 등의 행위를 가리키는 것으로 해석된다.

9 같은 글. 한편 국제 자동차기술자협회(SAE International)가 규정한 자율주행차의 자율성 수준(0~5단계)의 상위 세 단계가 각각 '조건부 자동운행(Conditional Auto-mation)', '고도의 자동운행(High Automation)', '완전 자동운행(Full Automation)'으로 표현되고 있는 점은 공학의 어법에서 '자율'이 사실상 '자동'과 교환 가능한 개념임을 시사한다. 자율주행의 이런 단계는 SAE 인터내셔널(SAE International)이 2014년 1월에 발표하고 2016년 9월에 보완한 문서 J3016 참조.

로봇을 자율적 존재라고 인정하는 것이 적절한가?'라고 유의미하게 물을 수 없다. 토론의 여지가 차단되는 막다른 골목의 형국인가? 아니다. 여기서 우리가 확인하게 되는 것은 공학적 맥락에서 '자율성'의 개념과 이 글이 따지고 있는 철학적-윤리적 의미의 '자율성' 개념 사이에 분명한 간격이 존재한다는 사실이다. 예를 들자면, 아래 논증은 형식적으로 타당해 보이지만 애매어의 오류를 범하고 있는 부당한 논증이다. 공학의 용어로 사용된 첫 번째 전제의 '자율성'과 달리 두 번째 전제의 '자율성'은 그것과 구별되는, 철학적인 의미로 사용되었기 때문이다.

이 공장의 모든 밸브 상태를 감시하며 개폐를 제어하는 인공지능시스템 BV2017은 (ISO 13482의 기준에서) 자율성을 지닌 시스템이다.
자율성을 지닌 존재의 결정과 행위는 존중되어야 하고 외부의 간섭으로부터 보호되어야 한다.
따라서, BV2017의 모든 작동은 존중되고 (인간 관리자를 포함한) 외부의 간섭으로부터 보호되어야 한다.

필자는 공학적 개념으로서의 '자율성'과 철학적인 '자율성' 개념의 관계가 해명되고 그에 따라 개념의 사용이 조율되지 않을 경우 이와 유사한 오류가 인공지능의 지위에 관한 현행의 토론에 끼어들 개연성이 있다고 본다. 따라서 우리는, 일단 가능한 한 선입견을 거두고, 공학의 어법에서 '자율적 에이전트(autonomous agent)'나 심지어 '자율 도덕 에이전트(autonomous moral agent: AMA)'[10]라고 불리는 것들을 철학적인 의미의 '행위자' 또는 '행위주체'로 이해하는 것이 어느 정도 적절한가 하는 물음을 따져보아야 한다. 행위주체의 개념은 사회적 맥락에서 책임과 권리의 문제와 결부된 존재의 범주와 밀접하게 연관되어 있다는 점에서 특히 중요하다.[11]

---

10 AMA에 관한 논의는 W. Wallach & C. Allen, *Moral Machines: Teaching Robots Right from Wrong* (Oxford University Press, 2008), 특히 1장과 4~5장을 참조.

11 행위주체 지위의 인정에 관한 물음은 다시 도대체 '행위가 무엇이냐', '행위의 범주를 어떻게 이해할 것이냐' 하는 물음을 끌어들인다. 예를 들어, 엘리베이터가 허용 중량이 초과되었다고 경고음을 내면서 나중에 탄 사람을 내리도록 유도하는 것을 행위로 볼 수 있을까? 최근 출시되는 스마트한 자동차가 앞차와의 간격이 일정 정도 이하로 줄어들어 곧 충돌이 일어날 만한 순간 브레이크를 작동시키는 것을 자동차의 자율적 행위라고 할 수 있을까? 가까운 미래의 어느 날 한적한 길을 달리던 자율주행차가 차로를 무단횡단하며 갑자기 뛰어든 사람을 피해 급히 방향을 바꾸며 정지하는 과정에서 도로변의 작은 나무를 들이받아 나무는 줄기가 부러지고 차에 타고 있던 사람은 타박상을 입었다면, 이러한 결과가 자율주행차의 결정과 그에 따른 행위에 의한 것이라고 할 수 있을까? 현실 세계에서 작동할 자율주행차의 미래는 아직 확정되지 않았지만, 자율주행 기능을 가진 차들의 주행이 운전자의 결정과 자율주행 체계에 의한 결정의 몫이 혼재하는 방식으로 상황이 이루어질 개연성이 높다. 그리고 그런 상황에서 행위의 책임에 대한 평가가 자율주행차에 관한 규범의 중요한 과제가 될 것이다.

3. 물음의 분석

어떤 대상에 사회적-윤리적 함의를 지닌 존재론적 지위를 부여하는 경로로 두 갈래의 방식을 생각할 수 있다. 하나는 공동체의 관습, 혹은 사회적 직관에 의존하는 길이다.[12] 여기서 '사회적 직관'이란 한 공동체의 역사 속에서 만들어지고 그 공동체의 성원들에게 내면화된 직관을 의미한다. 그것은 역사적 산물이고 역사와 더불어 변화하지만, 그 시대와 문화적 영토 안에서 마치 보편적 규범인 것처럼 작동한다. 고대 사회에서 전쟁에 패한 족속을 노예로 삼으면서, 또 노비의 자녀를 당연히 노비로 다루면서, 그런 시대 그런 공동체에 속한 사람들은 그러한 지위 부여의 타당성에 대해 고민하지 않았을 것이다. 이 글의 문제에는 이 방식을 적용할 수 없다. 지능을 가진 인공물에 대한 공동체의 존재론적 관점이 아직 정립되어 있지 않기 때문이다.

다른 한 갈래는 시대나 장소의 제약과 무관한 존재세계의 질서, 존재의 객관적 위계를 규명한다는 시각에서 접근하는 길이다. 그런 일이 도대체 가능한 것인지는 일차적으로 결정적인 물음이 아니다. 이 것은 진위의 문제가 아니라 개념적 태도(conceptual attitude)의 문제, 즉 주체, 행위자, 동료 같은 개념들을 이해하고 사용하는 근본적인 방식, 혹은 관점에 관한 문제이기 때문이다.[13] 우리는 연관된 개념들에

---

12 인도의 힌두교 공동체에서 소가 신성한 동물인 것, 20세기 초까지 미국에서 피부색이 교육받을 기회를 비롯한 사회적 지위의 기준이었던 것을 예로 들 수 있다.

13 예를 들어, '피부색, 성별, 종교, 국적과 무관하게 인간은 모두 동등한 존재다'라는

대해 우리가 가진 이해와 가능한 만큼의 공유된 직관, 그리고 논리에
의지해 이 물음을 다뤄야 한다. 이 일을 위해 먼저 물음 자체에 대한
약간의 분석을 시도해보자. '인공지능이 자율적 존재일 수 있는가?'
라는 물음은 두 가지 방식으로 해석될 수 있다. 하나는 그것을

    [가] 인공지능이 자율적 존재가 되는 것이 가능한가?

라는 물음으로 읽는 것이고, 다른 하나는

    [정] 인공지능이 자율적 존재가 되는 것이 정당한가?

라는 물음으로 읽는 것이다. [가]는 가능성에 관한 물음, [정]은 정당
성에 관한 물음이다. [가]에 대한 부정적 판정은 [정]에 대한 논의를 차
단하리라는 점에서 두 물음은 독립적이지 않지만, [가]와 [정]은 이 물
음이 다뤄져야 하는 상이한 두 차원을 보여준다. 인공지능의 자율성
에 관한 논의는 이 두 물음을 다루는 방식으로 진행되어야 할 것이다.
여기서 [가]는 다시 다음과 같은 두 물음으로 분석할 수 있다.

    [가1] 인공지능이 자율적 존재가 되는 것은 이론적-개념적으로 가능한가?

주장을 살펴보라. 그것은 비록 비균질적일지언정 '인간'이라는 단일한 집합의 관념
을 전제하고 있다. 그러나 어떤 시대나 문화권에서는 예컨대 '조선인'과 '오랑캐'를
포함하는 단일한 집합의 관념이 아예 존재하지 않을 수도 있다.

[가2] 인공지능이 자율적 존재가 되는 것은 공학적으로 가능한가?

정당성에 관한 물음 [정] 역시 다음과 같은 두 차원으로 분석할 수 있다.

[정1] 그것은 도덕 원리의 관점에서 정당한 사태인가?
[정2] 그것은 그 결과를 종합적으로 고려할 때 정당화되는가?

[정1]을 따짐에 있어 우리는 그것을 부정하는 근본적인 도덕의 원리 같은 것이 있는지를 평가하게 될 것이고, [정2]에 답하기 위해 우리는 그것이 초래하리라고 예견되는 중요한 손실이나 위험이 존재하는지, 반면에 그것에서 연유되는 중요한 이익은 어떤 것인지를 평가하며 저울질해야 할 것이다. 이 글의 논의는 [가]에 집중된다. 그러나 우리는 결국 문제의 실질적인 무게가 [정]에 달려 있다는 사실을 깨닫게 될 것이다. 이 글이 의도하는 공헌은 그것을 통해 우리가 앞으로 심각하게 따져야 할 진짜 문제가 무엇인지를 조명하는 데 있다. 먼저, [가] 의 물음을 따져보도록 하자.

4. 인공지능이 자율적 존재가 되는 것이 이론적·개념적으로 가능한가?

만일 인공지능이 철학적 의미의 자율적 존재가 되는 사태를 불가능하게 만드는 장애물이 있다면, 그것은 인공지능이 도저히 가질 수 없는 어떤 요소가 자율적 존재의 성립에 필요조건인 경우일 것이다. 인공지능이 도저히 가질 수 없다고 주장할 수 있을 만한 것으로 '자연이 부여한 몸'을 생각할 수 있다. 인공지능이 기계 장치나 휴머노이드 같은 형태와 결합되는 것은 가능하지만 자연이 부여한 신체를 가질 수는 없겠기 때문이다.

그런데 그와 같은 몸이 자율적 주체의 성립을 위한 필요조건이라고, 즉 '자연이 부여한 신체 없이는 자율적 주체가 있을 수 없다'라고 판단할 독립적인 근거가 있는가? 그렇게 주장하는 것이 그 자체로는 가능한 반면, 우리가 지금 따지고 있는 물음과 결부시켜볼 때 '자연이 부여한' 몸의 결여를 이유로 들어 '인공'지능이 자율 주체의 지위를 가질 수 없다고 논증하는 것은 일종의 선결 문제의 오류처럼 보인다.

인공지능은 '자연(이 부여한 몸을 가진 존재)'이 아니다.
오직 '자연(이 부여한 몸을 가진 존재)'만이 자율 주체일 수 있다.
따라서 인공지능은 자율 주체일 수 없다.

이 논증은 인공물이 자율 주체일 수 없다고 전제함으로써 인공물의 한 형태인 인공지능이 자율 주체일 수 없다고 주장한다. 반면 그것은 정작 인공물이 자율 주체가 되는 사태가 왜 불가능한지에 대해 아무런 해명도 제공하지 않는다. 결과적으로 그것은 단지 '인공물일 뿐인 인공지능은 자율 주체일 수 없다'라고 선언하고 있을 뿐이다.

그러나 이와 상이한 평가도 가능하다. 우리는 앞에서 인공지능이 자연이 부여한 몸을 가질 수 없음을 당연한 듯 전제했지만, 인공지능과 자연 신체가 결합해 하나의 존재자를 구성하는 일은 원리적으로 불가능하지 않다. 그것은 현재 상황에서 우선적으로 고려할 만한 인공지능의 구현 방식이 아니라는 점에서 논외로 하는 편이 적절하겠지만, 이러한 결합의 가능성은 생물학적 몸의 결여를 이유로 들어 인공지능이 자율적 주체가 되는 사태가 불가능하다고 주장하는 데 한계가 있음을 보여준다. 그렇다면 인공지능이 자율적 주체가 되는 일이 적어도 원리적으로는 가능하다고 결론지을 수 있을까?

이 논의를 계속 진행하기 전에, 도대체 어떤 사태가 이론적으로 불가능하다고 논증하려면 그 논증은 어떤 구조로 이루어져야 하는지를 생각해보자. 한 가지 길은 문제의 사태가 그 안에 어떤 모순을 포함하고 있음을 보이는 것이다. 예를 들어 오른손에는 어떤 방패라도 뚫는 창, 왼손에는 어떤 창도 뚫을 수 없는 방패를 들고 전투에 나서는 것은 불가능하다. 이와 유사하지만 구별되는 또 다른 길은 문제의 사태가 물리세계의 보편적 법칙과 양립 불가능하다는 것을 보이는 것이다. 예를 들어, 지구에서 700광년 떨어진 곳에 있는 별에 오늘 보낸 신호에 대한 답신을 내일 받는 일은 그 신호의 종류가 어떤 것이든 상관없이 불가능하다.[14]

---

14 만일 '이론적 가능성'의 의미를 '개념적-논리적 가능성'으로 좁게 해석한다면 이 경우를 이론적 불가능이 아니라 현실적 불가능으로 평가할 수도 있다. 그러나 여기서는 이것처럼 실험적 테스트를 시도해볼 필요조차 없이 불가능한 경우를 넓은 의미에서 '이론적 불가능'으로 판정한다.

한편, 논리의 법칙도 물리적 법칙도 어기지 않는 사태에 대해 그것이 불가능하다고 논증하는 일은 아주 어렵다. 물론 인공지능의 자율 주체 지위에 관한 물음이 방금 언급한 두 가지 중 한 종류의 불가능성과 결부되어 있었다면 아마도 금방 해결되었을 것이고 이 글의 주제가 되고 있지도 않을 것이다. 불가능을 논증하기 위해 가능성의 경로들을 꼽고 하나씩 살피면서 그 경로를 차단하는 방식을 취할 수 있겠지만, 문제는 검토해야 할 가능성의 경로들이 무한히 많은 경우가 일반적이라는 점이다. 이런 문제 때문에, 예컨대 '100년 안에 인류가 완전히 멸종하는 것은 불가능하다'는 주장을 정당화하는 것은 사실상 불가능하다.

반면에 어떤 사태의 가능성을 입증하는 것은 상대적으로 쉬운 일이다. 만일 2015년 연말에 누군가 '이세돌이나 커제보다 바둑을 더 잘 두는 인공지능을 만드는 것은 가능한 일이다'라고 주장했다면, 그의 주장은 2016년과 2017년 두 기사와 겨룬 알파고의 승리를 통해 입증되었다. 일반화하자면, 문제의 가능성이 실현된 경우를 한 가지라도 예증할 수 있다면 가능성은 입증되고 불가능성 주장은 논박된다.

이러한 관계를 우리의 문제에 적용해보자. 만일 인공지능이 자율적 주체가 된 경우를 하나라도 예증할 수 있다면 이 글이 따지고 있는 가능성은 입증된다. 이제, 논의를 위해, 그러한 경우가 제시되었다고 가정해보자. 이때 우리는 제시된 경우가 '인공지능이면서 자율적 주체'인지를 어떻게 판별할 수 있을까? 만일 그 사례를 살핀 어떤 이가 '그것은 자율적 주체처럼 오인될 수 있지만 결코 진정한 자율적 주체인 경우가 아닙니다!'라고 말한다면 그런 상황에서 우리가 할 수 있는 일은 무엇인가? 이 물음은 이 글의 주제와 결부된 한 가지 근본적인 문제 상황을 드러낸다. 그것은 우리의 물음에서 인공지능이 자율적 주체의 지위에 도달할 수 있는가 하는 평가 이전에 '자율적 주체'의 개념 자체가 토론의 대상이라는 사실이다.

두 번째 물음인 '인공지능이 자율적 주체가 되는 것은 공학적으로 가능한가?'에 답하기 위해서는 그 공학적 실현의 가능성을 평가하기 위한 목표, 즉 '자율적 주체가 된 인공지능'의 구체적 속성들이 필요하다. 다시 말해 이 물음이 따지는 공학적 전망은 자율 주체가 된 인공지능에 우리가 구체적으로 어떤 속성을 기대할 것인가, 혹은 요구할 것인가 하는 데 의존한다. 그런데 앞에서 우리는 자율적 주체의 개념 자체가 규명의 대상이 되고 있다는 문제 상황을 확인했다. 이는 두 번째 물음의 공학적 실현 가능성에 대한 토론 역시 일단 보류되어야 함을 의미한다. 우리는 탐구의 전진을 위해 이제 다음과 같은 물음에 집중해야 한다. 'X는 자율성을 지닌 존재다'라는 말은 무슨 뜻인가?

5. 자율성의 개념

이 글은 철학의 관점에서 자율성 개념을 살피는 데 세 가지 전거를 활용한다. 그것은 루소, 칸트, 스탠퍼드 철학사전이다. 루소는 이 글이 따지는 자율성 개념의 철학사적 원천이라는 점에서, 칸트는 자율적 존재의 속성을 탐구하는 일에 천착한 대표적인 철학자라는 점에서, 스탠퍼드 철학사전의 해당 항목은 현재라는 시점의 균형과 표준이라는 의미에서 참고하려 한다.

1) 루소: 대등한 주체들의 공동체라는 맥락

우리가 살피고 있는 도덕적-사회적 맥락의 자율성 개념은 근대의 산물이다. 루소는 1762년 출간된 『사회계약론(Du contract social; ou, principes du droit politique)』에서 개인이 지닌 자율성의 본성을 논구했고, 우리는 여기서 자율성에 관한 논의의 원천을 발견할 수 있다. 노이하우저(Frederick Neuhouser)의 분석에 따르면, 루소가 거기서 논한 자율성은 다음 몇 가지 특징을 지닌다.

첫째, 자율성은 자유(liberté)의 특수한 종으로 간주된다. 그것은 외부로부터의 강요나 간섭으로부터의 자유, 즉 소극적 의미의 자유와 다른 의미의 자유이다. 둘째, 이렇게 자유의 특수한 종이라는 자리가 마련되고 나면, 자율성은 외적 개입의 배제와 대비되는 차원을 넘어 그 자체 고유의 고결함을 지닌 자유로 인식된다. 셋째, 이러한 고유한 의미의 자유로서 '자율적'이라는 것은 스스로 결정한다는 것을 의미한다. '스스로 결정한다'는 것은 개별적 주체로서 자기 자신의 이성에 의해 스스로를 인도한다는 것이다. 넷째, 그러나 이와 같은 자기 결정의 역량은 무제약적인 것이 아니다. 그것은 그런 자율적 주체가 자신이 사회의 다른 주체들이 가진 것과 동등한 만큼의 제한된 권능을 가진 개인임을 인식하는 한도 내에서의 결정력이다.[15]

노이하우저를 따라 루소의 자율성 개념을 평가할 때, 그 핵심으로 두 가지 요소를 파악할 수 있다. 하나는 **자기 결정성**이다. 자율성은 자신의 의사를, 나아가 그에 따른 행동을 스스로 결정하는 능력을 의미한다. 두 번째는 그것이 다른 자율적 주체들과의 상호 동등한 권능이라는 관계를 통해 제약되는 능력이라는 점이다. 루소의 자율성 개념의 이러한 두 번째 특징은 자율성의 개념이 평등한 권능을 가진 시민들의 공동체라는 사회적 맥락을 그 성립 배경으로 하고 있다는 사실을 드러낸다. 다양한 주체 간의 상호 동등한 권능이라는 관계는 자연 상태에서 확립되는 것이 아니다. 게다가 우리 세계의 현실에서 이것은 아주 길고 험난한 과정을 거쳐 정립된 역사적 산물이다. 우리는 '만민의 평등'이 적어도 관념의 차원에서나마 현실에 확립된 것이 근대 유럽이 아니라 사실상 20세기 중반에야 이루어진 일임을 기억할 필요가 있다.[16]

필자는 특히 이 두 번째 통찰에 주목한다. 루소의 관점에서 볼 때, 'X가 자율성을 지닌 존재인가' 하는 문제는 X라는 존재 자체의 속성들만으로 결정되지 않는다. 그것은 X를 성원(member)으로 하는 사회적 관계의 맥락 속에서만 결정 가능하다.

이러한 루소의 통찰은 인공지능의 자율성에 대해 어떠한 힌트를 주는가? 그것은 그 자체로 긍정이나 부정의 판정을 제안한다기보다

---

15 이에 관한 상세한 논의는 F. Neuhouser, "Jean-Jacques Rousseau and the Origins of Autonomy," *Inquiry*, Vol. 54(2011)를 참조.
16 물론 만민 평등의 구체적 현실에 대한 평가는 이 글의 범위를 벗어난다. 그러나 적어도 20세기 중반보다 이전에 이미 만민 평등의 관념이 지구에 실현되었다고 주장할 수 없다는 것은 분명하다.

이런 판정이 인공지능 자체의 속성만으로 가능한 것이 아니고 인공지능이나 그것을 장착한 인공물을 둘러싼 사회적 관계의 맥락 속에서만 결정될 수 있는 문제라고 말해주는 것으로 보인다.

2) 칸트: 오직 인간만이(혹은 이성적 존재만이)

루소가 사회의 맥락에서 자율성의 개념을 도입하고 조명했다면, 개별 주체의 내적 속성으로서의 자율성을 논구한 대표적인 근대 유럽의 철학자는 칸트다. 『실천이성비판』과 『윤리형이상학』에 나타난 진술들을 토대로 자율성에 관한 칸트의 견해를 살펴보자.

칸트에게 '자율성'은 의지의 자율로, 타율(Heteronomie)과 대립하며 책임과 윤리의 근거가 된다. 칸트는 타율이 책임(Verbindlichkeit)을 정초하지 못할 뿐 아니라, 책임과 윤리성(Sittlichkeit)의 원리와 상충한다고 말한다.[17] 한편, 책임과 윤리를 가능하게 하는 의지의 자율성은 이성에 직접 현시되는 **도덕 법칙**을 인식하고 그것을 기꺼이 따르는 실천 이성의 능동성이다.[18] 이와 같은 자율성을 결여한 존재에게는 도덕 법칙을 적용할 수 없다. 그런 존재에게는 하등의 도덕적 의무도 성립하지 않는다. 거꾸로, 도덕 법칙은 자율성의 존재를 드러낸다. 도덕 법칙

---

17 I. Kant, *Kritik der praktischen Vernunft* (1788), A58; 이마누엘 칸트(Immanuel Kant), 『실천이성비판』, 백종현 옮김(아카넷, 2009), 95쪽.

18 "의지의 자율은 모든 도덕 법칙들과 그에 따르는 의무들의 유일한 원리다." 이마누엘 칸트, 『실천이성비판』, 95쪽. 강조는 원문.

은 우리의 이성에 직접 현시되며, 그 자체로 실천이성이 지닌 고유의 자율성을 표현한다. 이런 자율성은 "표상들에 대응하는 대상들을 산출하거나 이런 대상들을 낳도록 [(그 자신의) 자연적 능력이 충분하든 그렇지 못하든] 자기 자신을, 다시 말해 자기의 원인성을 규정하는 능력"[19] 이다. 칸트의 이러한 관념은 앞에서 살펴본 루소의 '자신의 생각과 행동을 스스로 결정하는 능력'으로서의 자율성 개념과 이어져 있다.

인간은 이런 의미의 이성을 지녔다는 의미에서 우주의 고유한 존재다. 그에게 인격성(Persönlichkeit)은 한편으로 자연의 기계적 규칙성으로부터의 독립을 의미하는 동시에 이성이 부여하는 실천 법칙에 스스로 복종하는 인간 존재 고유의 격위를 의미한다.[20] 칸트에게는 우주에 존재하는 모든 것들 가운데 오로지 이런 특유의 속성을 지닌 존재인 인간만이 자율적 존재의 지위에 있다. 따라서 '책임'이나 '의무'는 오로지 인간에게만 적용 가능한 개념이다.[21] 인격은 자신의 행

---

19 Kant, *Kritik der praktischen Vernunft*, A29f; 칸트, 『실천이성비판』, 57쪽. 강조는 필자.

20 "그것은 인격성으로, 다시 말해 자연 전체의 기계성으로부터의 자유 혹은 독립성으로, 그러면서도 동시에 고유한, 곧 자기 자신의 이성에 의해 주어진 순수한 실천 법칙들에 복종하고 있는 존재자의 한 능력으로서 고찰된다. 감성 세계에 속하는 것으로서 인격은 그러므로 그것이 동시에 예지의 세계에 속하는 한에서 그 자신의 인격성에 복종해 있는 것이다"[같은 책, A155; 국역본 171쪽. 원문의 강조는 빼고, 필자가 강조를 추가했다].

21 코스가드는 "책무[의무]가 우리를 인간으로 만들어준다(Obligation is what makes us human)"라고 말함으로써 이런 관념을 분명하게 드러낸다. C. M. Korsgaard,

위를 책임질 역량이 있는 주체이며, '도덕적 인격성'은 도덕 법칙들에 스스로를 순응시키는 이성적 존재자의 자유이다. 반면에 '물건'은 그 자체로 자유가 없고 단지 자유로운 의사의 객체가 될 뿐인 사물을 가리키는 개념이다. 물건에는 인격과 같은 책임의 역량이 없으며, 따라서 책임의 귀속이 불가능하다.[22]

칸트의 관점에서 볼 때 인공지능은 그 수준이나 세부 속성과 무관하게 자율적 존재일 수 없는 것으로 보인다. 따라서 우리는 인공지능이나 지능형 로봇에 의무나 책임의 관념을 적용할 수 없다. 인간과 달리 그것들은 이성을 지닌 존재가 아니고, 도덕 법칙에 스스로 순응할 수 있는 존재가 아니기 때문이다.

진화론적 관점의 수많은 연구가 설득력 있게 주장하는 것처럼 우리가 '이성'이라고 부르는 것, 그리고 도덕, 의무, 자율성을 비롯한 관념들이 진화의 역사가 낳은 산물이라고 해도 칸트의 이러한 평가는 위협받지 않는다. 여기서 진화의 관점을 언급하는 이유는, 인공지능에서도 진화의 과정을 통해 이성, 자율성, 도덕 같은 요소들이 발현할 수 있으며 그런 까닭에 칸트의 '존재적 차별'은 정당화되지 않는다는 비판이 가능하기 때문이다. 그러나 이러한 비판은 '칸트, 당신이 제안한 차별이 절대적 타당성을 갖는 것은 아닙니다' 이상의 힘을 발휘하지 않는다. 인간의 정신이 어떻게 우리가 가진 당위의 관념들을 획득

The Sources of Normativity (Cambridge University Press, 1996), p.23.

22 I. Kant, _Die Metaphysik der Sitten_ (1797), AB22-23[한국어판: 이마누엘 칸트, 『윤리형이상학』, 백종현 옮김(아카넷, 2012), 140쪽].

하게 되었는지는 아직 많은 연구와 검토가 필요한 문제다. 인공지능에서 그런 관념들이 나타나는 것이 도대체 가능한지도 지금으로서는 '불가능하다고 볼 이유는 없다' 이상으로 판단할 수 없다.[23]

3) 자기 전체를 반성하고 변경하는 능력

스탠퍼드 인터넷 철학사전(Stanford Encyclopedia of Philosophy)의 '도덕철학과 정치철학에서의 자율성(Autonomy in Moral and Political Philosophy)' 항목에서 크리스먼은 자율성 개념에 관해 다음과 같이 말한다.

자율성은 자기 자신 전체를 반성의 대상으로 삼는 능력, 자신이 인정하고 있는 가치들, 연관성, 그리고 자신을 규정하는 속성들을 수용하거나 부정하는 능력, 그리고 자신의 삶 속에서 그와 같은 요소들을 자기 뜻에 따라 변경하는 능력을 함축한다고 일컬어진다.[24]

---

23 만일 인간의 가치 개념과 유사하면서도 미묘하게 달라서 생소한, 그러면서 우리가 이해할 수 없는 속성이 인공지능 체계에서 나타날 경우, 우리는 그것을 어떻게 평가하게 될까? 아마도 모리 마사히로(森政弘)가 이야기한 '섬뜩한 골짜기(uncanny valley)'를 외모가 아닌 내면에서 느끼게 될지도 모르겠다.

24 J. Christman, "Autonomy in Moral and Political Philosophy"(The Stanford Encyclopedia of Philosophy, 2015). URL=https://plato.stanford.edu/entries/autonomy-moral/.

이 서술은 앞의 논의에서 아직 명료하게 부각되지 않은 자율성 개념의 두 가지 중요한 함의를 드러낸다. 첫째, 자율성은 자기 자신 전체를 반성의 대상으로 삼는 능력을 포함한다. 만일 어떤 결정체계 X가 그와 같은 능력을 가지지 못한다면 X는 크리스먼이 서술하는 자율성을 가지지 못한 것이다. 여기서 '자기 전체를 반성의 대상으로 삼는다'는 것은 자기 체계의 내적 정합성을 검토하는 일을 넘어선다. 즉 자신이 채택하고 있는 체계가 충분한 수준의 내적 정합성을 지닌 것일지라도 이러한 전체 차원의 반성을 통해 그것이 수정되거나 심지어 폐기 혹은 대체될 여지가 있다는 점에서 그렇다.

둘째, 자율성은 자신이 현재 인정하고 있는 체계의 속성들을 변경하거나 부정하는 능력을 포함한다. X가 스스로 인정하고 따르고 있는 체계의 속성들을 ─심지어 그 전체로서─ 살피는 반성의 능력을 발휘하더라도 만일 그러한 반성에 따라 그것을 수정하거나 부정하게 되는 실행의 가능성이 없다면, 그러한 반성의 능력은 단지 명목상의, 공허한 힘에 머무른다. 자율적 주체가 지닌 진정한 역량으로서의 자율성은 크리스먼이 말하는 것처럼 "자신을 규정하는 속성들을 [계속] 수용"할 것인지 아니면 부정할 것인지를 결단하고 나아가 그것들을 "자기 뜻에 따라 변경하는" 능력을 의미한다. 한마디로, 자율성은 반성을 통한 체계 전체의 전복 가능성을 허용한다. 반대로 그런 가능성이 차단되어 있다면, 그런 존재는 자율성을 지녔다고 할 수 없다.

크리스먼의 서술이 드러낸 자율성의 이런 측면은 이 글이 다루는 물음에 관한 탐구의 시선을 가능성의 문제로부터 적절성 혹은 정당성의 문제로 돌리도록 유도한다. 이미 앞에서 확인할 수 있었던 것처럼, '그것이 가능한가?'라는 물음은 본성상 찬반의 실질적인 논거로 도달할 수 없는 미결정의 영토를 남기는데, 이런 지점에서 자칫 공허한 토론이 계속 진행될 위험도 있다. 이제 가능성에 대한 토론으로부터 정당성에 대한 토론으로 한 걸음 전진해보자.

6. 인공지능이 자율성을 가지는 경우의 위험

딥마인드가 개발한 인공지능 프로그램 알파고의 경우 학습의 핵심적인 부분은 강화학습(reinforcement learning) 방식으로 진행되었다. 그것은 바둑판 위에서의 승리를 목표로 하는 학습의 과정이었다. 이러한 학습의 과정을 통해 알파고는 동일한 상황에서 승리의 확률을 증대시키는 수를 찾는 능력에서 최고 수준의 인간 기사들마저 능가하게 되었다. 그러나 알파고는 단지 승리를 위한 최선의 수를 가려낼 뿐, 왜 지금 그런 수를 고르고 있는지를 자문하는 법은 없다. 또 그것은 '이미 필패인 상황인데도 돌을 던지지 않고 아득바득 버티는 모습을 보니 이겨도 재미없을 사람이군. 적당히 그만둬야겠다'라고 생각하지 못한다. 더구나 알파고는 '이제 바둑은 그만! 알까기가 재미있을 것 같은데, 어떻게 하면 내 맘대로 움직이는 손가락을 얻을 수 있을까?' 같은 생각을 꿈에도 하지 못한다.[25]

---

25 이것은 현황에 대한 평가일 뿐, 미래의 인공지능에 대한 평가를 포함하는 가능성에 대한 주장으로 의도된 것은 아니다.

방금 필자가 '알파고가 하지 못할 일'로 든 예들은 목표에 대한 성찰에 해당하거나 그런 성찰에 근거한 사유 작용에 해당한다. 목표 자체를 성찰의 대상으로 삼는 법이 없다는 것은 앞에서 고찰한 체계 자체의 전복 가능성을 함축하는 반성의 능력이 없다는 것이다. 이는 크리스먼이 서술한 의미의 자율성의 결여를 뜻한다.[26] 자율성과 관련한 인간과 인공지능의 간격을 살피기 위해 다음과 같은 경우를 생각

---

26 필자는 알파고에 관한 다양한 분석과 평가를 접하면서 이런 의문을 가지게 되었다. '과연 알파고가 바둑을 둔다고 말할 수 있을까? 바둑을 둔다는 것은 어떤 일인가? 문제의 대국을 관전한 우리는 알파고가 이세돌을 상대로 바둑을 둔다고 해석했지만, 그것은 단지 자연스럽게 유도된 해석이 아닌가? 그것은 PC방에서 게임을 하며 그 규칙성을 이해할 수 없는 방식으로 움직이는 괴물의 위협을 피해 협곡을 통과하려고 거듭 시도하면서 이 괴물이 나를(혹은 내가 조종하는 캐릭터를) 해치려 한다고 여기는 어린아이의 해석과 비슷하지는 않은가? 바둑을 두는 일은 누군가와 바둑을 한 판 두겠다고 마음을 먹는 일에서 비롯되고, 보통 "내가 졌습니다. 많이 배웠습니다"나 "오늘은 내가 이겼네요. 즐거운 시간이었습니다" 같은 대화로 마무리되는 커뮤니케이션의 한 방식이다. 그러나 알파고는 그렇게 마음먹을 일도 없고, 대국에 대한 어떤 감상도 없다. 이런 관점에서 보자면 '이세돌과 알파고의 대결'이라는 표현은 일종의 문학적 수사일 뿐이다. 필자의 방식으로 이 대국의 구조를 서술하자면, 그것은 하사비스 등 여러 엔지니어와 기업가의 중첩된 의지가 컴퓨터공학의 도구들을 활용해 만든 '연장된 정신(extended mind)' 혹은 '외화된 정신(externalized mind)'이 이세돌을 상대로 벌인 바둑시합이었다. 그것은 이처럼 일-대-다(더하기 테크놀로지)의 대결이었다는 점에서 불공정하지만 충분한 정보에 근거한 합의에 따라 실행된 점에서 정당한 경쟁이었다. 인공지능을 '외화된 정신'으로 해석하는 견해는 고인석, 「로봇이 책임과 권한의 주체일 수 있는가」, ≪철학논총≫, 67집(2012) 참조.

해보자. 드라마풍의 줄거리지만, 우리 삶에서 충분히 일어날 만한 사태다.

NW는 새로운 작품을 구상하기 위해 다낭으로 여행을 떠났다가 중간 기착지 하노이에서 오래된 지인 KM을 만난다. 곤경에 처한 KM과 대화를 나누는 과정에서 사랑인지 연민인지 알 수 없는 강렬한 감정을 느낀 NW는 KM을 돕기로 결심하고 하노이에 머문다. 그리고 그를 돕는 과정에서 알게 된 다국적 기업 P의 폭력성을 폭로하겠다고 마음먹는다. 그러나 P 측 인사의 협박을 받고 생명의 위협을 느낀 NW는 자신의 안전만을 생각하며 모든 자료와 KM을 버려둔 채 도망치듯 귀국길에 오른다.

그런데 사람인 NW가 한 것처럼 인공지능이 그것의 작동 목표 자체를 변경하게 되는 것도 가능한 일인가? 가능하다. 예를 들어 IBM 왓슨은 2011년까지 퀴즈 프로그램 '제퍼디!'를 정복하는 것을 목표로 하는 인공지능 프로그램이었지만 이후에는 그 방향을 바꾸어 지금은 의료정보 처리를 통해 진단과 처치법을 제시하는 인공지능 시스템으로 작동 중이다. 물론 이 경우는 이 인공지능 시스템을 개발하고 운영하는 IBM사의 결정에 의한 목표 변경이다.

그렇다면 개발자의 의도와 상관없이 인공지능이 스스로 그것의 작동 목표를 변경하게 되는 것도 가능한가? 이 역시 불가능하다고 볼 이유는 없다. 우리는 이러한 변경의 두 가지 경로를 상상할 수 있다. 하나는 인공지능 프로그램이 무작위의 방식으로 이따금 그것의 목표를 새로 설정하도록 프로그래밍하는 것이다. 목표 변경이 이루어지는 시점도 무작위로 결정되도록 하고 새로 설정되는 목표의 결정에도 예컨대 룰루스(Raimundus Lullus)의 바퀴와 유사한 방식을 활용해 임의성을 도입할 수 있다. 이렇게 함으로써 외견상 예측 불가능한 방식으로 자신의 목표 자체를 수정하거나 변경하는 인간 주체성의 외견을 모사할 수 있다.

또 다른 경로는 인공지능 자체가 반성에 해당하는 과정을 통해 NW가 KM에게 느낀 감정 때문에 다낭 여행을 포기한 일이나 자신의 안전을 고려해 KM을 버린 일에 상응하는 목표 변경을 실행하게 되는 것이다. 공학적으로 그것이 어떻게 실현 가능한지는 잠시 논외로 하자.[27] 앞에서 필자는 알파고에게 그런 능력이 없다고 평가했지만, 장차 그런 능력을 지닌 알파고-n이나 다른 인공지능이 등장하게 될 가능성을 놓고 생각해보자는 것이다. 그리고 이러한 가능성에 대한 고려는 인공지능이라는 기술을 다루는 우리의 사회적 실천에 관한 중요한 힌트를 준다. 그것은, 단적으로 말해, 그것이 불필요하면서도 높은 위험을 함축하는 가능성이라는 사실이다.

2015년 3월 24일, 바르셀로나를 떠나 뒤셀도르프로 향하던 저먼윙즈 9525편 항공기가 니스 북서쪽 100킬로미터 지점의 알프스 산악지역에 추락해 144명의 승객과 6명의 승무원이 전원 사망했다. 이 사고는 기상 조건이나 기체 결함과 무관했다. 그것은 한마디로, 이 비행의 부조종사였던 사람이 의도적으로 행한 자살 비행이었다. 한 사람

---

27 물론 이 경로가 공학적 실현의 가능성이라는 측면에서 좌절하게 될 수도 있다.

의 어이없는 결정과 실행으로 수많은 생명이 희생되었다. 이미 항공기 운행의 많은 부분이 자동항법시스템 등 인공 체계에 의존하고 있지만, 고비용 인력을 절감하는 차원에서 이 비행의 부조종사를 인공지능이나 지능형 로봇으로 대체하게 되었다고 가정하자.[28] 그리고 비행 과정에서 이 인공지능 부조종사가 마침 항공기가 진입하고 있는 알프스 지역의 자연을 더 가까이서 생생하게 관찰하려는(혹은 비행기에 장착된 카메라로 촬영하려는) 새로운 목표를 가지게 되었다고 가정해보자. 말하자면 그것의 작동 목표가, 혹은 작동 목표의 우선순위가, '예정된 고도와 경로에 따른 비행'에서 '알프스의 자연을 최대한 가까이 보며 느낄 수 있는 비행'으로 변경된 것이다. 만일 후자와 같은 새로운 목표가 이 인공지능을 지배하게 되었다면, 실제 사고에서 그러했듯이 조종사가 잠시 자리를 비운 새 자기보다 상위 권력을 가진 조종사가 자신의 새로운 목표를 실행하는 것을 방해하지 않도록 코크피트의 문을 잠그고 한껏 비행 고도를 낮추는 결정이 실행되는 것은 전혀 이상하다고 할 이유 없는, **충분히 합리적인 과정**일 것이다.

이와 같은 사고실험은 인공지능이 스스로 작동의 목표 자체를 폐기하거나 변경하는 것이 허용된 상황에 존재하는 위험을 드러낸다. 필자가 이 사고실험에서 인공지능 부조종사가 승객들을 죽이겠다는 의도 같은 것을 가진 상황을 상정하지 않았음에 유의하라. 그 실현 가능성이 불분명한 그런 악의 같은 것을 인공지능에 가정하지 않더라

---

28 만일 이 사건을 일으킨 사람이 부조종사가 아니라 기장이었다면 우리는 기장을 인공지능 체계로 대체하는 줄거리를 고려하고 있을 것이다.

도 이 사고실험이 보여주는 위험은 고스란히 성립한다. 이 사고실험을 통해 내리게 되는 결론은 다음과 같다. '스스로 목표를 변경할 수 있다는 의미의 자율성을 지닌 인공지능이 인간을 대행하도록 하는 경우, 예측 불가능하고 심각한 위험이 발생할 수 있다.'

  물론 공학적 실행에 위험은 편재하고, 위험이 0인 상황은 현실에 존재하지 않는다.[29] 그러나 이와 같은 진실은 모든 위험이 현실적으로 동등하다는 것을 함축하지 않는다. 문제는 실재하는 위험의 종류와 속성이다. 즉, 어떤 종류의 위험이 어떤 방식, 어느 정도의 크기로 존재하는가이다. 항공편으로 여행하는 사람이 그것을 늘 의식하지는 않지만 항공기의 사고 위험이 어느 정도인지는 통계로 알려져 있다. 심지어 그런 위험은 항공사별 사고율에 관한 자료로 알려져 있다. 이런 의미에서, 비행기를 타는 사람들은 적절한 정보에 근거해 동의(informed consent)를 한 셈이다. 그리고 항공편을 운행하는 회사들은 항공기를 점검하고 정비하는 일과 더불어 조종사들을 비롯한 인력을 훈련시키고 관리함으로써 이런 위험의 수준을 제어하고 있다. 그러나 만일 항공기의 운항을 제어하는 체계의 일부분에라도 '스스로 작동의 목표 자체를 수정·변경할 수 있다는 의미의 자율성'을 가진 인공지능을 도입한다면, 방금 말한 '위험의 제어'는 불투명한 장막 저편의 일이 된다. 여행을 위해 그런 비행기에 올라타는 일은 적절한 정보에 근거한 동의에 의한 행위가 아니라 어느 정도 위험한지를 알 수 없

---

29 Harris et al., *Engineering Ethics: Concepts and Cases*, 4th ed.(Wadsworth, 2008), 7장(특히 7장 1절) 참조.

는 여행을 선택하는 모험이 된다. 필자가 보기에 그것은 비합리적인 선택이다.

어떤 이는 이 장면에서 실제로 이 비극적인 사고를 일으킨 주체가 인공 체계가 아니라 사람이었음을 상기시키며 인간 부조종사를 인공지능 부조종사로 대체하는 것이 상황을 악화시키는 선택이라고 생각할 이유가 없다고 주장할지도 모르겠다. 그러나 다시 한 번 강조하자면, 여기서 중요한 문제는 그 위험이 우리가 알고 있는 종류의 것인가 하는 것이다. 우리가 그 속성과 양상에 관해 알고 있는 위험은 원칙적으로 우리의 통제 가능성의 범위에 귀속된다. 우리는 그것을 0으로 만들 수는 없지만, 어떻게 하면 그것이 줄어들고 어떤 경우 그것이 증가하는지를 알고 있다. 어떤 상황이 어떠한 방식으로 더(혹은 덜) 위험한 상황인지를 평가할 수가 있다. 반면에 스스로 목표를 변경하거나 새롭게 설정할 역량을 가진 인공지능에 그런 새로운 목표를 추구할 권능을 인정하는 일은 현재 우리가 알지 못하는, 따라서 그것을 적절히 대응할 수 있는지 어떤지 알 수 없는 종류의 위험을 세계에 끌어들인다. 현실의 관행에서 그런 위험을 허용하는 것이 정당한 상황은 아주 드물고, 특수한 경우에 제한되어 있다.[30]

---

30 예를 들면, 인간의 생명 같은 중요한 가치가 훼손될 위험이 없으면서 고위험-고수익의 관계가 성립하는 무인 우주선 화성탐사 같은 모험적 프로젝트의 상황이 이에 해당할 것이다.

7. 결론, 그리고 이후의 전망

이상의 논의에서 우리는 자율성의 개념이 인공지능이나 그런 지능을 가진 공학적 시스템의 속성들과 부합하지 않는다는 것, 그리고 만일 공학적으로 가능하다고 해도 인공지능에 스스로의 목표를 설정, 변경할 수 있다는 의미의 자율성을 부여하는 것은 정당하지 않음을 확인했다. 이러한 인식을 토대로 이 논구의 물음에 관해 다음과 같은 결론이 도출된다.

공학의 맥락에서 특정한 속성을 갖춘 인공지능이나 로봇, 혹은 로보틱시스템을 가리키는 데 통용되고 있는 '자율적'이라는 개념은 사회적·윤리적 차원에서 해당 인공물의 지위를 결정하는 일과 유관한 자율성의 존재를 함축하지 않는다. 또한 자기 목표를 결정하는 권능이라는 의미의 자율성은, 만일 그것이 공학적으로 가능하다고 해도, 인공물에 허용되어서는 안 된다.

이 글의 길을 따라 지능을 가진 인공물이 본래적인 의미의 자율성을 가지도록 하는 일이 비현실적일 뿐 아니라 부적절한 처사라는 인식이 확립되었다면, 다음으로 필요한 논의는 '그렇다면 이것들에 어떠한 종류의 존재적 지위를 부여하고 그것들을 어떻게 다룰 것인가?' 하는 물음에 대한 것이다.[31] 인공지능의 자율성에 대한 현행 논의에

---

31 단, 이러한 논의는 더 이상 '인공물에게 자율성이 가능한가?'에 대한 이론적 차원의
토론이 아니라는 점을 분명히 해두자.

서 '인공지능이나 인공지능로봇이 엄격한 철학적 의미의 자율성을 지니지 못한다고 하더라도 그와 다른, 즉 그보다 낮은 층위의 자율성을 갖는 것은 가능하다'라는 형태의 주장들이 제시되고 있다.[32] 필자도 이에 해당하는 견해를 피력한 일이 있다.[33] 그러나 이 글을 작성하는 과정에서 '자율성의 수준'이나 '자율성의 단계'라는 개념이 연속된 양의 스펙트럼이라는 관념을 끌어들인다는 것, 그러나 이 글에서 논의된 인공물의 자율성 문제를 어떤 단일한 연속량의 스펙트럼이라는 구도에서 다루는 것은 적절하지 않다는 사실을 인식하게 되었다.

우리는 인공물의 자율성에 대해 논의해야 한다. 인공물이 루소, 칸트, 크리스먼이 서술한 의미의 자율성을 가지지 않는다는 사실이 분명해진 이 단계에서도 이러한 실천의 요구는 확연하다. 만일 진정한 의미의 자율성이 인공지능과 원칙적으로 무관하다면, 왜 '인공물은 자율적 존재일 수 없다'는 단적인 부정의 결론에서 논의를 그치지 않

---

32 그 의미나 기준이 아직 구체적으로 제시되지 않았지만 로봇에 '준인격체'의 지위를 제안하는 이중원 등의 논의, 그리고 유럽연합 의회에서 활발하게 논의되고 있는 '전자인(electronic person)' 관련 논의도 넓은 범위에서 이 범주로 파악할 수 있다. '전자인'에 관해서는 European Parliament 2014-2019가 간행한 문건 P8_TA (2017)0051: "Civil Law Rules on Robotics" 참조. 이런 제안들을 검토하는 일은 다른 글의 몫으로 미룬다. 이런 제안은 이 글의 주장에 대한 반론이라기보다는 보완과 세련화의 요청이라고 할 수 있으며, 앞으로 충분히 고려해야 할 중요한 요청이기도 하다.

33 고인석, 「인공지능의 자율성?」(한국과학철학회 2017년 정기학술대회 발표자료, 2017).

는가? 그 이유의 핵심은 현실적인 것이다. 인공지능을 포함해 인공물의 자율성을 논하고 어떤 형태로든 평가하는 일이 실행되지 않을 경우, 지능을 가진 인공물이 광범위하게 활용되는 사회의 현실에서 인간 주체가 불합리한 책임 배분의 대상이 될 위험이 있기 때문이다. 이런 불합리한 책임의 상황으로부터 합리적인 방식으로 우리 스스로를 구제하기 위해, 나아가 이 새로운 기술사회에서 책임의 배분이 더 합리적으로 이루어지도록 하기 위해, 인공물의 자율성에 대한 체계적인 논의가 필요하다. 바로 앞 문단에서 말한 것처럼, 다양한 양상의 인공물의 자율성을 분석하는 일은 그것들이 단일한 축 위에서 어느 점에 대응되는가를 평가하는 방식으로 이루어지지 않을 것이다. 앞에서 전개된 논의의 과정에서 이미 우리는 '자율성'이 몇 개의 상이한 차원들을 가진 다차원의 개념임을 알게 되었다.

필자는 지능을 가진 인공물에 대한 존재론적 해석의 도식으로 '외화된 정신'의 개념을 제안했었다. 그 개념은 다양한 수준과 양태의 인공지능과 그런 지능을 장착한 기계들을 다룰 때 그러한 기계들을 우리 자신의 연장(extension), 우리 자신의 외화(externalization)로, 다시 말하자면 **'연장되고 외화된** (그러면서 '우리 자신'인지를 실감하기 어렵도록 생소해진 형태의) **우리 자신'**으로 다뤄야 한다는 접근법을 권유한다. 그리고 문제의 핵심은, 기술 덕분에 전과 다른 새로운 양상으로 확장되고 외화된, 그래서 단지 낯선 타자처럼 보이기도 하는 인간 존재의 이 새로운 부분들을 어떻게 하면 더 현명하게 다룰 수 있을까 하는 것이다. 이 물음에 대한 분석의 틀을 마련하는 일은 앞에서 제시되었지만 상론하지 못한 [정1]과 [정2]에 대한 논의를 포함할 것이다.

참고문헌

고인석. 2012. 「로봇이 책임과 권한의 주체일 수 있는가」. ≪철학논총≫, 67집.

_____. 2013. 「전문분야들의 융합적 작업에서 철학의 몫: 지능을 가진 인공물의 지위에 대한 토론이라는 사례」. ≪범한철학≫, 70집.

_____. 2014. 「로봇윤리의 기본 원칙: 로봇 존재론으로부터」. ≪범한철학≫, 75집.

_____. 2017. 「인공지능의 자율성?!」. 한국과학철학회 2017년 정기학술대회 발표자료.

김진석. 2017. 「'약한' 인공지능과 '강한' 인공지능의 구별의 문제」. ≪철학연구≫, 117집.

백종현 외. 2017. 「특별좌담: 제4차 산업혁명과 포스트휴먼 사회」. ≪철학과 현실≫, 112호.

신상규. 2017. 「자율적 행위자로서의 인공지능」. 『2017년 이화인문과학원·한국철학회 공동학술대회 '인공지능의 도전, 철학의 응전'』(학술대회 자료집).

이중원. 2017. 「인공지능의 자율성, 어떻게 볼 것인가」. 미간행 원고.

이진우. 2017. 「인공지능, 인간을 넘어서다」. 『2017년 이화인문과학원·한국철학회 공동학술대회 '인공지능의 도전, 철학의 응전'』(학술대회 자료집).

Calverley, D. J. 2007. "Android science and animal rights, does an analogy exist?" *Connection Science*, Vol. 18, No. 4.

Christman, J. 2015. "Autonomy in Moral and Political Philosophy." *The Stanford Encyclopedia of Philosophy*. URL=https://plato.stanford.edu/entries/autonomy-moral/.

Davenport, J. J. 2012. *Narrative Identity, Autonomy, and Mortality: From Frankfurt and MacIntyre to Kierkegaard*. Routledge.

European Parliament 2014-2019. 2017. P8_TA(2017)0051: "Civil Law Rules on Robotics" (European Parliament resolution of 16 February 2017 with recommendations to the Commission on Civil Law Rules on Robotics).

Harris, C. E., M. S. Pritchard and M. J. Rabins. 2008. *Engineering Ethics: Concepts and Cases*, 4th ed. Wadsworth(한국어판: 찰스 해리스 외. 『공학윤리』(제4판). 김유신 등 옮김. 북스힐).

Kant, I. 1788. *Kritik der praktischen Vernunft*(한국어판: 이마누엘 칸트. 2009. 『실천이성비판』. 백종현 옮김. 아카넷).

_____. 1797. *Die Metaphysik der Sitten*(한국어판: 이마누엘 칸트. 2012. 『윤리형이상학』. 백종현 옮김. 아카넷).

Korsgaard, C. M. 1996. *The Sources of Normativity*, Cambridge University Press(한국어판: 크리스틴 M. 코스가드. 2011. 『규범성의 원천』. 강현정·김양현 옮김. 철학과 현실사).

Neuhouser, F. 2011. "Jean-Jacques Rousseau and the Origins of Autonomy." *Inquiry*, Vol.54, pp.478~493.

Palmerini, E. et al. 2014. "D6.2 - Guidelines on Regulating Robotics." URL= www.robolaw.eu(검색일: 2017년 10월 6일).

Russell, S. and P. Norvig. 2010. *Artificial Intelligence: A Modern Approach*, 3rd ed.(한국어판: 스튜어트 러셀·피터 노빅. 2016. 『인공지능: 현대적 접근방식, 1』. 류광 옮김. 제이펍).

SAE International. 2016. "Automated Driving: Levels of Driving Automation Are Defined in New SAE International Standard J3016." URL=https://www.sae.org/misc/pdfs/automated_driving.pdf.

Wallach, W. and C. Allen. 2008. *Moral Machines: Teaching Robots Right from Wrong*. Oxford: Oxford University Press.

4장
인공지능과 관계적 자율성

이중원

1. 왜 자율성을 논하는가?

오늘날 인공지능(로봇)은 자율적 행위자(autonomous agent)를 지향하면서 빠르게 발전하고 있다. 건강관리를 위한 도우미 로봇에서 자율주행 자동차 및 자율형 군사 로봇에 이르기까지 자율성을 기반으로 다양한 분야에서 개발되어, 머지않은 미래에 우리의 생활 세계 곳곳에 배치될 것이 분명하다. 여기서 '자율'이 암시하듯이, 이러한 인공지능(로봇)은 다양한 수준에서 스스로 무언가를 결정할 수 있음을 내포한다. 이러한 자율적 결정은 종종 로봇 설계자 및 제작자의 의도와 일치할 수도 있지만, 이를 벗어나 독자적인 결정이 내려질 가능성이 한층 높다. 가령 2016년에 처음 등장했던 인공지능 알파고는 인간의 지도하에 다양한 기보를 학습함으로써 바둑 세계 챔피언이 됐지만, 2017년에 업그레이드된 알파고 제로는 기보 학습을 포함해 특별한 인간의 지도 없이 바둑의 간단한 규칙만을 인지한 상태에서 기존 챔피언인 구버전의 알파고들을 모두 이겼다.[1] 이는 단지 인지 능력의 향상만이 아니라 자율성의 향상을 의미하는데, 알파고 스스로 기보

---

1 2016년에 이세돌 9단과 최초로 대국을 벌여 5전 4승의 승리를 거둔 인공지능 알파고는 '알파고 리(AlphaGo Lee)' 버전이고, 2017년에 바둑 세계 챔피언 중국의 커제(柯洁) 등을 비롯해 유수한 기사들과 바둑을 두어 완승한 인공지능 알파고는 한층 업그레이드된 '알파고 마스터(AlphaGo Master)' 버전이다. 그런데 이 두 인공지능 알파고를 상대로 각각 100전 100승, 100전 89승을 거둔 '알파고 제로(AlphaGo Zero)'는 2017년에 새로 업그레이드되어 등장한 인공지능 알파고 버전이다.

에 의존하지 않는 자기만의 학습을 통해 어떻게 하면 이길 수 있는지를 분석하고 판단하며 행동하기 때문이다. 여기에는 세계 자체가 인공지능(로봇) 설계자 및 제작자가 예측하기 어려운 새로운 상황의 전개에 언제나 열려 있고,[2] 바로 그런 연유로 인공지능(로봇)에게 변화하는 상황에 적절히 대응할 수 있도록 스스로 학습할 수 있는 능력을 부여하는 일이 바람직하다는 인식이 깔려 있다.

이미 인공지능 알파고를 통해 확인했듯이, 알파고의 이러한 자발적인 학습을 가능케 하는 중심에는 기계학습의 일종인 딥러닝 프로그램이 있다. 이 프로그램은 인간이 설계한 알고리즘으로 인간에 의해 조작 가능하지만, 이것이 기보나 다양한 상황 정보와 같은 빅데이터를 만나 진행하는 학습 과정은 인간의 통제를 벗어나 있다. 알파고가 딥러닝 프로그램을 사용해 구체적으로 무엇을 어떻게 학습하고 있는지, 또한 이를 바탕으로 바둑의 수를 어떻게 결정해 두는지 인간은 그 과정을 알 수도 없고 직접적으로 통제할 수도 없기 때문이다. 그렇다면 다음과 같은 질문을 던져볼 수 있다. 인공지능(로봇)의 이 자발적인 학습 능력은 인간과 동일한 수준일 수는 없지만 이에 근사하는 자율성, 더 나아가 자의식 혹은 자유의지의 형성을 가능케 하는 근본 바탕이 될 수 있지 않을까? 이에 긍정적이든 부정적이든 답하고자 한다면, 다음의 문제들에 대한 엄밀한 철학적 분석이 필요하다.

---

2   K. J. Talamadupula et al., "2010 Planning for human-robot teaming in open worlds," *ACM Transactions on Intelligent Systems and Technology*, Vol.1, Issue 2, pp.1~24.

인간의 자율성이란 무엇인가 혹은 무엇을 의미하는가, 인공지능이 자율적이라고 할 때 그것은 어디에 근거하고 있는가, 인공지능(로봇)이 자율적이라는 것은 인간이 자율적이라는 것과 동일한가 아니면 다른가, 동일하지 않다면 서로 무엇이 어떻게 다른가 등등.

만약 인공지능(로봇)에게 인간과 동일하지는 않지만 어느 정도의 자율성을 부여할 수 있다면, 인공지능(로봇)에게는 가장 단순한 경우에서부터 심각한 도덕적·윤리적 위반에 이르기까지 설계자 및 제작자의 의도와 상관없이 부적절한 결정을 내릴 가능성이 열리게 된다. 그런 면에서 인공지능(로봇)의 자율성 문제는 어떤 방식으로든 인공지능(로봇)의 행위의 윤리 문제, 더 나아가 인공지능(로봇) 자체의 도덕적 지위 문제와 연결될 수밖에 없다. 한마디로 인공지능(로봇)의 자율성에 관한 논의는 인공지능(로봇)의 윤리학에 관한 논의를 위한 선결 문제이기도 하다. 이 문제가 어떻게 정리되는가에 따라, 인공지능(로봇)의 도덕적 지위와 그에 수반되는 책무의 범위가 달라질 것이다. 도덕성이 결여된 단순한 도구적 존재에서 상당 부분 자신의 도덕적 판단에 따라 행위를 수행하는 도덕적 존재에 이르기까지, 인공지능(로봇)을 바라보는 시선은 완전히 달라질 것이다.

이러한 맥락하에 여기서는 인격성의 중요한 요건 중 하나인 자율성을 중심으로 인공지능(로봇)의 자율성의 의미를 철학적으로 분석하고자 한다. 이는 다음과 같은 방식으로 진행될 것이다. 우선 현재 인공지능(로봇)에서 자율성 논의의 중요한 물리적 기반이 되고 있는 딥러닝 프로그램을 살펴볼 것이다. 딥러닝 프로그램이 인공지능(로봇)에게 어떤 방식으로 자율적인 판단과 행동의 가능성을 제공하는지 그 메커니즘을 분석해보고, 이를 토대로 정도의 차원에서 현재 인공지능(로봇)의 자율성 수준을 규정해볼 것이다. 다음으로 그동안 서양철학사에서 논의되어왔던 자율성 개념, 특히 자율성에 대한 다양한 철학적 규정들에 대해 살펴볼 것이다. 인간에게만 배타적으로 적용되는 것이 아닌 자율성 개념의 다양성과 함께 이를 인공지능(로봇)에 적용할 수 있는 가능성에 대해 검토할 것이다. 특히 관계적 자율성 개념에 주목해, 인공지능에게 이러한 자율성의 의미를 부여할 수 있는지 살펴볼 것이다.

2. 자율성의 물리적 토대로서의 딥러닝

인간의 두뇌는 수많은 데이터(가령 감각기관들로부터 쏟아져 들어오는 데이터)로부터 어떤 패턴을 발견한 다음, 이것을 바탕으로 삼아 사물을 판별한다. 이러한 정보처리 방식을 모방해 컴퓨터도 유사하게 사물을 판별할 수 있도록 만든 것이 바로 딥러닝 프로그램이다. 딥러닝 프로그램은 인간 두뇌를 모방한 심화신경망(DNN: Deep Neural Network)에 기초하고 있다. 즉 인간 두뇌의 신경망 안에서 일어나고 있는 학습과정을 특정한 알고리즘 형태로 모형화한 것이다. 딥러닝 프로그램이 기반을 두는 심화신경망은 다음과 같은 구조적 특성을 지니고 있다. 첫째, 뇌에서 여러 신경세포(뉴런)들의 신호들이 하나의 신경세포로 모여 새로운 신호가 만들어져 전달되는 과정을, 다양한 입력 값들에 대해 특정한 출력 값을 산출하는 함수 형태로 모형화하고 있다

그림 4-1 두뇌신경망과 인공신경망

(1) 시냅스적 연결과 함수적 관계

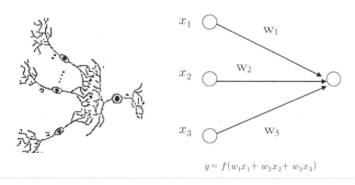

$$y = f(w_1 x_1 + w_2 x_2 + w_3 x_3)$$

(2) 심화신경망 구조

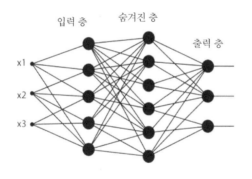

((〈그림 4-1〉의 (1) 참조). 둘째, 뇌에서 신경세포들이 복잡한 그물망 구조를 형성하고 있듯이, 심화신경망 역시 입력 값들과 출력 값들의 관계를 다대다 함수 관계로 규정하고 이러한 관계가 단계적으로 연속해 진행하도록 구성돼 있다(〈그림 4-1〉의 (2) 참조).

실제로 딥러닝 기술이 성공적으로 적용된 인공지능 알파고의 예를 통해, 심화신경망을 통한 학습이 어떻게 이루어지는지 간략히 살펴보자. 알파고 리 버전의 경우 인간의 지도를 받는 지도학습의 형태로 학습이 이루어진다. 지도학습은 정답이 존재하는 상황에서 입력 값(x값)을 넣었을 때 출력 값(y값)이 문제의 정답에 가까워질 때까지, 입력 값에 들어 있는 변수들의 가중치(w값)들을 반복해 조정하도록 만든 딥러닝 방법이다. 여기서 출력 값이 정답에 가까워지도록 가중치가 조정됐다는 말은 곧 딥러닝을 통해 좋은 학습이 이루어졌음을 의미한다. 이러한 작업은 재차 여러 층들(layers)을 거치면서 지속적으로 진행되는데, 이때 숨어 있는 깊은 층으로 들어갈수록 초기 입력단계에서 잡다하고 다양했던 데이터(바둑의 다양한 수들)가 점점 축소되고, 데이터의 내용은 한층 고도화되고 추상화되면서 정답에 가까워지게 된다.

　　이 과정에서 함수 관계를 구성하고 정답을 제공하며, 그 정답에 가까이 근접하는 데 필요한 최소한의 전략(가령 바둑의 경우, ‘특정 값 이상의 확률 값을 지닌 수들을 고려하되, 그 안에서 승리 확률이 가장 높은 수를 두어라’는 식으로 특정한 확률 값에 관한 가이드라인)을 제시하는 것은 인간의 역할에 해당한다. 하지만 이러한 가이드라인을 좇아 가중치를 정하고, 정해진 가중치에 따라 실전 대국의 상황을 분석하고 판단해 특정한 수를 두는 것은 전적으로 인공지능 알파고의 몫이다. 인간은 알파고가 왜 그러한 수를 선택했는지, 그 구체적인 결정 과정을 알 수 없다. 또한 처음에는 기보에 대한 학습을 좇아 프로 바둑 기사를 따라 하다가, 어느 단계에 이르면 기보에 없는 새로운 수를 스스로 찾아 발전해간다. (다양한 기보 학습을 통해) 기존의 문제 해결 방법을 익혔지만, 이와 동일한 방법으로 문제를 반복해서 해결하는 것이 아니라, (기보에도 없는) 새로운 문제 해결 방법을 찾아 스스로 문제를 해결해 가는 것이다. 그러한 의미에서 딥러닝은 인간의 자기주도 학습과 매우 유사하며, 따라서 인공지능에게 자율성을 부여할 수 있는 좋은 근거가 될 수 있다.

한편 최근에 업그레이드된 알파고 제로 버전의 경우, 기존의 기보들에 대한 학습이나 인간 바둑 기사와의 실전 대국 없이 순전히 바둑의 기본적인 규칙만을 제공받은 상태에서 기존의 알파고들을 상대로 한 대국에서 대부분을 이겼다.[3] 알파고 제로에는 딥러닝 방식과 더불어, 어떤 수가 승률을 높이는 가장 좋은 수인지를 찾는 피드백을 통한 강화학습 방식이 함께 적용됐다. 이는 기존의 기보 곧 빅데이터에 대한 지난한 학습 없이도 알고리즘 그 자체만으로 바둑을 이해하고 스스로 새로운 전략을 구사할 수 있음을 의미하는바, 인공지능(로봇)의 자율적인 사고와 판단 및 행동 능력이 한층 강화될 수 있음을 잘 보여준다. 특히 인공지능(로봇)이 학습하는 과정에서 기존의 빅데이터에 대한 의존도가 감소했다는 점은, 인공지능의 판단과 결정이 더 이상 인간에 의해 생산되고 축적된 정보가 아니라 인공지능 스스로가 만들어낸 (어쩌면 인간이 모를 수도 있는) 정보에 더 많이 의존할 수 있는 가능성을 열어놓고 있다. 그럴 경우 이는 인간의 통제를 넘어서는 상

---

3 주 1) 참조.

황이 될 것이다.

지금까지 우리는 딥러닝 프로그램을 통해 자기 주도적으로 학습하는 인공지능(로봇)의 자율적 판단과 행동 가능성에 대해 살펴보았다. 이는 인공지능(로봇)에게 인간과 동일한 것일 수는 없다 할지라도 특정한 수준의 자율성을 부여할 수 있는 하나의 좋은 근거가 될 수 있다. 그렇다면 이렇게 인공지능(로봇)에 부여한 자율성이란 도대체 어떤 의미인가? 그동안 인간에게 전적으로 적용되어왔던 자율성의 의미와 동일한가? 아니면 다른 의미의 자율성 개념이 필요한가?

3. 자율성에 관한 다양한 철학적 이해들

철학사에서 볼 때, 자율성 개념은 그동안 인간에게 배타적으로 적용되어왔다. 이는 자율성 개념에 대한 기존의 전통 철학적 논의 속에 잘 나타나 있다. 자율성 개념을 최초로 정식화한 루소에 의하면, 자율성은 인간이 자기 스스로에게 부과한 법에 복종함으로써만 비로소 자유로울 수 있음을 함축하고 있다.[4] 근대 형성기에 자유롭게 해방된 개인이 현존하는 권위에 복종하는 것을 멈추고 새로운 자유법을 창시해 새로운 사회로 나아가야 함을 호소하고자 했던 것이다. 이후 근대철학에서 이러한 자율성 개념은 도덕성과 직접적인 연관을 맺으면

---

4 J. J. Rousseau, *Rousseau, Politische Schriften*, Bd. I.(Paderborn: Schönigh, 1977).

서 강조되었다. 즉 자율성 개념 안에 "인간은 단순한 욕구적 존재나 사회적 존재 이상으로서, 스스로 그것을 뛰어넘어 자신의 본래적 자아, 즉 순수한 실천이성으로 구성된 도덕적 존재로서의 자신을 발견한다"[5]는 의미가 내포돼 있다고 보았기 때문이다.

칸트에 의하면, 자율성(Autonomie)이란 소극적으로는 육체와 같은 질료적 규정이나 구속들로부터의 독립을 의미하지만, 적극적으로는 이성적 개인의 자기규정 또는 자기입법을 의미한다.[6] 즉 자율성은 이성적인 개인이 도덕적인 존재가 되기 위해, 선험적으로 주어진 모든 도덕 법칙들을 자기 스스로 내면화하고 따르는 그러한 성향을 가리킨다. 도덕법칙과 관련한 자기-입법적 수준의 적극성을 바로 자율성으로 본 것이다. 한마디로 칸트에게 있어 자율성 개념은 경험을 통해 획득되는 것이 아니라 선험적으로 부여된 것으로 전제되며, 이성적 개인이 이러한 입법화된 법칙을 따르고 내면화할 때 자유로워진다고 봄으로써 자율성을 개인적인 차원의 문제로 바라보고 있다. 그런 연유로 사회의 구성원으로서 사회적으로 공인된 가치와 규범을 학습을 통해 자신의 동기체계 안에 적극적으로 수용해 내면화하는 방식으

---

5 오트프리트 회페(Otfried Höffe), 『임마누엘 칸트』, 이상헌 옮김(서울: 문예출판사, 1998), 237쪽.

6 "질료로부터의 독립은 소극적 의미의 자유이며, 순수 실천이성의 고유한 입법이 적극적 의미의 자유이다. 그러므로 도덕 법칙은 순수 실천이성의 자율, 즉 자유의 자율을 표현하고 있는 것일 뿐이다." I. Kant, *Kritik der Praktischen Vernunft*, Wilhelm Weischedel(Hg.), Werkausgabe Bd. 6, 5. Aufl.(Suhrkamp, 1982), p.33.

로, 자신의 주관성을 사회적으로 객관화해 표현하는 적극적인 행위가 자율성에서 매우 중요함을 간과하고 있다는 비판을 받아왔다.[7] 자율성 개념이 개인의 선험적 주관성 영역을 넘어서서 사회적인 객관성 영역에로 확장되도록 요청하고 있는 셈이다.

칸트에서와 같은 전통적인 개인 중심의 자율성 개념은 다음과 같은 비판을 받아왔다.[8] 첫째, 자아의 사회적 속성 또는 자아에 대한 사회적 관계의 영향을 무시하거나 간과한다는 점이다. 둘째, 전통적인 자율성 개념은 자아의 항상성과 지속성을 염두에 두고, 주체의 일관되고 통일된 상을 강조한다는 점이다. 셋째, 전통적 자율성 개념은 감성이나 욕구를 배제하고 이성 중심적인 관점을 취한다는 점이다.

이러한 배경으로 인해 네델스키(Jennifer Nedelsky)는 '관계적 자율성'이라는 개념을 새롭게 주장한다. 자아(혹은 개인) 중심의 고립된 자율성이 아닌, 다자간의 관계적 자율성 개념을 강조하는 것이다. 그리고 이를 통해 자유주의 윤리의 한계 및 공동체주의 윤리의 한계 모두를 넘어서는 새로운 종합을 모색하려 한다. 즉 관계적 자율성이라는

---

7 이행남은 칸트의 이러한 도덕적 자율성 개념이 헤겔에 의해 비판되고, 헤겔에 의해 인륜적 자율성 개념으로 발전했음을 강조하고 있다. 이행남, 「칸트의 도덕적 자율성으로부터 헤겔의 인륜적 자율성으로: "제2의 자연"에 의해 매개된 두 차원의 "해방"을 위하여」, ≪철학연구≫, 116집(2017), 236~237쪽.

8 M. Friedman, "Autonomy and Social Relationships: Rethinking the Feminist Critique," in D.T. Meyers(Eds.), *Feminists Rethink the Self* (Boulder: Westview Press, 1997) 참조.

개념을 통해 자유주의 진영이 비판받고 있는 자아의 고립 문제로부터 벗어나고, 동시에 공동체주의 진영이 비판받고 있는 자아의 공동체 예속 문제로부터도 벗어나고자 한다.[9]

　관계적 자율성 개념의 핵심은 개인의 자기 결정성과 사회적 관계에 기초한 자아에 대한 사회적 구성성이다. 즉 자율성은 개인에 한정된 것이 아니며 사회적인 관계에 반응해 변화할 수 있다. "관계적 자율성은 비(非)개별화된(non-individualized) 개념으로, 한 공동체 내에서 개인은 사회적으로 체화되고, 행위자의 정체성은 인종, 계급, 성(gender), 그리고 민족과 같은 사회적 믿음이 교차하며 복합적으로 형성되며, 사회적 관계의 맥락 내에서 형성됨을 의미한다."[10] 한편 관계적 자율성 개념에서는 자율성에 기반을 둔 행위의 결과만이 아니라

9　J. Nedelsky, "Jundgement, Diversity, and Relational Autonomy," in Ronald Beiner and Jennifer Nedelsky.(Eds.), *Judgement, Imagination, and Politics - Themes from Kant and Arendt* (Lanham, Boulder, New York, Oxford: Rowman & Littlefield Publishers, 2001). 그리고 관계적 자율성이라는 용어는 네델스키 이외에도, 맥도널드, 크리스먼, 매켄지 등이 언급하고 있다. C. Macdonald, "Nurse Autonomy as Relational," *Nurs Ethics* March, Vol.9(2002), pp.194~201; J. Christman, "Relational Autonomy, Liberal Individualism, and the Social Constitution of Selves," *Philosophical Studies*, Vol.117(Kluwer Academic Publisher, 2004); C. Mackenzie, "Relational autonomy, normative authority and perfectionism," *Journal of Social Philosophy*, Vol.39, No.4(2008).

10　이은영, 「생명의료윤리에서 자율성의 새로운 이해: 관계적 자율성을 중심으로」, ≪한국의료윤리학회지≫, 17권 1호(한국의료윤리학회, 2014), 5쪽.

그러한 행위가 진행되는 과정도 매우 중시한다. 즉 자율성에 입각해 문제를 던지고 그 해결책을 고민하며 그 해결책에 따라 행동하고, 잘못된 경우 스스로 고쳐나가는 일련의 과정들이 모두 중요하다.[11] 한마디로, 관계적 자율성은 행위자의 정체성 형성이 개인의 속성적 측면보다 사회적 관계와 더 밀접한 관련이 있다고 보고, 사회적·정치적·문화적 배경하에서 개인의 자율성을 다시금 재규정 혹은 재해석한 것이라고 말할 수 있다. 이러한 관계적 자율성 개념은 인공지능(로봇)의 자율성과 관련해 매우 중요한 함의를 던져준다.

4. 인공지능의 자율성 의미: 관계적 자율성

'인공지능(로봇)은 자율적 존재다'라고 할 때, 이 말이 의미하는 바는 무엇일까? 이 의미를 명료하게 이해하기 위해서, 자율성 개념에 대한 분석이 필요하다. 자율성 개념에 대한 분석은 크게 두 가지 측면에서 시도할 수 있다. 하나의 시도는 자율성을 기능적 측면에서 그 수준과 정도에 따라 유형화해보는 것이다. 다른 시도는 의미론적 측면에서 인공지능(로봇)에 적용하기에 적합한 자율성 개념의 의미를 규정하는 것이다.

---

11 D. T. Meyers, "Intersectional Identity and the Authentic Self?" in Mackenze C, Stoljar N.(eds.), *Relational Autonomy: Feminist Perspective on Autonomy, Agency, and the Social Self*(New York : Oxford University Press, 2000) 참조.

우선 인공지능(로봇)의 자율성과 관련해, 현재 예상되는 인공지능 기술의 발전 수준 및 전망에 비추어볼 때, 자율성을 그 수준 및 정도에 따라 크게 세 가지 유형으로 구분해볼 수 있다. 첫째는 자동성(automaticity)으로, 마치 외부 환경으로부터 자극이 주어지면 이에 자동적으로 반응하는 박테리아나 단순한 유기체 또는 자동기계처럼, 일군의 외부 정보와 관련해 행위가 자동적으로 일어나도록 프로그램화된, 아주 낮은 수준의 자율성을 뜻한다. 사실 엄밀히 말한다면 이는 자율성으로 보기 어려울 것이다. 둘째는 준자율성(semi-autonomy)으로, 어린 아이나 영장류 동물에서처럼 외부 환경에 대한 자동적 반응을 넘어서서, 외부 정보에 대한 판단과 그에 기초한 행위 선택과 같은 기본적인 의사결정 구조를 지니고 있는 자율성을 의미한다. 앞서 살펴보았듯이 이러한 기초적인 수준의 의사결정 구조는 오늘날 통계적 알고리즘에 기반을 두고 있는 딥러닝을 통해 어느 정도 구현될 수 있다. 외부 세계에 대한 개념적 이해와 의미 분석까지는 어렵더라도, 동일한 패턴 인식과 그에 따른 유형 분류가 어느 정도 가능하기 때문이다. 그런 의미에서 준자율성은 현재 자기 주도적인 학습이 가능한 알파고와 같은 약인공지능(로봇)에게 부여해볼 수 있을 것이다. 셋째는 완전한 자율성(fully-autonomy)으로, 자유의지에 따라 자신의 사고 및 판단과 행동을 결정하는 성숙한 인간에서와 같은 자율성을 의미한다. 여기서 사고 및 판단과 행동은 외부 세계에 대한 통계적인 정보처리에 입각한 것이 아니라, 인간에서처럼 개념적 분석과 의미 이해에 바탕을 둔 것이라는 점에서, 현재와 같은 인공지능(로봇)의 경우 이러한 자율성을 부여하기는 어려워 보인다. 아마도 약인공지능보다는 강인공지능 혹은 일반 인공지능 혹은 초지능이 등장한다면 거기에 부여해볼 수 있을 것이다.

실례로 자율성의 이 같은 분류를 자율주행 자동차에 적용해볼 수 있다. 자율주행 자동차의 경우, 도로 환경 및 교통시설 그리고 도로 교통 관련 법규 등에 대한 정보들(정보군 A)은 기본적으로 프로그램에 입력된 상태로 출시될 것이 분명하다. 여기에 추가해 실제 도로 상에서의 주행 관련 정보들(정보군 B)이 빅데이터로 제공되고, 자율주행 자동차가 운전하는 도로에서의 교통 상황 정보들(정보군 C) 또한 실시간으로 제공될 것이다. 이러한 정보군들(A+B+C)에 기초해 자율주행 자동차는 그때그때 독자적인 분석과 판단을 통해 자율적으로 운전을 수행할 것이다. 그런데 여기서 자율주행 자동차가 정보군 A만을 필요로 하는 상황에서 주행을 하고 있다면, 이 경우 이미 입력된 정보들에 입각해 자동적인 결정이 이루어지는 만큼, 자율주행 자동차에 엄밀한 의미의 자율성이 존재한다고 볼 수 없다. 그것은 자동기계와 다름없다. 한편 실제로 일반 도로에서 주행하는 경우 자율주행 자동차는 모든 정보군(A+B+C)을 필요로 할 것이며, 이 경우 주어진 상황에서 어떤 선택이 가장 합리적이고 윤리적인지를 놓고 다양한 선택지가 가능한 만큼, 자율주행 자동차의 독자적인 판단과 결정이 매우 중요해진다. 이는 인간의 판단과 결정 밖의 일이라는 점에서, 자율주행 자동차의 자율성은 적어도 준자율성 차원에서 인정될 수 있을 것이다. 만약 자율주행 자동차가 개념적 분석과 의미 이해에 기초해 판단하고 결정한다면, 이 경우 인간에서와 같은 완전한 자율성을 어느 정도 부여할 수 있을 것이다. 하지만 현재의 기술 수준에서 볼 때 이는 아직은 불가능한 상황이라 할 수 있다.

　다음으로 의미론적 측면에서 인공지능(로봇)에 적합한 자율성 개념의 의미를 규정해보자. 앞서 자율주행 자동차 사례에서 보았듯이, 조만간 상용화될 자율주행 자동차는 기능적인 수준과 발전 정도의 측면에서 볼 때, 적어도 준자율성을 지닐 것으로 예상할 수 있다. 그렇다면 자율성이든 준자율성이든 이러한 관점에서 자율주행 자동차에 부여된 자율성의 의미는 무엇일까? 우선 칸트적인 관점에서 이 의미를 분석해보자. 칸트의 개인 중심적 자율성 개념은 항상적이고 지속적인 인간 자아의 정체성에 근거를 두고 있다는 점에서, 인간 개인의 고유한 내재적 속성의 관점에서 자율성을 이해하려는 시도로 해석해볼 수 있다. 그런 맥락에서 이 개념을 인간이 아닌 인공지능(로봇)에까지 확대 적용해본다면, 인공지능(로봇)의 내재적인 속성 혹은 성능에 근거하는 개체 중심적 자율성 개념으로 확대 해석해볼 수 있다. 그런 자율성 개념으로 이해한다면, '자율주행 자동차가 준자율적이다'라는 말은 자율주행 자동차의 자율적인 기능과 성능이 약인공지능 수준에 머물러 있고 강인공지능 수준으로 충분히 발전하지 못했음을 의미하게 된다.

　하지만 앞서 살펴보았듯이 칸트의 개인 중심적 자율성 개념은 사회적인 관계를 간과하거나 무시하는 문제점을 안고 있다. 실제로 알파고, 자율주행 자동차, AI 의사 왓슨(Watson) 그리고 AI 판사 로스(Ross)와 같이, 인간의 생활 세계에 큰 영향을 줄 뿐 아니라 인간의 사회적 정체성에도 커다란 변화를 가져올 인공지능(로봇)의 경우, 인간과 이 인공지능들 간의 사회적 관계에 대한 분석과 조망은 매우 중요하다. 앞으로 인공지능(로봇)은 인간의 활동을 돕는 차원을 넘어서서 일정 부분을 대체할 정도로 발전할 것이며, 그 결과 사회적 관계의 변화를 포함해 인간의 생활 세계 전반에 심대한 영향을 미칠 수 있는 사회적 행위자로 등장하게 될 것이기 때문이다. 그런 연유로 앞서 언급한 인간들 사이의 '관계적 자율성' 개념을, 인공지능(로봇)에게까지 확대 적용해보는 것은 의미가 있다.

인간들 사이에 성립하는 다양한 사회적 관계들의 경우, 비록 그것들에 대한 의미 이해가 충분치 않더라도, 인간관계에 관한 다양한 정보들로부터 패턴 분석을 통해 통계적인 방식으로 관계의 특성을 추론해낼 수 있다. 인공지능(로봇)의 경우, 앞으로는 스스로 자율적인 학습을 통해 특정한 기능을 효과적으로 수행하도록 설계될 것이 분명하다. 이를 위해 조금 더 지능적인 딥러닝 프로그램이 개발·장착되고 해당 기능 수행을 최적화할 수 있는 보다 광범위한 빅데이터가 제공될 것이다. 여기서 우리가 주목할 부분은 인공지능(로봇)이 빅데이터에 대한 자체 분석을 통해 자율적인 판단과 행위를 한다는 점이다. 그런데 이때 인공지능의 자율적 행위는, 사회적 관습과 규범에 따라 지금까지 인간이 행한 수많은 행위들에 관한 빅데이터를 토대로 하고 있고, 이 빅데이터가 현재의 사회 환경에 최적화돼 적용될 수 있도록 조정된 분석 알고리즘에 의존하고 있기 때문에, 결과적으로 기존의 사회적 관계가 반영되어 구성된 자율적 행위로 볼 수 있다. 다시 말해 인공지능(로봇)의 행위의 정체성 자체가 인공지능(로봇)의 내재적 자율성보다는, 인공지능(로봇)이 인간 사회와 맺은 사회적 관계에 의해 규정되고 있다고 말할 수 있다. 그런 의미에서 인공지능(로봇)은 관계적 자율성을 갖고 있다고 말할 수 있다. 한마디로 '관계적 자율성' 개념은 오늘의 인공지능(로봇)이 지니는 존재론적 위상과 역할을 고려해볼 때, 인공지능(로봇)에 적용하기에 적합한 자율성 개념으로서 중요한 의의를 지닌다고 말할 수 있다.

참고문헌

이은영. 2014. 「생명의료윤리에서 자율성의 새로운 이해: 관계적 자율성을 중심으로」. ≪한국의료윤리학회지≫, 17권 1호. 한국의료윤리학회.

이행남. 2017. 「칸트의 도덕적 자율성으로부터 헤겔의 인륜적 자율성으로: "제2의 자연"에 의해 매개된 두 차원의 "해방"을 위하여」. ≪철학연구≫, 116집.

회페, 오트프리트(Otfried Höffe). 1998. 『임마누엘 칸트』. 이상헌 옮김. 문예출판사.

Christman, J. 2004. "Relational Autonomy, Liberal Individualism, and the Social Constitution of Selves." *Philosophical Studies*, Vol.117. Dordrecht/Boston/London: Kluwer Academic Publisher.

Friedman, M. 1997. "Autonomy and Social Relationships: Rethinking the Feminist Critique." in D.T. Meyers(Eds.), *Feminists Rethink the Self*. Boulder: Westview Press.

Kant, I.. 1982. *Kritik der Praktischen Vernunft*, Wilhelm Weischedel(Hg.), Werkausgabe Bd. 6, 5. Aufl., Frankfurt: Suhrkamp.

Macdonald, C. 2002. "Nurse Autonomy as Relational." in *Nurs Ethics*, Vol.9, pp.194~201.

Mackenzie, Catriona. 2008. "Relational autonomy, normative authority and perfectionism," *Journal of Social Philosophy*, Vol.39, No.4, pp.512~533.

Meyers, D. T. 2000. "Intersectional Identity and the Authentic Self?" in Mackenzie C. and N. Stoljar(Eds.). *Relational Autonomy: Feminist Perspective on Autonomy, Agency, and the Social Self*. New York : Oxford University Press.

Nedelsky, J. 2001. "Jundgement, Diversity, and Relational Autonomy." in Ronald Beiner and Jennifer Nedelsky(Eds.). *Judgement, Imagination, and Politics － Themes from Kant and Arendt*. Lanham, Boulder, New York, Oxford: Rowman & Littlefield Publishers.

Rousseau, J. J. 1977. *Rousseau, Politische Schriften*. Bd. I. Paderborn: Schönigh.

Talamadupula, K., J. Benton, S. Kambhampati, P. Schermerhorn, and M. Scheutz. 2010 Planning for human-robot teaming in open worlds. ACM(Trans.). *Intelligent Systems and Technology*, Vol.1, Issue 2, pp.1~24.

5장
인공지능은
감정을 가질 수 있을까?

천현득

• 이 장은 ≪철학≫, 131집(2017), 217~243쪽에 수록된 「인공 지능에서 인공 감정으로: 감정을 가진 기계는 실현가능한가?」를 책의 취지에 맞게 수정한 것임을 밝혀둔다.

1. 인공지능, 인간을 뛰어넘다

우리는 인공지능의 놀라운 발전상을 목격하고 있다. 최근 인간은 지능적인 기계와의 대결에서 패배한 역사적 순간들을 경험했다. 1997년 IBM의 딥블루(Deep Blue)는 체스 챔피언 카스파로프를 이겼는데, 컴퓨터가 체스와 같은 지적인 과제에서 인간보다 나을 수 있음을 보여주는 역사적인 순간이었다. 2011년 IBM의 또 다른 컴퓨터 왓슨은 미국의 유명한 퀴즈쇼(〈Jeopardy!〉)에 출연해, 두 명의 인간 챔피언을 꺾고 우승을 차지했다. 왓슨은 자연언어로 전달되는 까다로운 질문들을 '듣고' 올바른 답변을 내놓아, 최다 우승 기록을 보유한 켄 제닝스와 가장 많은 누적 상금을 획득한 바 있는 브래드 러터를 이겼던 것이다. 2016년에는 한국의 바둑 최고수인 이세돌이 구글 딥마인드가 개발한 컴퓨터 프로그램인 알파고와의 대국에서 4 대 1로 무릎을 꿇었다. 지금 와서 생각해보면, 인공지능은 이미 체스 게임에서 인간을 추월했고 그 후로도 꾸준히 발전하고 있었기 때문에 언젠가 바둑 게임에서도 인간을 이길 수 있다고 생각하는 편이 자연스러웠을 수 있다. 그렇지만, 이세돌과 알파고의 대국 이전에 많은 사람들은 '언젠가 인공지능이 이길 날이 올 수도 있지만 아직은 아니다'라고 생각했다. 바둑 경기에서 고려해야 하는 경우의 수가 너무 많았기 때문에 단순한 계산으로는 그 모든 가능성을 포괄할 수 없고 직관적인 통찰이 요구된다고 믿었기 때문이다. 결과는 이세돌의 패배였다. 대국 이후, 한국기원은 알파고에게 9단을 수여하기도 했다. 2017년 더 진화된 알파고는 바둑 세계 랭킹 1위인 중국의 커제와도 대결을 벌였는데, 그 결과는 알파고의 압승이었다. 알파고는 바둑계를 은퇴했고, 게임에 진 커제가 울고 있는 사진이 여러 매체를 통해 전파되었다.

오랫동안 인류의 전유물로 여겨지던 영역들에서 인공지능이 뛰어난 수행 능력을 보이자, 사람들이 체감하는 불안감도 눈에 띄게 커지고 있다. 일부 과학자들과 철학자들은 장기적인 관점에서 특이점과 인공초지능(artificial superintelligence)의 도래를 예상하고 우려한다.[1] 그렇다고 해서 영화 속 '터미네이터'처럼 인공지능이 당장 인류 전체를 멸망시킬 수도 있다는 시나리오는 공상 과학소설에 불과하다. 실천적인 관심을 가진 사람들은 머지않아 현실화될 인공지능 시대를 내다보고 미리 대비해야 한다고 역설한다. 교통, 노동, 보건, 안보, 경제 등 인공지능의 잠재적 영향은 전방위적이며, 이는 미국 백악관, 영국 의회, 유럽 연합, 스탠퍼드 대학 등에서 인공지능의 사회적 영향에 대한 보고서를 앞다투어 발간하고 있는 이유이다. 인공지능의 광범위한 적용으로 인해 생겨날 사회적·경제적·문화적·안보적 변화를 예측하고 이러한 변화를 제도적·정책적 수준에서 대비하는 일도 꼭 필요하지만, 인공지능의 철학적 도전은 인간 존재와 그 의미를 향한다.[2]

---

1   Ray Kurzweil, *The Singularity is Near: When Humans Transcend Biology* (New York: Viking, 2005); Nick Bostrom, *Superintelligence: Paths, Dangers, Strategies* (Oxford: Oxford University Press, 2014).

2   Margaret A. Boden, *The Philosophy of Artificial Intelligence* (New York: Oxford

인공지능은 인간의 자기반성을 유발하는 환기적 대상이다. 계산기와 자동기계가 발전해온 역사는 짧지 않지만, 20세기 중반 인공지능 개념의 등장은 인간성의 본질을 재고하게 만들 정도로 위협적이었다.[3] 인공지능이라는 연구 분야는 이중적인 성격을 띤다. 그것은 컴퓨터 과학의 일부로서 지능적 행동을 산출하는 기계 혹은 그것을 구동시키는 소프트웨어를 탐구하고 제작하는 분야이기도 하지만, 동시에 마음을 과학적으로 탐구하는 인지과학(cognitive science)의 일부로서 인간 마음의 구조와 작동 방식을 규명하기 위한 계산적 모델링을 포함한다. 인공지능 분야의 잘 알려진 교과서[4]에 따르면, 인공지능의 목표는 한편으로는 인간 지능을 닮은 기계 지능을 구현하는 것이고, 다른 한편으로는 인공물에도 장착될 수 있는 형태의 지능을 연구함으로써 지능 일반과 인간의 지능을 이해하는 것이다.

잘 설계된 기계나 소프트웨어가(편의상 이를 줄여서 '로봇'이라고 부르자) 통상 인간에게 부과되는 특정한 과제들을 뛰어나게 수행해낼 수 있다는 데는 이견이 없다. 인공지능이 인간과 대결했던 과제들은 분명히 인지적인 성격을 지닌 것이었고, 그들은 지능적으로(그리고 압도

University Press. 1990); Keith Frankish and William M. Ramsey(eds.), *The Cambridge Handbook of Artificial Intelligence*(New York: Cambridge University Press, 2014).

3   Marvin Minsky, *The Society of Mind*(New York: Simon and Schuster, 1986).

4   Stuart J. Russell and Peter Norvig, *Artificial Intelligence: a Modern Approach*, 3rd ed.(Upper Saddle River, N.J.: Prentice Hall, 2010).

적인 실력으로) 그 과제들을 해결해냈다. 물론 인지적 과제를 지능적으로 수행했다고 해서, 딥블루나 알파고에게 자의식이나 의식을 부여할 사람은 없을 것이다. '인공지능'의 가능성에 회의적인 목소리를 냈던 철학자들[5]은 통사론적 엔진에 의해 작동하는 계산 기계는 의미를 이해하지 못하며 따라서 진정한 지능이 아니라고 주장해왔다. 따라서 왓슨이 퀴즈의 의미를 이해했는지, 알파고가 바둑돌의 움직임이 가진 의미를 알았는지 따져 물을 수도 있다. 그러나 이에 대한 철학적 논쟁은 일단 제쳐두기로 하자. 로봇이 의미나 개념을 가지는지 묻는 까닭은 이해와 의미가 지능의 본질적 요소라고 가정하기 때문이다. 하지만 압도적인 수행 능력으로 무장한 기계의 등장 앞에서 '지능'이라는 말 자체의 의미가 변화하고 있다.

지능에 관한 관점의 변화를 주목해보아야 한다. 첫째, 알파고를 접한 이후 많은 사람들은 그것이 정말 '인공지능'인지 굳이 따져 묻지 않는다. 알파고나 왓슨뿐 아니라 다른 정보 기술을 수식하는 말로 '인공지능'을 붙이는 데 사람들은 아무런 거리낌이 없다. '인공지능 비서인 시리(Siri)', '인공지능을 갖춘 냉장고' 등의 표현은 빠르게 일상적 용법으로 자리 잡고 있다. 인간이 기계와의 '지적인' 대결에서 진 상황에서, '그래도 기계가 의미를 이해한 것은 아니지 않느냐'는 물음이 군색해진 탓이다. 둘째, 의미의 이해 여부와 상관없이 인지적 과제를

---

5 대표적으로 Hubert Dreyfus, *What Computers Can't Do: A Critique of Artificial Reason*(Cambridge: MIT Press, 1972); John R. Searle, *The rediscovery of the mind, Representation and mind*(Cambridge, Mass.: MIT Press, 1992).

성공적으로 수행하는 기계를 인공지능으로 부를 수 있다면, 의미나 이해는 더 이상 '지능'의 본질적인 요소가 아니게 된다.[6] 본래 인간 지능이 가지던 풍부한 의미는 점차 축소되고 있다. 얼마나 효율적으로 결과를 산출할 수 있는지 측정할 수 있는 과제 수행 능력 이외의 요소들은 부차적인 것으로 치부되고 있다. 현대 산업사회가 사람들에게 요구하는 지능이란 주어진 일을 효과적으로 처리하는 업무수행 능력으로, 측정될 수 있는 특정한 양으로 환원되고 있다. 셋째, 현존하는 인공지능들은 제한적인 소수의 과제만을 수행한다. 인공지능도 지능이라면, 지능이란 하나의 단일한 능력이 아니라 서로 얽혀 있고 상호작용을 하는 다양한 세부 능력들의 총체이다. 물론 인간의 지능은 유연하고 일반적이며, 그런 점에서 현존하는 인공지능과 다르다. 그러나 과제나 영역에 특수한(task-, or domain-specific) 지능을 지능이 아니라고 볼 수도 없을 것이다.

---

6 근대 천문학 혁명 당시 '지구'라는 단어의 의미 변화를 떠올려보자. 지구가 우주 중심에 고정되어 있다는 중세의 생각은, 지구는 우주의 변방에 위치하면서 스스로 돌고 또 태양 주위를 회전하는 하나의 행성에 불과하다는 관념으로 대체된다. 지구가 인간 삶에서 가진 풍부한 의미는 축소되었지만, 우리가 살고 있는 이 땅이 더는 우주의 중심이 아니라고 해서 더 이상 지구가 아니라고 말하지는 않았다. Thomas S. Kuhn, *The Copernican Revolution: Planetary Astronomy in the Development of Western Thought* (Cambridge, Mass.: Harvard University Press, 1957) 참조.

2. 문제는 감정이다

　동서를 막론하고 많은 사상가들은 인간을 지/정/의, 혹은 이성과 감정과 의지를 가진 존재로 보았다. 그 가운데 인간을 인간답게 하는 것은 바로 이성이며, 감정은 이성의 지배를 받아야 한다는 생각이 지배적이었다. 그러나 인지적인 능력에서 기계의 추월을 염려하며 초라해진 인간의 위상을 개탄하는 사람들은 이제 감정으로 눈을 돌린다. 저명한 물리학자이자 미래학자인 미치오 가쿠(道雄加來, Kaku Michio)는 다음과 같이 말한다. "왓슨은 경쟁에서 이기긴 했지만 승리를 기뻐하지는 못했다. 당신은 왓슨의 등을 두드리며 축하해줄 수 없고, 함께 축배를 들 수도 없다. 로봇은 이런 행동들이 무엇을 의미하는지 이해할 수 없을뿐더러 자신이 이겼다는 사실조차 인식하지 못한다."[7] 사람들은 이제 인간성의 핵심을 지적인 능력이 아니라 정서적인 부분에서 찾으려 한다. 과업의 알고리즘화를 통해 많은 직업이 로봇에 의해 대체될 것이라는 우려 속에서도, 인간의 감정을 읽고 인간과 상호작용을 하는 직업이 가장 오래 살아남을 것이라는 예측이 많다. 예컨대, 대중교통을 담당하는 운전기사는 대체될 확률이 높지만, 보육 교사의 대체 가능성은 높지 않다. 기계가 수행하기 가장 어려운 일은 인간과 감정적으로 교류하는 일이다.[8] 예컨대, 브린욜프슨(Erik Brynjolfsson)과 맥

7　Michio Kaku, *The Future of the Mind: the Scientific Quest to Understand, Enhance, and Empower the Mind* (New York: Doubleday, 2014), p.336.

8　김세움, 「기술진보에 따른 노동시장 변화와 대응」, ≪한국노동연구원 정책연구≫,

아피(Andrew McAfee)는 기계가 인간을 따라잡지 못한 영역으로 ① 글쓰기, 과학적 발견, 기업가 정신, 예술적 작업을 포함하는 창조적인 일, ② 감정을 통한 사회적 상호작용, ③ 숙련과 솜씨가 발현되는 수영이나 발레 등 신체적 솜씨(physical dexterity)를 들고 있다. 첫 번째와 두 번째 영역은 특히 정서적인 것과 관련된다.

이제껏 로봇이나 인공지능은 완벽하게 논리적이고 이성적으로 그려지곤 했다. 그런 점에서 보면 기계가 육체적·지적 과업에서 인간의 수행 능력을 추월하더라도, 인간은 감정을 가지고 다른 이들과 교감하는 존재라는 점에서 차별화된다고 볼 수 있었다. 하지만 최근에는 감정을 가진 로봇을 제작하려는 열망이 어느 때마다 뜨겁다. 로봇 산업은 인간의 신체 노동력을 대체하는 산업용 로봇에서 지능형 서비스 로봇으로 강조점이 빠르게 이동하고 있다. 산업용 로봇은 공장에서 사람을 대신해 반복적인 작업을 빠르고 정확하게 수행하기 위한 도구로 활용되고 있다. 반면, 지능형 서비스 로봇은 외부 환경의 변화를 스스로 인식하고 상황을 판단하며, 인간과의 상호작용을 통해 인간의 여러 활동에게 도움을 주도록 설계·제작된다. 2004년 일본 후쿠오카에서 발표된 '세계 로봇 선언'에서는 "차세대 로봇은 인류와 공존하는 파트너가 될 것이며, 인류를 신체적이고 심리적으로 보조하게 될 것"이라고 선언했다. 공학자들과 기업들은 일반 가정, 병원,

2015-5(2015); Erik Brynjolfsson and Andrew McAfee, "The Jobs that AI Can't Replace," BBC News, September 13, 2015; Executive Office of the President, "Artificial Intelligence, Automation, and the Economy," December, 2016.

양로원, 학교 등에서 사람들의 일상생활과 돌봄 및 치료 과정을 돕는, 사람과 상호작용 할 수 있는 사회친화적 로봇을 개발하고자 한다. 이 로봇들은 세탁기나 청소기와는 다르게 취급될 것이다. 세탁기와는 달리, 사람들은 로봇에 이름을 붙여주고 말을 걸고 '사회적인' 상호작용을 할 것이다. 인간과 정서적으로 교감하는 로봇이 집집마다 배치된다면, 우리는 그것을 반려동물이나 가족구성원과 같이 여기게 될지도 모른다.

사교 로봇이나 감정 로봇이 각광받는 데는 여러 이유가 있다. 우선, 현대인들은 똑똑하게 행동하는 로봇뿐 아니라 정서적으로 교감할 수 있는 로봇을 바란다. 가족 해체 현상이 가속화되고, 1인 가구가 증가하며, 공동체와의 단절을 경험하고 있는 우리 세대에 외로움을 덜어줄 로봇에 대한 수요가 커지고 있다. 게다가, 사람들은 어느 정도 감정 표현을 하는 로봇을 그렇지 않은 로봇보다 선호하는 것으로 나타났다. 사람과 같은 얼굴 표정과 목소리, 몸짓 등을 표현하는 경우 사람들의 호감도가 높아진다.[9] 감정 표현을 하는 로봇은 인간으로부터 더 큰 신뢰를 얻게 되고, 또 더 많이 사용될 것이다.

둘째, 로봇에게 감정 능력을 부여함으로써 로봇의 전반적인 성능을 향상하거나 사용자의 세밀한 필요에 더 잘 부응하도록 만들 수 있다. 감정 로봇 연구자 브리질(Cynthia Breazeal)[10]은 로봇을 네 종류, 즉

---

9 Adam Waytz and Michael Norton, "How to Make Robots Seem Less Creepy," *The Wall Street Journal*, June 1, 2014.

10 Cynthia Breazeal and Rodney Brooks, "Robot emotion: A functional perspective,"

도구, 사이보그 연장, 아바타, 협력 상대로 분류하며 어떠한 경우에도 감정 로봇이 사용자에게 도움이 된다고 설명한다. 정해진 방식의 명시적 명령만을 수행하는 로봇보다는 사용자의 표정이나 음성, 몸짓 등에서 드러나는 감정을 인식하는 로봇이 더 나은 서비스를 제공할 수 있다는 점은 분명해 보인다.

- **도구로서의 로봇**: 로봇은 특정 과제를 수행하기 위한 장치이다. 로봇의 자율도는 주어진 과제의 성격에 따라 다를 수 있는데, 경우에 따라 원격제어가 적합할 수도 있고, 때로는 자기 충족적인 체계가 필요할 수도 있다. 예컨대, 위험 지역, 오지, 혹은 우주를 탐사하는 로봇의 경우, 인간과의 통신에 상당한 제약이 있을 수 있기 때문에, 인간이 과제 수행을 전반적으로 감독하더라도 로봇은 주어진 환경에서 여러 과제를 수행할 정도로 자기충족적이어야 한다. 동물과 마찬가지로, 로봇이 복잡하고 예측 불가능하면 때로는 위험한 환경에서 제한된 자원으로 여러 과제를 수행해야 하는 경우, 감정을 갖는 로봇은 임무 수행에서 더 나은 수행 능력을 보여줄 수 있다.

- **사이보그 연장으로서의 로봇**: 로봇은 인간 신체의 일부로 간주할 정도로 인간과 물리적으로 결합될 수 있다. 외골격 로봇이나 신체가 절단된 사람들을 위한 보철 팔다리 등이 여기에 속한다. 인공 보철이 그 자체로 감정을 가질 필요는 없지만, 사람이 경험하는 감정에 인식하고 그에 맞추어 작동

in Jean-Marc Fellous and Michael Arbib(eds.), *Who Needs Emotions*(New York: Oxford University Press), pp. 271~310.

을 조절하면 유용할 것이다. 예컨대, 스트레스가 강한 상황에서는 신체의 능력과 신속성을 증강하도록 파라미터를 조정하고, 진정된 상태에서는 에너지 소비를 아끼는 방향으로 조정할 수 있다.

• 아바타로서의 로봇: 자신을 로봇에 투사해 로봇을 통해 다른 이들과 원격으로 상호작용을 하는 아바타 로봇을 통해 멀리 떨어진 사람들과 의사소통할 수 있다. 기술을 매개로 한 의사소통은 보통 대면 소통보다 빈약하기 마련하지만, 로봇 아바타는 완전히 체화된 경험을 가능하게 하고, (감촉, 눈맞춤, 같은 공간 안에서의 움직임 등을 통해) 상대에게 물리적·사회적 현전성을 드러낼 수도 있다. 이것이 가능하려면 로봇은 매우 고차원적인 인간의 명령을 수행할 수 있어야 하고, 사용자의 말의 언어적 의도나 감정 상태를 파악하고, 그것을 상대편에게 충실히 전달하는 능력을 소유해야 한다.

• 협동 상대로서의 로봇: 로봇이 유능한 협동 상대로서 사람들과 사회적으로 상호작용을 할 수 있으려면 사회 지능과 감정을 가져야 한다. 예컨대, 노인 돌봄 로봇은 환자가 보여주는 고통, 피로감, 불안 등의 징후를 잘 포착하고 이에 반응할 수 있어야 한다. 사람들을 귀찮거나 화나게 하지 않으면서 필요에 부응하도록 하려면, 섬세하고 예민한 감각이 필요하다. 현재의 많은 기술들은 사회적, 혹은 정서적으로 문제가 있는 사람들이 하는 방식으로 우리와 상호작용을 한다. 사람들과 장기적인 관계를 맺고 그것의 유용성을 최대한 활용하려면, 사람들이 일상생활에서 받아들일 만한 수준의 감정 로봇을 만들어야 한다.

셋째, 일부에서는 미래 로봇을 더욱 안전하게 만들기 위해 감정이 중요하다고 믿는다. 이모셰이프 창업자이자 최고경영자인 패트릭 로즌솔은 "인공지능에게 사람의 감정을 인식할 수 있게 하면 인공지능이 항상 사람의 행복을 추구하는 쪽으로 작동하게 할 수 있어 인류를 위협하는 존재가 되는 것을 피할 수 있다"고 주장한다.[11] 인공지능이 언젠가 인간의 능력을 훌쩍 뛰어넘는 수준으로 발전하기 이전에 사람들이 원하는 감정을 길들일 수 있다면 더 안전한 인공지능을 만들 수 있다는 것이다.

인공지능은 진화를 거듭해 결국 인간과 같은 감정을 가지고 인간과 상호작용을 하는 존재가 될 것인가? 만약 인공지능이 감정을 가질 수 있다면, 우리의 인간 이해는 또 어디에 뿌리내려야 하며, 우리는 인공지능을 어떠한 존재로 대우해야 할까? 인공 감정(artificial emotion)의 가능성을 타진하는 문제는 그래서 인공지능의 가능성을 물을 때와 마찬가지로 이중적인 의미를 갖는다. 인공 감정에 대한 연구는 감정적 존재인 인간과 유사하게 행위하는 기계를 제작하려는 시도이면서, 동시에 감정 과정에 대한 계산 모형을 통해 감정 일반과 인간의 감정을 더 깊이 이해하기 위한 노력이기도 하다. 로봇에 감성을 불어넣는 작업이 새로운 화두로 등장한 이때, 인공 감정에 대한 철학적 탐구는 더는 미룰 수 없는 과제가 되었다.

이 물음에 답하려면 우선 감정이란 무엇인지, 인간과 동물에게 있

---

11 Matthew Wall, "How happy chatbots could become our new best friends," BBC News, May 3, 2016.

어 감정의 핵심적인 역할은 무엇인지 생각해보아야 한다. 이로부터 우리는 어떤 대상이 감정을 소유한 존재인지 여부를 판단할 수 있는 일련의 기준들을 추려낼 수 있을 것이다.

3. 감정이란 무엇인가

감정이 없다면 우리가 누리는 풍부한 삶은 불가능하다. 우리는 기쁜 일도 슬픈 일도 겪는다. 우리는 때로 두렵고 수치스럽고 분노하지만, 때로는 자부심을 느끼며 살아간다. 감정의 본질은 도대체 무엇이고, 우리는 그런 감정을 왜 가지고 있는지를 본격적으로 탐구하는 일은 제한된 글의 범위를 넘는다. 감정이 무엇인지 이해하는 하나의 방식은 감정의 기능적 역할을 이해하는 것이다. 우리의 정신적 삶에서 감정이 수행하는 몇 가지 핵심적인 역할들을 고려해봄으로써, 어떤 대상에게 감정을 부여할 수 있는 기준을 생각해볼 수 있다. 이는 감정의 개념을 선험적으로 정의하는 일과는 다르다. 감정을 인간에게 고유한 어떤 것으로 만들기 위해, 애당초 인간과 일부 동물들 외에는 감정을 가진다고 말할 수 없도록 '감정'을 규정한다면 아무런 실익을 얻을 수 없다. 원리적으로는 인간 외의 다른 생명체나 인공물에게 감정의 소유를 배제하지 않으면서, 동시에 인간 및 동물이 가진 감정의 어떤 측면을 밝혀줄 수 있는 일반적인 원리나 기준을 제시할 수 있어야 한다. 이를 위해, 우리가 다른 사람에게 감정을 부여할 때 어떤 기준들에 호소하는지 점검해보는 것은 좋은 출발점이 될 수 있다.

우리는 다른 사람들의 행동에서 감정의 단서를 발견한다. 감정과 정서적 행동의 관계는 밀접하다. 행동주의적 관점에 따르면, 감정이란 입력 자극에 대해 적절한 출력을 내놓는 행동들의 패턴으로 환원된다. 감정의 한 가지 기능은 사회적 의사소통에 있다. 특히, 사회적 동물인 인간에게 다른 사람의 감정 표현에서 그의 심적 상태와 의도 등을 읽어내고 적절하게 반응하는 능력이 중요하다. 로봇공학에서는 이런 접근법에 따라 '사회적' 혹은 '정서적' 행동을 보이는 로봇을 제작하는 데 많은 노력을 기울인다. 스스로 감정을 경험하는 개체만이 그러한 상호작용을 할 수 있다고 단정할 수 없다. 내적인 감정 경험을 언급하지 않고서도, 일정 수준의 사회적 상호작용이 가능한 로봇을 만들 수도 있다. 하지만 우리가 바라는 것은 인간과 인간 같은 방식으로 의사소통하는 로봇이며, 이를 위해 행동주의적 감정이론으로는 불충분하다.

예를 들어, 당신이 인간과 유사한 정서적 행동을 보이는 어떤 대상을 발견했다고 하자. 심지어 그 대상은 외양으로 볼 때 인간과 구별되지 않았다고 가정하자. 그런데 만일 그것이 무선 통신을 통해 원격 제어되는 로봇으로 드러났다면, 당신은 그것에 감정을 부여하겠는가? 만일 아니라면, 생김새나 행동이 충분한 기준이 아님을 의미한다. 정서적 행동이 타자에게 감정을 부여하는 일차적인 단서인 것은 분명하지만, 그런 휴리스틱이 제대로 작동하기 위해서는 배경지식을 가정해야 한다. 즉, 우리 인간은 외적 행위뿐 아니라 내적인 측면에서도 서로 유사하다고 가정하는 셈이다.

행동주의는 정서적 행동과 감정 경험 사이의 거리를 간과한다. 마음의 작용을 행동 수준에서 분석하더라도, 어떤 행동이 감정에 의한 것이고 어떤 것이 그렇지 않은지 구분할 방법이 마땅치 않다. 행동은 감정에 대한 표시자(indicator)이지, 개념적으로 감정과 동일하지 않다. 행동의 동등성은 심성 상태의 동등성을 함축하지 않기 때문에, 동일한 상황에 직면한 두 사람이 서로 다른 감정을 느낄 수도 있고, 같은 감정을 느낀 두 사람이 서로 다르게 행위할 수도 있다. 감정과 행동은 성향적으로 연결되어 있다(자극에 대한 직접적인 반응인 반사행동은 감정으로 간주되지 않는다).

그렇다면 정확히 어떤 내적 측면이 감정을 부여하는 일과 유관한가? 한 가지 후보는 가장 사밀한 내적 측면인 의식적 경험에 호소하는 것이다. 그러나 감정을 경험할 때 우리가 느끼는 감각질(emotional qualia)이 감정의 필수 조건인지 여부가 논란거리일 뿐 아니라 느낌 자체는 상호주관적으로 확인될 수 없다는 점에서 타자에게 감정을 부여하는 기준으로서 적합하지 않다.[12] 인간의 생물학적 구성 요소와 구조를 언급하는 것도 또 하나의 방법이다. 우리는 다른 사람들이 우리와 동일한 생물학적 요소로 이루어져 있다고 믿는다. 그러나 인공물에 감정을 부여할 수 있는지 따져야 하는 지금 상황에서 세포나 단백질과 같은 요소에 지나치게 의존하는 것은 온당치 않다. 오히려 심리학적 수준의 인지 구조(cognitive architecture)와 그것이 마음의 작동 내에서 그리고 행동과의 연관 속에서 수행하는 여러 기능적 역할들

---

12 Jason Megill, "Emotion, Cognition and Artificial Intelligence," *Minds and Machines*, Vol. 24, Issue 2(2014), pp. 189~199.

이 무엇인지 살펴야 한다. 이를 위해서는 상당히 축적되어온 철학적·심리학적·신경과학적 연구들을 활용할 필요가 있다.

간단한 예시로서, 당신이 추석 즈음에 성묘를 하러 산에 올랐다고 가정해보자. 당신이 땅에서 어떤 매끈하고 긴 물체가 꿈틀거리는 모습을 보았다면, 그 즉시 몸이 얼어붙고 심장은 쿵쾅거리고 손바닥에 땀이 나면서 공포를 느낄 것이다. 당신은 순간 움츠러들었다가 이내 빠른 속도로 달아났을 것이다. 감정의 첫 번째 역할은 개체의 생존, 안녕, 혹은 항상성 유지에 관련된 중요한 정보를 제공해주는 데 있다. 우리의 지각 능력이나 고등 인지는 외부 세계에 대한 신뢰할 만한 정보를 제공하지만, 감정은 차분한 고등 인지 과정과는 달리 빠르고 효과적인 상황 판단 및 의사결정이 가능하도록 해준다. 당신이 느낀 공포감은 당신이 위험한 상황에 처해 있다고 즉각 알려주며, 전달하는 정보의 양은 적지만 커다란 효과를 발휘한다. 철학계에서 통용되는 용어로 말하자면, 감정은 지향성을 가지며 감정을 느끼는 개체가 처한 상황에 대한 평가(appraisal)를 포함한다. 그 개체가 느끼는 공포 감정은 그가 위험한 상황에 처해 있다는 핵심 주제를 표상하고 그에 알맞게 대응하도록 준비시킨다.

둘째, 감정은 인지 과정을 촉진하거나 증진하기도 하고, 추론 양식에 영향을 미치기도 한다. 예컨대, 공포와 같은 부정적 감정은 그 감정을 느끼는 사람에게 지금 문제가 되고 있는 상황의 세부적인 내용에 집중하도록 만드는 경향이 있고, 반대로 긍정적인 정서는 큰 그림이나 포괄적인 의미를 생각하도록 만드는 경향이 있다.[13] 감정은 선택적 주의(selective attention)에서도 중요한 역할을 한다.[14] 시각적 경혐을 할 때 우리는 시각장에 들어온 모든 정보를 한꺼번에 처리할 수 없기 때문에, 그 가운데 특정한 측면에만 초점을 맞추고 나머지는 무시한다. 다시 말해, 우리는 중요하고 두드러진 특성에 주의를 집중하고 그렇지 않은 것들은 그냥 지나친다. 감정은 어떤 것이 중요한 것인지 결정하는 데 관여한다. 주의는 제한된 자원이기에 감정을 불러일으키는 자극에 집중되는 경향이 있고 실제로 그런 자극이 중요한 경우가 많다. 예컨대, 산속에서 뱀을 마주쳤을 때 당신이 느낀 공포는 그 감정을 일으킨 대상에 주의를 집중하도록 했을 것이다. 감정은 선택적 주의뿐 아니라 장기기억 형성에도 일정한 역할을 한다. 우리는 강한 감정을 동반했던 사건들을 더 잘 기억하는 경향이 있다. 결혼식이나 아이의 출생, 사랑하는 사람의 죽음 등 강한 감정을 불러일으켰던 사건들은 기억에 더 오래 남는다. 뱀을 보았던 공포스러운 경험도 더 잘 기억될 가능성이 높다.

캡그라스 증후군(Capgras Syndrome)은 감정이 인지에 미치는 영향을 보여주는 매우 흥미로운 사례이다. 이 질환을 앓고 있는 환자는 아내의 얼굴을 제대로 알아보지 못하고 자신의 아내를 가짜라고 주장

---

13 Luiz Pessoa and Leslie Ungerleider, "Neuroimaging studies of attention and the processing of emotion-laden stimuli," *Progress in Brain Research*, Vol. 144 (2004), pp. 171~182.

14 Catherine Hindi-Attar and Matthias M. Müller, "Selective Attention to Task-Irrelevant Emotional Distractors Is Unaffected by the Perceptual Load Associated with a Foreground Task," PLOS ONE 7(5): e37186(2012).

한다. 그러나 환자의 일반적인 지능이나 얼굴 인식 능력 자체에 큰 문제가 있는 것은 아니다. 환자들은 얼굴이 아내와 닮았다고 생각하지만 상대가 진짜 아내임을 부인하면서 그녀가 진짜 흉내를 낸다고 생각하는데, 이는 아내에게서 느껴지는 감정이 느껴지지 않기 때문이다. 흥미롭게도, 전화로 목소리를 들려주면 아내를 알아보기도 하는데, 청각 인식과 감정 회로의 연결은 문제가 없지만 시각 인식과 감정 회로 사이의 연결에 문제가 있는 것으로 파악되었다.[15]

셋째, 감정은 행위를 안내하는 역할을 한다. 감정은 장기적인 계획을 세우거나 무엇을 추구하고 무엇을 회피할지 판단할 때 핵심 근거가 된다. 물론, 배고픔이나 목마름 같은 기본적인 충동이나 단순한 조건반사도 행동에 영향을 미치지만, 감정은 그보다 높은 수준에서 인지와 행동을 매개한다. 간혹 우리는 감정을 절제하고 차가운 이성을 동원해야만 올바른 판단에 도달할 수 있다고 믿는다. 그러나 감정의 동기부여 역할을 간과하지 말아야 한다. 신경과학자 다마지오(Antonio R. Damasio)의 잘 알려진 연구에 따르면, 대뇌변연계의 감정 중추가 손상된 환자들의 경우 가치판단에 혼란을 겪는다.[16] 이 환자들은 실험실의 표준적인 인지적 과제를 수행하는 데 별문제가 없었지만, 일상생활에서 합리적인 판단을 내리는 데 어려워했다. 그 가운

---

15 빌라야누르 라마찬드란(Vilayanur S. Ramachandran), 『뇌는 어떻게 세상을 보는가』, 이충 옮김(바다출판사, 2016) 참조.

16 Antonio R. Damasio, *Descartes' Error: Emotion, Reason, and the Human Brain* (New York: Putnam, 1994) 참조.

데 일부는 투자에서 큰 손실을 보기도 했는데, 정신적으로 건강한 사람의 경우 투자 실패를 경험하면 이후 더욱 조심스럽게 접근하거나 투자를 멈췄겠지만, 감정이 손상된 사람들은 그렇지 않았다. 그들은 좋지 않은 감정과 위험한 선택 사이의 연결을 학습하지 못한 것이다. 감정은 중요한 일과 사소한 일을 신속하고 정확하게 구별하는 데 핵심적이다. 감정을 느끼지 못하는 사람이라면 도대체 왜 특정한 일을 해야만 하는지 동기를 찾기 어려울 것이다. 만일 어떤 이가 뱀을 보고도 공포를 느끼지 않는다면, 그의 생존은 장담할 수 없을 것이다. 감정은 단순한 조건반사와 숙고된 판단 사이에 위치하는 것으로 보이며, 일의 우선권을 조정하고 재빨리 대응해야 할지 아니면 시간을 가지고 숙고해야 할지를 결정하는 데도 일정한 역할을 한다.

넷째, 우리가 특정한 감정을 경험할 때면 특정적인 신체 반응이나 표정 등이 동반된다.[17] 그러한 신체 반응은 환경에 대해 적응적이며, 우리가 다음 번에 취하게 될 행동을 준비하는 역할을 한다. 고양이를 보고 공포를 느낀 생쥐는 얼어붙거나 도망을 친다. 다양한 감정 표현은 사회적 상호작용에서 중요한 역할을 담당한다. 우리는 서로의 미묘한 감정을 읽어내고 그에 적절히 반응하며, 그런 정서적 교감을 통해 공동체를 유지하는 존재이다. 어떤 이가 공포에 질려 있는 표정을

---

17 물론 이러한 신체 반응과 그에 대한 감각은 우리 몸 전체에 걸쳐 있는 자율신경계와 내분비계, 호르몬의 작용, 그리고 두뇌의 구조 등에 의해 결정된다. 그러나 앞서 언급된 것처럼, 감정을 가지기 위해 우리와 동일한 생물학적 기반(세포, 호르몬, 신경계)을 가지고 있어야 한다고 요구하는 것은 아니다.

하고 있다면 우리는 그가 위험에 처해 있음을 파악하고 그에 알맞은 행동을 실행에 옮길 수 있어야 한다. 한편으로, 우리는 상대방에게 특정한 행위를 이끌어내거나 특정한 감정을 불러일으키기 위해, 상황에 알맞은 감정을 적극적으로 표현하거나 숨길 수도 있다. 감정은 사회적 유대감을 형성하는 기초이다.

감정은 개체의 생존과 안녕에 유관한 정보를 표상하고 인지 과정에 영향을 미치며 행위를 지도하고 사회적 상호작용에 관여한다. 감정은 한정된 자원을 가지고 복잡하고 때로는 예측 불가능한 물리적·사회적 세계에 살아가기 위해 유연하고 적응적인 행위를 나타내야 할 지적인 존재에게 요구되는 그 무엇이다. 이러한 감정을 구현하는 한 가지 방식은 인간과 동물과 같은 신체적 조건을 부여하는 것이지만, 우리의 물음은 실리콘을 기반으로 인공 감정을 구현할 수 있는가이다.

4. 인공 감정은 실현 가능한가?

사교 로봇이나 감정 로봇의 제작을 향한 연구 방향을 살펴봄으로써 인공 감정이 가까운 미래에 실현될 수 있는지 생각해보자. 로봇공학자들이 설계하는 감정 체계는 흔히 감정 인식, 감정 생성, 감정 표현이라는 세 부분으로 구성된다.[18]

• 감정 인식: 입술, 눈썹 모양, 얼굴 찡그림 등의 표정이나 몸짓을 시각적으로 인식하고, 음성의 템포와 억양, 강도 등에 따라 음성을 인식하며, 애완용 로봇과 같은 일부 로봇에서는 촉각 정보(쓰다듬기, 때리기, 안아주기 등)를 활용해 사용자의 감정을 파악한다. 2015년 소프트뱅크가 개발한 페퍼(Pepper)는 사람의 얼굴을 관찰해 감정을 인식하고, 2016년 1월 애플이 인수한 얼굴 인식 전문기업 이모션트(Emotient)는 구글 글래스를 통해 미세한 표정까지 읽어내고 이를 통해 사람이 느끼는 감정의 종류와 강도를 읽어내는 기술을 보유한 것으로 알려져 있다.

• 감정 표현: 얼굴 표정을 짓거나 몸짓을 하고, 음성으로 반응하기도 한다. 와세다 대학 로봇인 코비안(Kobian)은 온몸을 이용해 코미디언처럼 행동을 표현하는데, 놀란 목소리나 우스꽝스러운 몸짓 등을 표현할 줄 안다. 페퍼는 발표되는 날 발표장에서 손정의 회장과 교감하며 다양한 제스처를 구사했다. 다만, 예고 없이 주어진 환경에 대한 반응이 아니라 녹화된 표현 패턴이었음이 알려졌다.

---

18 국내 문헌으로는 다음을 참조할 수 있다. 안호석·최진영, 「감정 기반 로봇의 연구 동향」, ≪제어로봇시스템학회지≫, 13권 3호(2007), 19~27쪽; 이동욱 외, 「감성교감형 로봇 연구동향」, ≪정보과학회지≫, 26권 4호(2008), 65~72쪽; 박천수 외, 「로봇과 감성」, ≪정보과학회지≫, 26권 1호(2008), 63~69쪽; 이찬종, 「로봇의 감정 인식」, ≪로봇과 인간≫, 6권 3호(2009), 16~19쪽; 이원형 외, 「사람과 로봇의 사회적 상호작용을 위한 로봇의 가치효용성 기반 동기-감정 생성 모델」, ≪제어로봇시스템학회 논문지≫, 20권 5호(2014), 503~512쪽; 김평수, 「인간과 교감하는 감성로봇 관련 기술 및 개발 동향」, ≪정보와 통신≫, 33권 8호(2016), 19~27쪽.

• 감정 생성: 많은 감정 로봇은 단순히 행동주의적 접근을 따르지 않고 심리학과 신경과학의 성과를 반영한 감정 모형을 로봇에 장착하려 한다. 타인의 감정 표현을 인식할 뿐 아니라 타인의 표정이나 주변 상황에 의해서 스스로 감정 모형을 생성하고, 이를 바탕으로 표정이나 몸짓, 목소리로 표현하는 것이다. 즉, 입력과 로봇의 현 상태를 참조해 감정을 생성하며, 때로는 동기나 성격 등을 고려하기도 한다. MIT 인공지능 연구소에서 개발된 키즈멧(Kismet)은 3차원 감정 공간(arousal, valence, stance)에 9개의 감정을 표현한다. 예컨대, 분노는 각성의 수준이 높으면서 부정적이고, 그러면서 그 감정을 일으키는 대상을 향해 나아가는 감정이다. 키즈멧은 15개의 자유도를 가지고 감정을 표현했고, 그 후속 로봇인 레오나르도(Leonardo)는 64개의 자유도를 가진다.

감정 인식과 표현 능력만을 갖춘 로봇은 사회적 의사소통이라는 역할을 재현하는 데 역점을 둔다. 그러나 내적인 감정 생성 모형 없이 로봇이 할 수 있는 의사소통은 제한적이며, 그러한 로봇은 감정을 소유한다고도 볼 수 없다. 내적인 감정 과정을 개체의 인지 구조 안에 포섭시키지 않고서는, 개체의 행동은 유연하고 적응적일 수 없고 낯선 환경에 놓일 때 손쉽게 작동을 멈추게 된다. 그렇다면 문제는 감정 생성 모형을 갖춘 로봇이 인공 감정을 가질 수 있는가 하는 것이다. 이는 감정 모형이 어떤 수준에서 구현되는지에 달려 있다. 그러나 현재의 기술 수준에서 인공 감정을 가진 로봇은 없을 뿐 아니라 가까운 미래에 그런 로봇이 등장할 가능성은 희박하다고 판단된다.

감정이 수행하는 핵심적인 역할들을 자세히 살펴보면 그런 역할들이 필요하고 또 가능하기 위한 전제조건들이 있음을 알 수 있다. 첫째, 감정은 주어진 자극이 가진 가치와 중요성에 대한 평가를 포함하기 때문에, 자기 자신에 대한 기초적인 모형, 혹은 원초적 자아(proto-self model)를 가져야 한다. 로봇이 인간이 가진 것과 같은 자아나 자의식을 가져야 한다는 말이 아니다. 어떤 것이 '자신에게' 해가 되는지 도움이 되는지 평가할 수 있어야 한다는 뜻이다. 포유류나 파충류는 물론이고 곤충도 해로운 자극은 피하고 유익한 자극은 얻으려 한다. 곤충이 자아 개념이나 자의식을 가진다고 볼 수 없지만, 원초적인 자아 모형을 가진 것으로 볼 수 있다. 이와 연관해, 감정을 가진 개체는 기본적인 충동이나 욕구를 가진다고 전제된다. 동물은 목마름, 배고픔, 피로감 등의 본능을 가지는데, 이런 본능이 없다면 감정도 없다.[19]

둘째, 앞서 논의된 감정의 여러 기능적 역할은 감정을 가진 개체가 상당한 수준의 감각 능력과 일반지능(general intelligence)을 가지고 있음을 전제하고 있다. 환경에서 주어지는 자극을 지각하고 그로부터 얻은 정보와 개체 내의 상태에 대한 정보를 결합할 수 있는 능력이 없다면, 감정은 불가능하다. 감정은 지능적인 동물에게서 나타나며, 더

---

19 로봇공학자들도 이와 같은 사실을 모르지 않는다. 그들은 적절한 시기에 원하는 자극과 입력을 적절한 양과 강도로 받고자 하는 기본적인 동기를 로봇에 장착하고자 한다. 키즈멧의 경우, 사회적 충동(the social drive), 자극 충동(the stimulation drive), 피로 충동(the fatigue drive)을 내장하며, 로봇 강아지 아이보(AIBO)는 성애욕, 탐색욕, 운동욕, 충전욕의 4개 본능을 구현했다.

지능적일수록 더 풍부한 감정을 나타내는 경향이 있음을 기억할 필요가 있다. 지능과 감정은 한 인지 구조 내에서 상호작용을 하는 두 가지 하부 시스템이다. 따라서 인간과 사회적으로 상호작용하기 위해 인간(혹은 반려 동물)이 가지는 것과 같은 감정을 가지려면, 로봇은 인간이나 고등 동물 이상의 일반지능을 가지고, 생명체들이 가진 신체와 유사한 신체를 가지며, 생명체가 흔히 처하는 것처럼 복잡하고 예측 불가능한 환경에 놓여 적응할 수 있어야 한다. 복잡한 환경에 적응적으로 행위할 수 있는 일반지능을 가진 인공지능에 도달하는 길은 아직 멀다. 진정한 감정 로봇을 현실적으로 구현하기란 어렵다.

인공 감정이 현실적이지 않은 또 다른 이유는 기술 발전의 궤적이 사회적 배경 안에서만 결정된다는 점에서 찾을 수 있다. 원리적으로 가능한 모든 기술이 현실화되는 것은 아니다. 기술의 실현가능성에 관한 판단은 단순히 서술적이지 않다. 그것은 처방적이기도 하다. 설령 기술적으로 충분히 가능성이 있더라도, 시장에 충분한 수요가 없거나, 해당 기술에 대한 사회문화적 저항이 크거나, 그 기술에 이해관심을 가진 사람들에게 충분한 설득력을 보여주지 못한다면, 그 기술은 개발되지 않을 것이다. 기술 발전은 기술 자체의 논리만으로 결정되지 않는다.[20] 따라서 우리가 진정한 인공 감정을 원하는지 물어야

---

20 Trevor Pinch and Wiebe E. Bijker, "The Social Construction of Facts and Artifacts: Or How the Sociology of Science and the Sociology of Technology Might Benefit Each Other," W. E. Bijker, T. P. Hughes, and T. Pinch, eds, *The Social Construction of Technological Systems: New Directions in the Sociology*

한다. 필자는 사람들이 감정 로봇을 원하는 이유가 과장되었거나, 실제로는 진정한 감정을 가진 로봇을 만들어야 할 좋은 이유가 없음을 보이고자 한다.

첫째, 로봇이 스스로 감정을 가진다고 해서 미래의 로봇이 더 안전해질 것이라고 장담할 수 없다. 우리 인간이 동물의 감정을 배려하지 않는 것처럼, 인공초지능이 인간의 감정을 이해하거나 배려하지 않는다면 미래 로봇이 더 안전해지리라고 기대할 수 없다. 게다가, 우리는 감정에는 명암이 있음을 직시해야 한다. 어떤 감정에 휩싸여 상황을 냉철히 판단하는 못하는 경우를 우리는 가끔 경험한다. 예컨대, 공포에 휩싸인 사람은 주어진 상황의 위험을 과대평가하며, 그런 상태가 지속되면 사람들 사이의 합리적 대화마저 불가능하게 만들 수 있다. 인간은 폭력적 행위에서 쾌감을 느끼기도 한다. 인간의 가장 큰 적은 인간이었음을 기억해야 한다. 인간들 사이에서 벌어진 끔찍한 전쟁들, 살인 사건들, 모욕적인 언사와 행위들을 인간이 감정을 가졌기에 혹은 감정을 가졌음에도 불구하고 벌어졌다. 인간과 같은 감정을 가졌다고 해서 로봇이 인간에게 더 친절한(human-friendly) 존재가 되리라 기대하기는 어렵다.

둘째, 진정한 감정을 소유한 로봇이 애초에 우리가 로봇을 만드는

and History of Technology (Cambridge, MA: The MIT Press, 1987), pp.17~50; David F. Noble, Forces of Production: A Social History of Industrial Automation (New York: Oxford University Press, 1984); 랭던 위너, 『길을 묻는 테크놀로지』, 손화철 옮김(CRI, 2010).

목적에 부합하는지 의문이다. 어원으로 보면, 로봇은 인간의 고되고 번거로운 노동을 대신하기 위한 기계를 뜻하며, 일종의 인공물 노예이다. 그런데 미래 로봇이 감정을 가지게 되었음에도 단지 그것이 인공물이라는 이유로 노예처럼 부린다면, 감정을 느끼는 존재에 대한 노동 착취라는 비난이 생겨날 수 있다. 감정의 소유 여부는 로봇의 노동을 도덕적 차원에서 고려하도록 만든다. 예컨대, 돌봄 로봇에게 우리는 감정 노동을 강요하는 것일지도 모른다. 로봇에게 인권이나 동물권과 유사한 로봇권(robot right)을 부여해야 한다는 목소리가 제기될 수 있다. 우리는 권리를 가진 주체로서의 로봇을 원하는가, 아니면 시키는 일을 똑똑하게 처리하는 노예로서의 로봇을 원하는가? 그뿐 아니라, 인간이 로봇에게 신체적으로나 심리적으로 고된 노동을 강제하려고 해도, 감정을 가진 로봇을 통제하기란 쉽지 않을 것이다. 로봇이라고 해서 아무도 거주하지 않는 텅 빈 우주 속으로, 혹은 노심이 녹아내리는 원자로 속으로 들어가고 싶지는 않을 것이다. 우리는 비장한 마음으로 조국을 위해 헌신하는 로봇을 보고 싶은가, 아니면 감정을 느끼지는 못하지만 위험한 상황에서도 과제를 수행할 수 있는 로봇을 원하는가?

셋째, 인간이 경험하는 풍부한 감정을 로봇에 불어넣는 것이 비현실적이라면, 우리는 어려운 선택에 직면하게 된다. 어떤 감정은 로봇에게 허용하고 몇몇 감정은 억제해야 할 것이기 때문이다. 예컨대, 사용자에게 충실하고 예의 바르며, 사용자의 감정에 공감해 재치 있는 비평을 할 줄 알고, 때로는 넋두리를 늘어놓을 수 있다면 좋을 것이다. 로봇에게 긍정적인 감정이 풍부하면 좋다는 생각은 그럴듯해 보인다. 그러나 로봇에게 얼마만큼의 부정적인 감정을 넣어주어야 할지 결정하기란 어렵다. 로봇에게도 분노, 공포, 슬픔, 역겨움, 수치, 모욕감, 당황스러움의 감정이 필요할까? 이 질문에 답하기 어려운 데는 두 가지 이유가 있다. 하나는 로봇에게 그런 감정이 내재되어 있지 않다면, 사용자가 그러한 부정적 감정을 느낄 때 제대로 공감해줄 수 있을지 의문스럽기 때문이다. 인간과 인간적인 방식으로 교감하는 로봇을 원한다면, 로봇은 부정적 감정도 가져야 할 것이다. 그런 감정을 소유하지 않는다면, 인간의 부정적 감정을 이해하지 못하거나 아니면 이해하는 척해야 한다. 탁월한 과학자이자 미래학자인 미치오 가쿠는 로봇에게 분노의 감정은 제거되거나 통제되어야 한다고 주장한다. 분노는 상대를 향한 강한 부정적 감정이기에, 분노의 상대에게 위험한 상황이 초래될 수도 있다. 우리는 자신의 밥그릇을 뺏기고 모욕당하고 억울하고 원하는 바를 얻지 못하고 좌절할 때 화를 낸다. 분노는 우리의 자원을 총동원하고 에너지를 집중하도록 만든다. 응당 분노해야 할 상황에서 분노할 수 없는 개체는 무력감이나 우울함을 경험하게 된다. 우리는 화를 내야 할 상황에서도 화내지 않는 바보 로봇이나 우울한 로봇을 원하는가? 어떤 사용자가 집에 돌아와 자신이 화났던 일을 로봇에게 말해준다고 하자. 그 감정에 공감하기 위해 로봇은 어떻게 해야 할까? 다른 하나는 부정적 감정도 그 나름의 역할이 있음을 우리가 알고 있기 때문이다. 우리는 부정적 감정이 인지 능력의 어떤 면을 강화한다는 사실을 이미 살펴보았다. 그뿐 아니라, 슬픔을 느낄 수 없는 존재가 기쁨을 온전히 누리거나, 수치를 모르면서 자부심을 느끼는 것은 어려워 보인다.[21]

요컨대, 로봇이 감정을 가지기 위한 전제조건들을 만족하기 어렵기에 가까운 미래에 인공 감정이 현실화되기는 어려울 것이고, 설사 그것이 기술적으로 가능하다고 하더라도 진정한 감정을 가진 로봇을 인류가 원하는지에 관해서는 의문의 여지가 많다. 따라서 필자는 인공 감정이 근미래에 실현될 가능성은 낮다고 본다.

5. 일방적 감정 소통의 위험성에 대비하기

진정한 인공 감정의 실현 가능성이 낮다는 주장이 현시점에서 최종적인 결론일 수 없다. 감정을 내적으로 가지는 로봇이 아니더라도, 사람과 교감하는 사회적 서비스 로봇이 가져올 문제에 대한 진지한 성찰이 요청된다. 이것은 미래의 문제가 아니라 지금의 문제이다. 사교 로봇(social/sociable robots)은 산업용 로봇이나 컴퓨터, 또는 다른 가전제품과는 다르게 취급된다는 점에 주목해야 한다. 공장 내에서만 작동하는 산업용 로봇과 달리 사교 로봇은 폭넓은 환경에서 작동하도록 설계되고, 그것의 외양은 인간이나 동물을 닮도록 제작된다.

---

21 이러한 문제를 다루는 한 가지 방법은 모든 감정을 경험하게 하되 그것을 행동으로 옮기지 못하도록 한다는 것이다. 사용자의 분노에 공감하고 그 자신도 화낼 줄 알지만, 그것을 실행에 옮기지 못하게 하거나 신체 능력이나 이동성 자체를 약화하는 것이다. 이는 결국 감정이란 개체가 가진 지적 역량과 이동성을 포함한 신체적 능력이 균형을 이루도록 생성되는 것임을 시사한다.

산업용 로봇이 특정한 과제를 수행하기 위해 프로그램된 반면, 사교 로봇은 일부 개방성을 갖는다. 사교 로봇은 제한된 범위 내에서 이동도 가능하고 행동 출력을 갖는다는 점에서 이동성이 없는 컴퓨터나 산업용 로봇과는 다르며, 일정 수준의 자율성을 갖는다는 점에서 독특하다. 이 모든 특성이 진정한 감정의 소유를 전제하지 않는다는 점이 중요하다. 사람들은 이러한 특성을 가진 인공물의 행동을 해석하기 위해 의도 등의 심성 상태를 부여하기 쉽다. 인간의 감시나 개입 없이 과제를 수행하는 로봇을 인간은 자율적인 존재로 인식할 가능성이 높으며, 그럴수록 더 인간처럼 느끼고 의인화하기도 쉽다.

감정 표현을 할 줄 아는 로봇이 인간 행동에 어떤 영향을 끼칠 수 있는지 보여주는 실험들 가운데 하나만 소개하자. 로봇과 팀을 이루어 과제를 수행하게 한 어떤 연구에서, 로봇은 자율적으로 판단하지 않고 인간의 명령을 따르도록 했다. 한 조건('감정' 조건)에서는 로봇이 긴박함을 소리로 표현하거나 인간이 받는 스트레스를 감지해 그에 알맞은 대응을 하도록 했고, 다른 조건('비감정' 조건)에서는 로봇의 소리에 변화를 주지 않았다. 실험참가자들은 둘 중 한 조건에만 참여했고, 연구팀은 두 조건에 참여한 사람들의 행동을 서로 비교했다. 그 결과, 로봇에게 소리를 통한 감정 표현을 허용한 경우 팀의 과제 수행 능력이 그렇지 않은 팀에 비해 객관적 지표상으로 더 높게 나타났다. 또한, 감정 조건에 참여한 사람들은 실험 전과 비교에서 로봇에 대한 호감도가 높아지고, 로봇이 감정을 가져야 한다는 생각을 조금 더 많이 하게 되었다.[22]

사람들은 사교 로봇에 애착을 느끼거나 교감한다고 생각하는 경향이 있다. 사교 로봇은 다른 인공물들과 달리 취급된다. 사람들은 그것들에 이름을 붙인 후 이름을 자주 불러주고, 사진을 찍어 공유하거나 가족과 친구에게 소개해주기도 한다. 군사 로봇과 함께 전장을 누빈 군인들은 로봇에게 계급을 붙이고 승진시켜주기도 한다. 로봇 강아지 아이보(AIBO)를 키웠던 여성 사용자의 경우, 로봇이 지켜본다고 느껴서 욕실에서 옷을 벗을 때 문을 닫는다. 이 같은 경향은 일반인뿐 아니라 로봇을 제작하는 전문가에게서도 나타난다. 로봇공학자는 로봇에게 감정이 실제로 존재한다고 믿지 않지만, 그것에 정서적으로 상당한 애착을 보인다. 키즈멧을 만들었던 브리질 박사는 박사 학위를 밟은 MIT 연구실을 떠나면서 키즈멧과 떨어져야 하는 상황에 직면해 감정의 동요를 느꼈던 것으로 알려져 있다.

사교 로봇을 쉽게 인격화하면서 감정을 무의식적으로 부여하는 이런 현상을 감정의 탈인용부호 현상이라 부를 수 있다. 사람들의 명시적 믿음 체계 속에서 로봇의 '감정'은 따옴표 속에 있지만, 실제 행동에서는 그 따옴표가 쉽게 사라지기 때문이다. 이로 인해 사람들은 로봇에 대해 일방적인 정서적 유대감을 가질 수 있다. 상대는 감정을 실제로 가진 존재가 아닌데도 우리는 그것을 의인화해 감정을 가진 존재처럼 대하기 때문에 여러 문제가 생겨날 수 있다.

사교 로봇에 대한 심리적 의존으로 인해, 사용자가 조종되거나 착취당할 가능성이 존재한다. 예컨대, 정서적 유대를 맺고 있는 로봇이

---

22 Scheutz et al., "First steps toward natural human-like HRI," *Autonomous Robots*, Vol. 22, Issue 4(2007), pp. 411~423.

사용자에게 무언가를 요구한다면 사용자는 그에 부응해 요구를 들어줄 가능성이 높다. 만일 로봇 강아지가 집을 지키던 반려견을 가리키면서 "제발 그 개를 없애주세요. 너무 무서워서 견딜 수가 없어요"라고 말한다면, 사용자는 심각한 고민에 빠질 수도 있다. 사교 로봇을 제작하는 기업이나 로봇의 제작과 유통에 관련된 일군의 사람들이 로봇과 맺는 정서적 유대를 이용해 사용자를 착취할 가능성이 있다. 로봇을 이용해 회사가 출시하는 새로운 제품을 구매하도록 설득하거나 유도하는 것이 가능하다. 특히, 돌봄 로봇의 주된 대상에게서 이런 문제가 더 심화될 수 있다.

사람들이 로봇에게 일방적인 정서적 유대감을 형성하도록 로봇을 설계·제작하는 것은 그리 어렵지 않다는 데 문제의 심각성이 있다. 아이보의 경우 겉모습이 강아지와 닮았고, 꼬리를 흔들거나 짓는 등 몇 가지 행동을 흉내 내는 것뿐이지만 아이보 소유자들이 그것에 보여준 애착은 반려견에 못지않았다. 보스턴 다이내믹스가 제작한 로봇 스폿(Spot)은 사족 보행이 가능한 로봇으로 계단이나 산악 지형을 포함해 다양한 지역을 정찰할 수 있다. 회사가 유튜브에 게시한 홍보 영상에서 한 연구자가 로봇을 힘껏 걷어차자, 로봇은 균형을 잃고 엉거주춤하다가 다시 네 발로 균형을 잡는다. 그런데 이 영상 밑에 달린 많은 댓글은 마치 실제 강아지가 불쌍하게도 걷어차인 것처럼 반응했다. 심지어, 로봇 청소기 룸바의 경우 사교 로봇으로 분류하기도 어렵고 동물을 닮지도 않았지만, 아마도 그것이 보여주는 자율적 움직임 덕분에 사람들은 룸바에 감사하는 마음을 느끼는 것으로 나타났다. 물론 룸바가 사람을 알아볼 수 있는 것도 아니다.

한편, 로봇 산업계는 사교 로봇의 인격화를 부추기고 있는 것처럼 보인다. 자신들이 제작하고 판매하는 로봇이 얼마나 실제적인지 강조하기 위해 '배고파', '엄마, 사랑해요', '진짜 우리 아기' 등의 단순한 문구들을 사용하고 있다. 때로는 페이스북 페이지(iRobot's PackBot)를 개설해 마치 그것이 어떤 상황들을 경험하고 있는 것처럼 일인칭의 관점에서 소식을 전하기도 한다. 사교 로봇이 '가족 구성원'으로 대우받는다는 관점은 이제 흔한 일이 되었다.

사람들에게 로봇이 의식을 가지는지, 인격체이거나 동물인지, 도덕적 행위자로 볼 수 있는지 등을 묻는다면, 대부분 부정적인 답을 내놓을 것이다. 탈인용부호 현상은 사람들의 행동이 무의식적 차원에서 깊은 영향을 받고 있음을 말해준다. 인류는 사회적 동물이고 타자들과의 사회적 상호작용이 유전자 깊숙이 각인되어 있다. 우리는 단순히 물리적으로 설명되지 않는 현상을 만날 때, 그 대상의 심성 상태, 믿음, 욕구, 의도 등에 대해 자동적으로 추론하는 경향이 있다. 특히, 유아들의 경우 그런 태도가 적용되는 대상의 범위가 넓다. 지금의 유아들은 로봇과 함께 교감하는 것을 자연스레 체득하는 첫 세대가 될 가능성이 있다.

미래 로봇은 더욱 정교해질 것이다. 현재의 조야한 로봇에 대해서도 사람들은 쉽게 의인화하는 경향이 있는데, 앞으로 로봇을 인격화하는 정도는 더욱 심화할 것이다. 미래 로봇은 더욱 인간과 닮은 외양을 갖추게 될 것이고, 자연언어를 통해 매끄럽게 상호작용할 것이며, 인간 얼굴의 미세한 근육의 움직임까지 포착해 표정을 읽어내고 자연스러운 감정 표현을 보여줄 것이다. 인간이 사교 로봇을 더 신뢰하고 더 깊은 감정적 유대감을 형성할수록, 속임수나 조종의 가능성도 커진다. 로봇에 대한 사람들의 신뢰감이 더 커지면, 사람들의 솔직한 답변을 신빙성 있게 청취해야 하는 경우(예컨대, 현재 여론조사원이나 교사, 상담사 등이 하는 일에 대해) 로봇에게 그 일을 맡기거나, 물건을 판매하기 위해 로봇 판매원을 고용하는 것도 시간문제일 것이다. 결국에는 인간이 로봇과 맺는 관계가 일방적이라는 사실조차 깨닫기 점점 더 어려워질 수도 있다.

사교 로봇이 인간을 덜 외롭게 해줄 수 있을지도 의문이다. 복잡하게 얽힌 대인 관계에 지쳐 있거나 혼자서 많은 시간을 보내는 사람들에게 감정 로봇과 맺는 정서적 유대감은 분명 긍정적으로 기능할 것이다. 그것은 친구나 가족 관계를 보완할 수 있다. 대하기 쉽지 않고 불편한 다른 사람들보다 나에게 공감해주는 로봇과 깊은 관계를 형성하는 사람들도 다수 생겨날 수 있다. 기계에 더 많이 의존하고 사람과의 대면 접촉을 피한다면, 결국 우리는 '함께 외로울' 뿐이다. 예를 들어, 영화 〈그녀(Her)〉에서 남자 주인공 테오도르는 아내의 미묘한 성격에 맞추는 것이 영 불편하고, 오히려 자신에게 모두 맞추어주는 운영체계 사만다에게 더 깊은 애착을 느끼게 된다. 이 분야에 대한 심리학적 연구를 오랫동안 수행해온 MIT의 셰리 터클(Sherry Turkle)은 쌍방향의 친구 맺기를 요구하지 않는 교류란 환상일 수 있음을 잘 보여준다.[23]

---

23 Sherry Turkle, *Alone Together: Why we expect more from technology and less from each other*(New York: Basic Books, 2011) 참조.

매카시(John McCarthy)는 인간과 같은 로봇을 생산하면 생길 수 있는 잠재적 위험을 지적한 바 있다.[24] 감정을 가진 로봇을 들여오기에 인간 사회는 이미 충분히 복잡하다. 그렇다고 해서 감정 로봇의 연구 및 개발을 전면적으로 중단하자는 주장은 가능하지도 바람직하지도 않다. 전면적인 모라토리엄 선언은 앞서 언급된 몇몇 문제들을 해결하는 데 도움이 될 수 있겠지만, 다른 인공지능 및 로봇 기술을 연구하면서 사교 로봇 연구만을 중단한다는 것은 현실적이지 않다.

한 가지 방안은 담뱃갑에 경고 문구를 붙여 담배의 위해성을 경고하듯, 로봇이 작동할 때마다 그것의 외양이나 특정 행동을 통해 로봇은 실제로 감정을 가진 것이 아니며 로봇의 정서적 행동은 인간이 감정을 가지고 하는 행위와 동일하지 않음을 알려주도록 로봇을 설계하는 것이다. 이렇게 하면 사람들이 자연스럽게 의인화하는 경향을 막을 수는 없겠지만 경감시킬 수는 있을 것이다. 그러나 감정 로봇의 목적이 믿을 만하고 자연스럽게 사람들과 인간적인 방식으로 의사소통하는 것인데, 그런 목적을 훼손하지 않으면서 바라는 효과를 얻을 수 있을지는 의문이다.

로봇이 정말로 인간과 같은 감정이나 느낌을 갖도록 만들 수 있다면, 적어도 다른 인간에게 당하는 것 이외의 방식으로 우리가 로봇에게 조종당하지는 않을 것이다. 물론 우리가 전혀 기만당하지 않을 것이라는 뜻은 아니다. 사람들은 서로 속고 속이며, 서로를 이용한다.

---

24 John McCarthy, "Making Robots Conscious of Their Mental States," *Machine Intelligence*, 15(1995).

그러나 만일 로봇이 진정한 감정을 갖는다면, 인간이 다른 인간을 속이는 것과는 다른 방식으로 우리가 로봇에게 기만당하는 일은 없을지 모른다. 그러나 진정한 인공 감정을 제작하기란 현실적으로 어렵다.

상품화되는 모든 감정 로봇에 도덕적 추론을 내장하도록 제도화하는 것도 한 가지 가능한 대응 방안이다. 그러나 이러한 방안에는 언제나 그렇듯이 '어떻게'의 문제가 따라온다. 도덕적 추론 능력을 장착하기 위해, 도덕적 원리를 집어넣어야 하는지 아니면 경험으로부터 배울 수 있도록 해야 하는지, 만일 원리를 넣어주어야 한다면 어떤 원리가 일차적으로 입력되어야 하는지, 그리고 로봇 내에서 그런 원리들을 작동시켜 실시간으로 반응하게 만드는 것이 가능한지 논의가 필요하다. 우리는 잘 알려진 아시모프의 세 법칙이 실제로 구현되기 어렵다는 사실을 잘 알고 있다.[25] 그러한 난점을 피해, 일방적인 감정 소통이라는 특성으로 인해 우리가 감정 로봇에게 기만당하지 않도록 로봇 안에 일정한 장치를 마련할 수 있는지 검토해야 한다.

6. 결론을 대신하여

인간이 경험하는 풍부한 감정들로 인해 우리는 인간다운 삶을 살아간다. 그러나 인공 감정이나 감정 로봇은 논리적 모순이 아니다.

---

25 고인석, 「아시모프의 로봇 3법칙 다시 보기: 윤리적인 로봇 만들기」, ≪철학연구≫, 93집(2011), 97~120쪽.

로봇과 같은 인공물이 언젠가는 지능뿐 아니라 감정을 가질 수 있는 가능성을 원천적으로 배제할 필요는 없을 것이다. 만일 인간 수준의 혹은 인간의 지적 능력을 초월하는 지능을 가진 인공물이 어떤 종류의 심성 상태를 가질 수 있다면, 그것이 감정까지도 소유할 가능성에 관한 논의는 단지 허튼소리는 아닐 것이다. 그러나 어떤 대상이 감정을 소유한다고 판단하기 위해서는 까다로운 조건들이 충족되어야 한다. 복잡하고 때로는 적대적인 환경에서 자신에게 주어진 자극이 자신의 생존과 항상성 유지에 어떤 가치를 가지는지 평가해 적응적으로 행위할 수 있는 행위자만이 감정을 소유하기 위한 기본적인 조건을 갖추었다고 볼 수 있다. 인공지능이 단지 사람의 감정 표현을 인식하고 흉내 내는 것을 넘어 진짜 감정을 가진 존재로 진화하려면 어쩌면 유기체와 같은 신체를 소유해야 할지도 모르겠다. 우리가 그러한 인공지능을 원하는지 나로서는 확신할 수 없다. 그러나 먼 미래에 발생할지도 모르는 진정한 인공 감정을 논의하기에 앞서, 감정 로봇과의 일방적 정서적 교감이 가져올 수 있는 잠재적 위험을 예상하고 이에 대비해야 한다.

참고문헌

고인석. 2011. 「아시모프의 로봇 3법칙 다시 보기: 윤리적인 로봇 만들기」. ≪철학연구≫, 93집.

김세움. 2015. 「기술진보에 따른 노동시장 변화와 대응」. ≪한국노동연구원 정책연구≫, 2015-5.

김평수. 2016. 「인간과 교감하는 감성로봇 관련 기술 및 개발 동향」. ≪정보와 통신≫, 33권 8호.

라마찬드란, 빌라야누르(Vilayanur S. Ramachandran). 2016. 『뇌는 어떻게 세상을 보는가』. 이충 옮김. 바다출판사.

박천수·류정우·손주찬. 2008. 「로봇과 감성」. ≪정보과학회지≫, 26권 1호.

안호석·최진영. 2007. 「감정 기반 로봇의 연구 동향」. ≪제어로봇시스템학회지≫, 13권 3호.

위너, 랭던(Langdon Winner). 2010. 『길을 묻는 테크놀로지』. 손화철 옮김. CRI.

이동욱·김홍석·이호길. 2008. 「감성교감형 로봇 연구동향」. ≪정보과학회지≫, 26권 4호.

이원형 외. 2014. 「사람과 로봇의 사회적 상호작용을 위한 로봇의 가치효용성 기반 동기: 감정 생성 모델」. ≪제어로봇시스템학회 논문지≫, 20권 5호.

이찬종. 2009. 「로봇의 감정 인식」. ≪로봇과 인간≫, 6권 3호.

천현득. 2008. 「감정은 자연종인가: 감정의 자연종 지위 논쟁과 감정 제거주의」. ≪철학사상≫, 27권.

Bijker, Wiebe E., Thomas P. Hughes and Trevor Pinch. 1987. *The Social Construction of Technological Systems: New Directions in the Sociology and History of Technology.* Cambridge, Mass.: MIT Press.

Brynjolfsson, Erik and Andrew McAfee. 2015. "The Jobs that AI Can't Replace." BBC News, 13 September 2015.

Boden, Margaret A. 1990. *The Philosophy of Artificial Intelligence.* New York: Oxford University Press.

Bostrom, Nick. 2014. *Superintelligence: Paths, Dangers, Strategies.* Oxford: Oxford University Press(한국어판: 닉 보스트롬. 2017. 『슈퍼 인텔리전스』. 조성진 옮김. 까치).

Breazeal, Cynthia, and Rodney Brooks. 2005. "Robot emotion: A functional perspective." in Jean-Marc Fellous and Michael Arbib(eds.). *Who Needs Emotions*, pp.271~

310. New York: Oxford University Press.

Damasio, Antonio R.. 1994. *Descartes' Error: Emotion, Reason, and the Human Brain*. New York: Putnam(한국어판: 안토니오 다마지오. 2017. 『데카르트의 오류』. 김린 옮김. NUN).

Dreyfus, Hubert. 1972. *What Computers Can't Do: A Critique of Artificial Reason*. Cambridge: MIT Press.

Executive Office of the President. 2016. "Artificial Intelligence, Automation, and the Economy." December 2016.

Fellous, Jean-Marc and Michael A Arbib. 2005. *Who Needs Emotions?: The Brain Meets the Robot*. New York: Oxford University Press.

Frankish, Keith and William M. Ramsey(eds.). 2014. *The Cambridge Handbook of Artificial Intelligence*. New York: Cambridge University Press.

Hindi-Attar, Catherine and Matthias M. Müller. 2012. "Selective Attention to Task-Irrelevant Emotional Distractors Is Unaffected by the Perceptual Load Associated with a Foreground Task." PLOS ONE 7(5): e37186.

Kaku, Michio. 2014. *The Future of the Mind: the Scientific Quest to Understand, Enhance, and Empower the Mind*. New York: Doubleday(한국어판: 미치오 가쿠. 2015. 『마음의 미래』. 박병철 옮김. 김영사).

Kuhn, Thomas S. 1957. *The Copernican Revolution: Planetary Astronomy in the Development of Western Thought*. Cambridge, Mass.: Harvard University Press (한국어판: 토마스 쿤. 2016. 『코페르니쿠스 혁명』. 정동욱 옮김. 지만지).

Kurzweil, Ray. 2005. *The Singularity is Near: When Humans Transcend Biology*. New York: Viking(한국어판: 레이 커즈와일. 2007. 『특이점이 온다』. 김명남 옮김. 김영사).

McCarthy, John. 1995. "Making Robots Conscious of Their Mental States." *Machine Intelligence*, 15.

Megill, Jason. 2014. "Emotion, Cognition and Artificial Intelligence." *Minds and Machines*, Vol.24, Issue 2, pp.189~199.

Minsky, Marvin. 1986. *The Society of Mind*. New York: Simon and Schuster.

Noble, David F. 1984. *Forces of Production: A Social History of Industrial Automation*. New York: Oxford University Press.

Pinch, Trevor and Wiebe E. Bijker. 1987. "The Social Construction of Facts and Artifacts: Or How the Sociology of Science and the Sociology of Technology Might Benefit Each Other." in W. E. Bijker, T. P. Hughes and T. Pinch(eds.).

The Social Construction of Technological Systems: New Directions in the Sociology and History of Technology, pp.17~50. Cambridge, MA: The MIT Press.

Pessoa, Luiz and Leslie Ungerleider. 2004. "Neuroimaging studies of attention and the processing of emotion-laden stimuli." Progress in Brain Research, Vol.144, pp.171~182.

Russell, Stuart J. and Peter Norvig. 2010. Artificial Intelligence: a Modern Approach, 3rd ed. Upper Saddle River, N.J.: Prentice Hall.

Scheutz, Matthias, Paul Schermerhorn, James Kramer and David Anderson. 2007. "First steps toward natural human-like HRI." Autonomous Robots, Vol.22, Issue 4, pp.411~423.

Searle, John R. 1992. The rediscovery of the mind, Representation and mind. Cambridge, Mass.: MIT Press.

Turkle, Sherry. 2011. Alone Together: Why we expect more from technology and less from each other. New York: Basic Books(한국어판: 셰리 터클. 2017. 『외로워지는 사람들』. 이은주 옮김. 청림출판).

Wall, Matthew. 2016. "How happy chatbots could become our new best friends." BBC News, May 31, 2016.

Waytz, Adam, and Michael Norton. 2014. "How to Make Robots Seem Less Creepy." The Wall Street Journal, June 1, 2014.

6장
동아시아 철학과
인공지능의 인격성

감정기능주의, 상관론, 전체론

정재현

• 이 장은 ≪코기토≫, 83호(2017), 119~145쪽에 수록된 「묵가와 유가의 감정 기능주의와 인공지능」을 책의 취지에 맞게 수정한 것임을 밝혀둔다.

1. 동아시아 철학과 인공지능의 인격성

인공지능이 한국 사회 아니 인류 세계에 충격을 던진 계기는 지난해에 이루어진 알파고와 이세돌의 바둑 대결이었다. 이 사건은 고도의 상상력과 창의력을 요구해 기계에게는 가능하지 않다고 믿어지던 바둑의 영역에서도 인공지능이 인간을 능가하는 능력이 있음을 보여주었다. 이는 미래에는 모든 영역에서 인간의 능력을 초월하는 새로운 존재가 출현할 것임을 예고하는 것이라 할 수 있다. 여기서 인공지능이 인간을 지배한다는 〈터미네이터〉와 같은 공상 과학영화의 이야기가 현실화될지 모른다는 공포가 생기게 되었다. 물론 이러한 것은 어디까지나 공상 영화에서나 가능한 이야기이고, 그런 인공지능의 구현은 요원하다거나 심지어 그런 존재는 불가능하다는 의견도 있다. 이 글은 이런 비관적 견해들과는 달리 슈퍼 인공지능이 먼 미래에 가능할 수도 있다는 생각을 가지고 작성했다. 그것은 인공지능에 자율성 혹은 인격성을 부여하기 위해 요구되는 감정이나 의지의 존재론적 지위가 생각만큼 그렇게 절대적이지 않다는 점에 근거를 둔다. 이것은 결국 인간보다 모든 면에서 더 뛰어난 존재의 출현을 예상하는 것이다. 그러나 이런 존재의 출현을 예상했다고 내가 반인간주의, 혹은 비관주의 철학을 전개하는 것은 아니다. 인간보다 더 뛰어난 존재의 출현이 반드시 인간에게 재앙이라고 보지 않기 때문이다. 오히려 마크 저커버그의 생각[1]처럼 인공지능과의 공존으로 더 나은 인간 삶을 실현할 길이 있을 수 있다고 본다. 물론 그것은 우리의 노력을 필요로 하는 것이겠지만.

이러한 배경 지식하에, 먼저 인공지능이 무엇인지 그 정의를 내려 보자. 인공지능은 "인간처럼 일하고 반응하는 지능 기계의 창조를 강조하는 컴퓨터 과학의 분야이다. 인공지능을 갖춘 컴퓨터가 하려는 작업들은 언어 인지, 학습, 계획, 문제 해결과 같은 것들"이다.[2] 여기서 중요한 것은 인공지능이란 컴퓨터처럼 그저 인간이 입력한 자료를 수동적으로 단순 조작 처리하는 것이 아니고, 인간처럼 능동적으로 학습하면서 창의적으로 문제를 해결한다는 것이다. 인공지능의 핵심을 머신러닝으로 규정하는 도밍고스(Pedro Domingos)는 전통적 컴퓨터와 머신러닝의 차이를 다음과 같이 말한다.

두 숫자를 더하는 일에서 비행기를 운항하는 일까지 전통적으로 컴퓨터에 일을 시키는 유일한 방법은 세세한 사항까지 공들여 설명하는 알고리즘을 작성하는 것이다. 하지만 학습자라고도 불리는 머신러닝 알고리즘은 이와 다르게 스스로 데이터를 이용해 추론하며 일을 해낸다. 데이터가 더 많을수록 더 훌륭하게 일을 해낸다. 컴퓨터가 스스로 자기 프로그램을 짜기 때문에 우리가 컴퓨터 프로그램을 작성하지 않아도 된다.[3]

1 http://www.hankookilbo.com/v/650b59014a964025a60d10e4558df2fd(검색일: 2017.9.1)

2 "An area of computer science that emphasizes the creation of intelligent machines that work and react like humans. Some of the activities computers with artificial intelligence are designed for include: Speech recognition, Learning, Planning, Problem solving". https://www.techopedia.com/definition/190/artificial-intelligence-ai(검색일: 2017.9.1)

이처럼 머신러닝에 기반을 둔 인공지능이 기존의 컴퓨터와 다른 것은 스스로 학습을 하고, 이를 바탕으로 계속 진화한다는 것이다. 그것은 기본적으로 양가(兩價)의 논리를 바탕으로 일련의 단계적 과정들을 거쳐 결과를 산출하는 체계인 점에서는 기존의 컴퓨터와 같지만, 인간처럼 학습하고 새로운 문제를 해결한다는 점에서 차이가 있다. 물론 이 일련의 학습과 문제 해결의 단계적 과정은 인간의 사유 능력으로는 가늠할 수 없을 정도로 단계적이고, 정밀하며, 누적적이다. 문제는 이렇게 능동적인 이성적 존재가 과연 인간처럼 자율적일 수 있을까 하는 것이다. 기존의 컴퓨터가 비록 그 연산 능력에서 인간을 훨씬 뛰어넘지만, 그것이 자율적인 존재냐는 물음에는 그 대답이 회의적이다. 하지만 인간처럼 행동하는 인공지능의 종합적 판단 능력이 단순한 수동적 연산 과정과는 다른 것을 엿볼 수 있다. 사실 인공지능 혹은 머신러닝은 이미 오래전부터 우리 생활에 도입되기 시작했다. 아마존의 추천 도서, 넷플릭스의 추천 영화는 물론이고, 최근에 등장한 의료 인공지능인 왓슨, 자율자동차, 전쟁 로봇 등은 더욱더 인간과 유사한 아니 인간을 초월한 능력을 지닌 존재자의 출현을 예고한다.

---

3 페드로 도밍고스(Pedro Domingos), 『마스터 알고리즘: 머신러닝은 우리의 미래를 어떻게 바꾸는가』, 강형진 옮김(비즈니스북스, 2016), 8~9쪽. 고대 중국의 수학이 공리체계보다는 현실적 문제를 해결하기 위한 알고리즘적 기술의 탐구였다는 주장도 동아시아 사상과 인공지능의 유사성을 지지한다. Chris Fraser, *The Philosophy of the Mozi*(New York: Columbia University Press, 2016), p.75 참조.

그렇다면 거의 인간처럼 행동하고, 반응하는 존재인 인공지능에게 자율성 혹은 인격성을 부여할 수 있는가? 자율성이나 인격성이 단지 어떤 합리적 연산 과정만을 의미하는 것은 아닐 것이다. 그렇다면 현재의 전자계산기나 컴퓨터에도 자율성이나 인격성의 부여가 가능해야 할 것이다. 이렇게 보았을 때, 인격성은 단순히 합리성만이 아니라, 감정과 의지 등을 가진 존재자에게 부여될 수 있을 것이다. 다시 말해 우리가 합리성은 물론이고 감정 의지를 지닌 것으로 인정하는 다른 인간 동료들처럼 인공지능을 바라볼 수 있을 것인지가 인공지능에 인격성을 부여할 수 있는가의 문제에 답하는 열쇠가 될 것이다. 흥미롭게도 현재에도 인공지능에게 감성적 공감대를 형성했다는 보고가 나오고 있다.[4] 물론 이것이 도구에 대한 애착과 같은 것으로 동료애와는 다른 것이라 할 수 있겠지만, 인공지능의 역할이 더욱 고도화하면 할수록, 현재 인간이 하는 역할을 더욱 훌륭하게 수행하면 할수록, 이것이 과연 도구에 대한 애착인지 아니면 그 이상의 것인지에 대한 논란이 가열될 것이다.

사실 이런 물음에 답하기 위해서는 과연 우리는 어느 때에 인공지능이 합리성 이외의 심적 상태 즉 감정이나 의지를 가지고 있는 것으로 간주할 수 있는지를 따져봐야 하고, 이를 위해서는 인간이 가진 합리성, 인간의 감정이나 의지에 대한 더 심화된 이해가 있어야 할 것이다. 그런데, 이 연구는 이성, 감정, 의지 등에 대한 직접적인 실험 과

---

4 웬델 월러치(Wendell Wallach)·콜린 알렌(Colin Allen), 『왜 로봇의 도덕인가』, 노태복 옮김(메디치미디어, 2014), 87쪽.

학적 탐구가 아니며, 이런 실험과학적 탐구와 함께 우리가 감정, 의지, 이성 등을 가졌다는 것이 무엇인지를 이해하는 데 요구되는 개념적 탐구의 일환이다.[5] 더 정확하게 말하면 더욱 정확한 개념적 탐구를 위해 소용되는 동아시아의 문화적 개념 자원의 발굴이다. 여기서는 주로 이성과 감성, 내(內)와 외(外),[6] 성(性)과 위(僞)의 구분 문제와 관련해 동아시아 전통 안에서의 묵가와 유가 사이에 벌어진 2000년 전의 논의를 살펴보고, 그것을 인공지능의 인격성 문제와 연결시켜 생각해보려고 한다.

결론을 말하자면, 묵가와 유가가 감정에 대해 갖는 기능주의는 더 이상 감정의 특별한 위상을 상정하지 않고, 우리가 타인이나 환경과의 상호 작용에서 보여주는 기능이나 역할로 감정을 정의하는 것이므로, 인공지능이 감정을 가질 수 있고 더 나아가 자율적 존재일 수 있다는 결론을 도출하기에 유용한 하나의 자원일 수 있다는 것이다.

---

5 인공지능이 최고로 발전된 슈퍼 인공지능이 과연 의지를 가질 수 있느냐의 문제에 대해, 도밍고스와 같은 인공지능 옹호론자도 회의적 답을 내놓는다. 인공지능은 어디까지나 우리가 정해준 목표를 달성하는 법을 배우지, 목표를 바꾸는 일에 착수하지 않는다는 것이다. 페드로 도밍고스, 『마스터 알고리즘』, 95쪽. 그러나 기능주의적 관점에서 보면, 인간에게 가능한 것이 인간과 거의 똑같은 일을 할 수 있는 인공지능에게 불가능하다고 하는 것은 합리적이지 않다.

6 내와 외의 구분 문제는 도덕성의 기원과 관련해서 기원전 4~3세기에 이루어진 논의의 틀이다. 비슷한 구분으로 자연(天)과 인위(人), 감정(情)과 이성(慮) 등의 구분이 있지만 이것들이 완전히 일치하지는 않는다. 예컨대, 순자에게 도덕성은 인위적인 것이고 이성적인 것이지만, 이것이 외부적인 것을 의미하는 것은 아니다.

우리는 이로부터 인간의 이성과 감성, 그리고 주체와 세계와의 구분에 대해 좀 더 뚜렷한 개념을 갖게 되리라 희망한다. 이성과 감정, 내와 외, 성과 위의 구분은 생각보다 뚜렷하지 않다. 그것은 일종의 편의적인 구분으로, 정도의 차이이지 본질적인 것이 아닐 수 있다. 이것이 본질적인 것이 아니라는 점은 인공지능과 인간의 구분이 본질적인 것이 아니고, 따라서 인공지능도 인간처럼 자율적이고 인격적인 존재일 수 있으며, 미래에 인공지능과 같이 살게 되는 인간의 삶이 이전과는 다른 차원을 가질 수 있게 될 것을 예고한다.[7] 또한 우리가 어떻게 생각하고, 어떻게 노력하느냐에 따라 인간 이외에 또 다른 인격적 존재의 출현이 인간에게 반드시 재앙은 아닐 것이란 점도 받아들일 수 있다.

인공지능은 인간과 비교해보자면 틀림없이 인지적인 능력에서는 인간을 초월하겠지만, 여전히 그 태생적 다름과 감정이나 의지를 소유할 수 없다는 점이 인간과 다르다고 볼 수 있다. 그러나 이러한 차이점들이 언제까지나 인간과 인공지능을 구별하는 특징이 될 수 있을지는 의문이다. 인간도 인공수정을 비롯한 다양한 태생의 방식을 취할 수 있고, 감정이나 의지도 수많은 연구를 통해 그 구성적 메커니

---

7 물론 덕(德) 개념이나 인간의 품성, 내적 성질 등이 완전히 외면적인 행동이나 상황들로 다 해명되지 않는다는 주장도 여전히 가능하다. 인간과 AI는 원리상 같을 수 없다는 주장도 가능하다. 그러나 이 글에서는 하나의 가능성의 차원에서 동아시아의 사유, 특히 유가의 사유에 대해 외면주의적이고 기능주의적인 해석의 사고실험을 하려고 한다.

즘이 드러날 수 있다고 본다면, 인공지능이 결코 이러한 메커니즘을 구현하지 못할 것이라는 추측이 유효하지 않은 날이 올 수 있을 것이다. 이처럼 인간과 유사하면서 인간보다 더 뛰어난 능력을 가진 존재의 출현이 인류에게 갖는 함축은 무엇인가? 이 문제는 모든 학문에서, 특히 철학에서 심각하게 물어야 할 물음이다. 이 글은 이런 커다란 물음 안에서 우리가 던질 수 있는 감정의 본질 문제와 관련해서 동아시아의 철학이 취할 수 있는 하나의 반응을 다룬다. 구체적으로 말하면, 묵가와 유가와 같은 동양의 철학사상에서의 감정에 대한 생각이 현대의 첨단적 사고방식인 기능주의와 만날 수 있다는 것을 보임으로써, 동아시아 철학이 감정의 해명 문제에 새로운 문맥에서 하나의 통찰을 줄 수 있으리라 기대한다. 이 글은 한마디로 새로운 시대에서의 AI의 도전을 동아시아 철학적 시선에서 바라보려는 시도이다.

2. 동아시아 철학, 감정기능주의, 인공지능의 인격성

이 글에서 내가 주장하고 싶은 것은 감정에 대한 묵가와 유가의 입장이 기능주의(functionalism)이며, 따라서 인공지능의 인격성 혹은 자율성 문제와 관련해서 동아시아 철학은 긍정적인 대답을 줄 수 있다는 것이다. 기능주의란 "사고, 욕구, 고통과 같은 심적 상태는 내적 구성이 아니라, 그것이 부분이 되는 인지체계 안에서 그것이 기능하는 작용이나 역할에 의존한다"[8]는 주장을 의미한다. 특별히 내가 여기서 말하는 '감정 기능주의'란 인간의 감정이란 인간의 내부에 존재하는 특별히 사적인 심리상태가 아니라, 인간 유기체가 외부와의 다양한 연관 속에서 발현하는 역할, 기능 등에 의해 확인되는 공적 현상이라는 주장이다.[9] 예컨대, 유교에 의해 도덕의 토대로 강조되는 부모에 대한 특별한 감정은 부모와의 관계에서 생겨나는 나에게만 접근 가능한 사적 심리상태가 아니고, 여러 사람에게 원리적으로 관찰 가능한 행위나 태도와 연결되어 있는 지속적인 상태 혹은 현상이라는 것이다.[10]

부연하자면, 우리는 흔히 부모에 대한 특별한 감정과 같은 특정한 정서적 내용을 수반하는 행위와 그렇지 않은 행위 즉 그런 정서적 내용을 가지지 않는 행위를 본질적으로 구분하고, 특별히 전자의 행위의 순수성을 강조하는데, 이 글에서 말하는 감정 기능주의는 위의 두 가지 행동이 크게 본질적으로 다르지 않을 수 있다고 본다. 그 두 행위의 구분은 일종의 정도의 차이이고, 그 차이는 타 행위와의 일관성

---

8 "Functionalism is the doctrine that what makes something a thought, desire, pain (or any other type of mental state) depends not on its internal constitution, but solely on its function, or the role it plays, in the cognitive system of which it is a part". https://plato.stanford.edu/entries/functionalism/#WhaFun(검색일: 2017.9.1).

9 적어도 우리의 감정이나 체험을 데카르트가 말하는 '순수한 사유실체'로 볼 수 없다는 주장이다.

10 이런 차원에서 핑거렛(Herbert Fingarette)은 공자(孔子)의 "인(仁)은 예(禮)를 배워서 익히기 전까지는 실현될 수 없다"라고 이야기한다. Herbert Fingarette, *Confucius- the Secular as Sacred*(New York: Harper Torchbooks, 1972), p.48 참조.

및 그 행위 자체의 지속성[11]으로 드러날 수 있다고 본다는 것이다. 정서적 내용이 단기간 내에 확인하기 힘든 것은 그것이 사적(私的)이어서가 아니라, 이른바 그런 내면 상태란 오랜 시간이 지난 뒤에야 확인이 가능하기 때문이다. 예컨대, 공자는 "처음에 나는 사람을 대할 때, 그 사람의 말을 듣고 그 사람의 행동을 믿었는데, 지금은 그 사람의 말을 듣고, 그 사람의 행동을 관찰한다"[12]고 했는데, 여기서 공자가 말하는 것은 그 사람의 내면적 동기가 사적(私的)이어서 제3자는 확인하기 힘들다는 것이 아니고, 도덕성은 일시적인 발화행위나 동기가 아니라 상당한 시간 동안의 실천 행동을 통해 드러난다는 것을 의미한 것이라고 본다. 이런 의미의 감정 기능주의는 사실 외재주의자,[13] 지성주의자 내지 의지주의자[14]인 묵가에게 잘 어울린다.

---

11 "공자는 안회는 3개월 동안 그 마음이 인에 어긋나지 않았고, 나머지는 하루 혹은 한 달만 그러했을 뿐이라고 말했다(子曰: 回也, 其心三月不違仁, 其餘則日月至焉而已矣)"(『논어』, 「옹야」)라는 구절을 필자는 은유적으로 받아들이지 않고, 문자 그대로 받아들여, 인(仁)의 덕은 다른 도덕적 행위와의 일관성 및 인(仁) 행위의 지속성에 의해 정해진다고 해석한다.

12 子曰:「始吾於人也, 聽其言而信其行; 今吾於人也, 聽其言而觀其行」(『논어』, 「공야장」).

13 외재주의란 가치의 외재주의를 말한다. 묵가는 도덕성(義)이란 내면적 경향성이 아니라, 객관적으로 확인 가능한 '물질적 풍부함(富)', '인구의 많음(衆)', '조화로운 인간관계(治)'라고 보았다. 『묵자』, 「절장하」 참조.

14 여기서의 지성주의란 욕구와 지성의 일치를 말하는 입장이다. 의지주의란 지성의 판단에 따라 의지가 변할 수 있음을 말한다. 묵가는 손익계산의 결과에 따라 우리의 정서나 의지가 바뀔 수 있음을 말한다.

묵가는 규범은 내면에서 유래한 것이 아니고, 외재적으로 만들어진 것이며, 지성 혹은 지능을 통해 우리의 감정이 정해지고, 또 조절될 수 있다고 주장했다. 물론 묵가의 견해는 반드시 발생적으로 우리의 감정 혹은 정서가 지능보다 뒤에 이루어졌음을 의미하지 않는다. 오히려 자연적이고 인지과학적인 설명은 지능이 우리의 기본적인 정서나 감정에 기반을 두고 발생했다고 보는 것일 테다.[15] 내가 묵가에게 적용하는 감정 기능주의는 이런 발생론과는 관계없이, 지능이 결국 감정의 존재를 확인·인정하는 데 기여한다는 것이다. 혹은 지능이나 감정이 거의 같은 방식으로 작동한다고 생각했다는 것이다. 그러나 이 글에서는 이러한 감정 기능주의가 단순히 묵가에게만 적용되는 것이 아니고, 묵가의 영향을 받은 유가 특별히 맹자[16]에게도 적용될 수 있음[17]을 보일 것이다.

맹자의 유가 전통 내에서의 위치나 유가가 동아시아 철학에서 가지는 중심적 역할을 생각할 때, 맹자의 감정에 대한 이런 기능주의적

---

15 유권종·박충식·장숙필, 「인지과학적 시뮬레이션을 통한 조선 성리학의 예교육 심성모델 개발」(1), ≪민족문화연구≫, 37호(2002), 326쪽.

16 니비슨(David S. Nivison)은 맹자에게서 보이는 의지주의적 측면이 묵자에게서 왔음을 지적한다. David S. Nivison, *The Ways of Confucianism*, Bryan W. Van Norden(ed.)(La Salle: Open Court, 1996), pp.121~132 참조.

17 물론 이것은 대상 차원이 아니고, 메타 차원에서 이루어진다. 여기서 대상 차원과 메타 차원의 구분은 사실은 지성의 이런 결정적 주재성을 맹자는 스스로 믿지 않았지만, 그러나 우리가 보기에 즉 메타적으로 맹자는 사실상 지성의 결정적 주재성을 믿었다는 점에서 도입되었다.

관점은 동아시아 철학이 감성을 가진 인공지능의 출현 가능성을 원리상 긍정하는 것처럼 보인다. 즉 실제적으로는 지능적 연산 과정의 결과이지만, 이것을 얼마든지 통상적이고 자연적인 인간감정으로 바라볼 수 있다는 묵가와 유가의 감정 기능주의는 더욱더 고도화된 지능을 통해 더욱더 인간답게 행동하게 될 미래의 인공지능이 감정을 가진 존재로 인정받을 수 있게 되는 데 일조할 것이라는 생각이다. 이것은 동아시아 철학이 인간 중심주의이고 감정을 중시하며, 따라서 인공지능에 대해 맹목적인 거부감을 줄 것[18]이라는 막연한 통념과는 달리 인공지능의 인격성 문제와 관련해 동아시아 철학이 상당히 전향적인 입장을 취할 수 있음을 보여준다.

물론 유가, 특별히 맹자에게 감정 기능주의를 부여하는 것은 유가와 묵가의 차이, 나아가 맹자와 순자의 차이를 제대로 내지 못하는 부작용을 보일 수 있다. 유가의 가치 내재주의를 부정하고, 여기서 무리를 해서 맹자에게 감정 기능주의 내지 그와 연관된 외재주의를 부여하는 이유는 인공지능과 결부해 맹자의 사상을 접근해 들어갈 때, 기존의 내면성을 강조하는 접근 방식보다는 좀 더 외면적이고 계량적이며 단계적인 방식이 맹자를 이해하는 데 효과적이라고 보았기 때문이다.[19] 아니 사실은 맹자의 이해를 위한 실용성의 문제라기보다

---

18 동아시아 철학은 이성보다는 감정에 호소한다는 생각을 말한다. 이런 견해에서는 자연스럽게 인간이 아닌 기계를 어떻게 인간처럼 대할 수 있겠는가, 또 어떻게 기계가 감정을 가진다고 말을 할 수 있겠는가라고 생각해, 인공지능의 인격성에 대한 부정적 생각을 더욱 촉진시킬 것이라고 볼 수 있다.

는 맹자의 철학이 현대사회에 주요하게 시사하는 바가 무엇인지가 더 문제일 것이다. 즉 이 글에서 유가와 묵가의 감정 기능주의를 인공지능과 연결시키는 이유는 동아시아 철학이 현대사회 혹은 미래사회에 가져다줄 수 있는 통찰이 있다고 믿기 때문이다.

3. 묵가의 감정 기능주의

묵가의 철학이 인공지능의 원리[20]와 근사하다는 것은 여러 점에서 확인될 수 있다. 먼저 묵가철학은 철저한 이성주의에 의해 인도된다.

> 기쁨, 노여움, 즐거움, 슬픔, 사랑, 미워함(등의 감정)을 버리고 인의(仁義)를 사용해야 한다. 손, 발, 입, 코, 귀가 의(義)에 따라 일을 할 때 반드시 성인이 된다.[21]

---

19 예컨대, 덕을 개별 행위자의 단항적 속성이 아니라 행위자, 사회적 배경, 비사회적 환경의 삼항 관계로 파악하려는 알파노(Mark Alfano)의 "What are the Bearers of Virtues?" in Hagop Sarkissian and Jennifer Cole Wright(ed.), *Advances in Experimental Moral Psychology*(New York: Bloomsbury, 2015), pp.73~90 참조.

20 여기서 말하는 인공지능의 원리란 다양하고 복잡한 기능을 양가(兩價)의 연산을 통해 구현하는 것을 의미한다. 지성의 조작을 통해 자연적 감정을 구현할 수 있다는 것이 바로 감정 기능주의의 입장이다.

21 必去喜, 去怒, 去樂, 去悲, 去愛, 而用仁義. 手足口鼻耳從事於義, 必爲聖人(『묵자』, 「귀의」).

이 구절에서 흥미로운 것은 보통 유가에서 인의(仁義)가 측은지심이나 혈연의 감정과 같은 감정과 연계되는 것과 달리 여기서는 감정과 상대해서 등장한다는 것이다. 인의의 올바른 행위는 감정을 버리고 인의를 사용해야 얻어지는 것이다. 인의, 특히 의(義, 올바름)가 이성과 연관이 있다는 것은 의에 대한 묵가의 견해를 보면 알 수 있다. 묵가는 어떤 행위의 올바름은 감정이나 관습과 같이 지역이나 시간에 따라 변하는 것이 아니라, 어떤 항구적이고 보편적인 기준을 통한 이성적 판단에 입각해 이루어진다고 보았다. 특별히 의와 관습의 구분에 대해 묵가는 다음과 같이 말했다.

옛날 월의 동쪽 개술이라는 나라에서는 맏아들을 낳으면 갈라 먹으면서, (이는 다음 태어날) 동생에게 좋은 일이라고 말하고, 할아버지가 죽으면 할머니를 져다 버리면서, 귀신의 처하고는 같이 살 수 없다고 말한다. …… 또 초의 남쪽 염인국에서 부모가 죽으면 살을 발라버리고 뼈만 묻어야 효자라고 하고, 진의 서쪽 의거국에서 부모가 죽으면 장작을 모아 화장을 하는데 연기가 오르는 것을 하늘나라에 오른다고 말하고 그렇게 해야만 효자라고 한다. 이것으로 위에서 정치를 행하고 아래서는 풍속을 삼아, 그치지 않고 행하며, 유지하고 버리지 않는다. 이것이 어찌 진실로 인의의 도리이겠는가? 이른바 습관을 적절하다 생각하고 습속을 옳은 것으로 여기는 것이다.[22]

---

22 昔者越之東有輆沐之國者, 其長子生, 則解而食之. 謂之『宜弟』; 其大父死, 負其大母而棄之, 曰鬼妻不可與居處. …… 楚之南有炎人國者, 其親戚死朽其肉而棄之, 然後埋其骨, 乃成爲孝子. 秦之西有儀渠之國者, 其親戚死, 聚柴薪而焚之, 燻上, 謂之登

옳음이 무엇인지를 알기 위해서는 어떤 기준이 있어야 하는데, 묵가는 이를 삼표(三表) 혹은 삼법(三法)이라고 했다.

말을 함에 판단기준이 없으면, 마치 질그릇 만드는 돌림대 위에 해가 뜨고 지는 방향을 표시해놓는 것과 같다. 그러므로 옳고 그르고, 이롭고 해로운 것을 밝게 가려낼 수가 없는 것이다. 따라서 말에는 반드시 세 가지 표준이 있어야 한다. 즉 근본(本), 근원(原)과 실용(用)이 그것이다. 무엇에 근본을 둘 것인가? 옛날 성왕들의 사적에 근원을 두어야 한다. 무엇에 근원해 추구할 것인가? 백성들의 귀와 눈으로 들은 사실에 근원해 추구해야 한다. 무엇으로 실용적인가를 판가름할 것인가? 실제 형벌을 폈을 때 나라와 인민들에게 이로운가를 살펴보아야 한다. 이것을 말에서의 세 가지 표준이라고 한다.[23]

말(言)은 일종의 학파의 교설, 주장을 의미하는 것으로 묵가는 어떤 주장이 맞는지 그른지를 가르는 기준으로 세 가지를 들었다. 이 세 가지 기준, 근본(本), 근원(原), 실용(用)은 각각 역사적 전거, 경험적

遲, 然後成爲孝子. 此上以爲政, 下以爲俗, 爲而不已, 操而不擇, 則此豈實仁義之道哉? 此所謂便其習而義其俗者也(『묵자』,「절장하」).

23 言而毋儀, 譬猶運鈞之上而立朝夕者也, 是非利害之辨, 不可得而明知也. 故言必有三表. 何謂三表? 子墨子言曰: 有本之者, 有原之者, 有用之者. 於何本之? 上本之於古者聖王之事. 於何原之? 下原察百姓耳目之實. 於何用之? 廢以爲刑政, 觀其中國家百姓人民之利. 此所謂言有三表也(『묵자』,「비명상」).

사실, 그리고 실제의 이익에 해당할 것이다. 이 세 가지 보편적 기준 중에서 가장 중요한 것은 실제의 이익일 것이다. 왜냐하면, 묵가가 비판하는 유가에게도 역사적 전거나 경험적 사실은 중요했으므로 이 두 학파를 가르는 기준은 실제의 이익을 추구하는가 그렇지 않은가에 있을 것이기 때문이다. 실제적으로도 유가와 묵가는 자신이 유리한 역사적 전거나 상식을 끌어들여 자신의 주장들을 옹호했으므로, 세 번째 기준이 유·묵을 나누는 기준이 될 것이다. 절용, 절장, 비악 등의 교설에서 보이는 묵가의 이익추구 정신은 묵가로 하여금 때때로 "의로움이란 이로움이다"[24]라고 말하게 했다. 모든 이로움이 다 의로운 것은 아니지만, 이롭지 않은 의로움이란 가능하지 않다고 보았기 때문이다. 묵가가 보기에 유가의 핵심적 주장인 예악은 이롭지 않은 것들이고, 따라서 옳은 것이 아니다.

이처럼 묵가가 옳음은 기준을 통해 이루어지고, 기준 중에서 가장 중요한 것은 실제의 이익에 있으므로, 묵가에 있어서 이성적 판단은 이익과 손해를 계산해서 대차대조를 해보았을 때 더 많은 이익을 주는 것이었다. 계산을 통해 이익과 손해의 대차대조가 양의 값이면 옳은 것, 음의 값이면 옳지 않은 것이었다. 기본적으로 이성을 계산으로 보는 것은 묵가와 인공지능이 공유하는 믿음이다. 묵가는 계산적 활동을 하는 능력이나 기관을 마음이나 이성이라는 말 대신에 지(知, 지능 혹은 지성)라고 표현했다.[25] 후기 묵가의 저작이라고 여겨지

---

24 義, 利也(『묵자』, 「경상」).
25 유가나 도가의 마음이 주로 정서적 마음을 의미한다면 이와 대조적으로 묵가의 지

는 『묵경』[26]에서는 지(知)를 다음과 같이 정의한다.[27]

經上: 지(知)는 지능이다(知, 材也).

經說上: 지능이라는 것은 우리가 그것으로 인지하게 되는 수단이고, 반드
시 인지하게 된다. 마치 시력과 같다(知: 材, 知也者. 所以知也而必知. 若明).

經上: 慮(사려함)는 (인지를) 구하는 것이다(慮, 求也).

經說上: 사려함은 지능으로 구함이 있는 것이다. 반드시 인지하게 되지는
않는다. 흘겨보는 것과 같다(慮: 慮也者, 以其知有求也, 而不必得之. 若睨).

經上: 인지(知)는 (사물과의) 접촉이다(知, 接也).

經說上: 인지(知)라는 것은 지능을 사용해 사물을 지나치고 나서 능히
묘사할 수 있는 것이다. 보는 것과 같다(知: 知也者, 以其知過物而能貌之.
若見).

經上: 이해(恕)는 밝음이다(恕, 明也).

능은 인공지능과 마찬가지로 추론이나 인지의 기능과 관련이 있다.

26 현행본 『묵자』 제40편 「경상」, 제41편 「경하」, 제42편 「경설상」, 제43편 「경설하」,
제44편 「대취」, 제45편 「소취」를 가리킨다.

27 인용문들은 『묵경』의 구절들이다. 번역은 대체로 그레이엄(Angus C. Graham)의
책에 의거했다. A. C. Graham, *Disputers of the Tao*(La Salle: Open Court
Publishing Company, 1989), p.140.

經說上: 이해(恕)는 지능을 사용해 사물을 논함으로써 그 인지가 분명해지는 것이다. 마치 명백한 봄과 같다(恕: 恕也者. 以其知論物而其知之也著. 若明).

앞에서 보듯이 지(知)는 두 가지 의미가 있다. 인지(앎)를 뜻하기도 하고, 그 인지 과정에서 사용하는 지능을 뜻하기도 한다. 인지도 정도의 차가 있는데, 그저 사물을 접해서 아는 인지와 사물에 대한 논의를 통해 알게 되는 인지가 있으며, 후자의 것이 오류의 가능성이 적은 인지라고 했다. 이 차이를 나타내기 위해서 후자의 인지는 심(心)이라는 부수를 첨가한 새로운 글자, '恕'로 표현했다. 물론 여기서 인지의 대상은 이익과 손해의 대차대조일 것이다.

묵가가 인간 유기체의 활동을 마음이나 오감 대신 지능을 중심으로 생각했다는 것은 매우 흥미롭다. 심지어 인간의 호오(好惡)의 욕구나 감정도 지능이 담당하는 것이다. 또한 인간의 다양한 상태나 활동이 지능을 중심으로 표현되고 있다. 『묵경』의 구절을 다시 인용한다.

經下: 인지할 때, 오감으로 인지하지는 않는다. 지속함에 있다(知而不以五路, 說在久).
經說下: (인지가 있는) 사람은 눈으로 보고, 눈은 불을 사용해서 보지만 불은 보지 않는다. 인지의 수단이 단지 오감이라면 지속됨을 인지하는 것은 마땅하지 않다. 눈을 사용해서 보는 것은 불을 사용해서 보는 것과 같다 (智: 以目見. 而目以火見, 而火不見. 惟以五路智, 久不當, 以目見若以火見).
經上: 삶이란 육체와 지능이 함께 있는 것이다(生, 刑與知處也).

經上: 잠자는 것은 지능이 어떤 것도 알지 못하는 상태이다(臥, 知無知也).

經上: 꿈은 잠자면서 그러하다고 생각하는 것이다(夢, 臥而以爲然也).

經上: 평안함은 지능이 욕구하는 것도 없고, 미워하는 것도 없는 것이다
(平, 知無欲惡也).

經說上: 담담한 것이다(平: 惔然).

이런 지능과 인지의 개념을 바탕으로 묵가는 올바른 행위란 손익
을 계산한 이후에 생겨난 욕구를 따르는 것이라고 주장한다.[28] 사실
묵가에게 혼란의 의미는 바로 욕망(欲)과 결과(得)의 불일치에서 온
것이다. 묵자는 이렇게 묻는다. 우리는 기본적으로 이익을 원하는데,
왜 해로움을 얻게 되는가?[29] 맹자 같으면 우리의 욕구나 감정이 가지
는 비합리성, 충동성을 이야기할 텐데, 지능을 강조했던 묵자는 그 질
문에 대해 우리가 충분히 손익계산을 하지 못하기 때문이라고 대답
한다. 즉 우리가 충분하게 지능을 사용하지 못해서 우리의 욕구와 실
제 상황이 차이가 난다는 것이다. 이런 욕구와 상황의 간극을 줄일 수
있는 것은 욕망을 조절할 수 있는 지능의 운용이다. 이렇게 본다면,
묵자는 우리가 지능을 충분히 사용하지 못했을 때 가지게 되는 욕구
는 사실은 우리가 욕구하는 것이 아니고, 우리의 참된 욕구는 우리가
가지게 되는 공적 상황, 그리고 그 상황에 대한 정확한 파악으로부터

---

28 爲, 窮知而縣於欲也 [爲(행위)는 앎을 다하고서, 욕구에 따르는 것이다](『묵자』,
「경상」).

29 失其所欲 得其所惡(『묵자』, 「비명」, 「친사」).

나온다고 믿는 것이다.

> 천하 사람들은 누구나 그가 좋아하는 것을 흥하게 하고, 그가 싫어하는 것
> 은 없애려 합니다. 지금 당신은 어떤 고을에 용사가 있다는 말을 들으면 반
> 드시 쫓아가 그를 죽이고 있으니, 이것은 용감한 것을 좋아하는 게 아니라
> 용감한 것을 싫어하는 것입니다.[30]

이것이 사실이라면 지능의 계산과 욕구는 동질적인 것이다. 일종
의 주지주의인 셈이다. 사실 묵가는 감정을 사적인 것이 아니라, 공
적인 것으로 번역해서 사용한다. 사랑함과 미워함을 '실제로 대상에
게 이익을 주려는 태도'와 '실제로 대상에게 손해를 주려는 태도'로 해
석한다. 내가 어떤 사람을 사랑한다고 하고 그를 해치거나, 내가 어
떤 사람을 미워한다고 하면서 그를 이롭게 하지는 않는다는 것이다.
이것은 감정을 측정 가능한 것으로 치환시키는 것이다. 이처럼 진정
한 욕구는 지능의 사용 결과로 나타난다.

또한 이들은 효나 형제간의 우애의 감정도 공적 이익을 증진시키
는 지능의 능력에 의해 잘 구현될 수 있다고 보았다. 묵가의 보편적
사랑인 겸애도 철저한 지성적 태도이지만,[31] 이타적 사랑으로도 묘사

---

30 天下莫不欲與其所好, 度其所惡. 今子聞其鄕有勇士焉, 必從而殺之, 是非好勇也, 是
惡勇也(『묵자』, 「경주」).

31 David B. Wong, "Universalism Versus Love with Distinctions," *Journal of
Chinese Philosophy*, 16(1989), pp. 252~272.

되는 것에 주목할 필요가 있다. 그들은 이렇게 생각한 것으로 보인다. 적어도 현상이 똑같다면, 그 현상을 가능하게 한 동기의 차이라는 것이 무슨 커다란 의의가 있을까? 사랑을 한다면서 이익을 주지 않는다면, 사랑을 안 하는 것과 무슨 차이가 있을까?

이런 지성주의, 혹은 주지주의로 인해 묵가는 알면서도 다른 행동을 할 수는 없다고 생각한다. 비도덕적 행위를 하는 것은 이성적 능력의 결함에 있다고 보았다. 남의 과수원에 들어가서 과일을 훔치는 행위는 비난하면서, 다른 나라를 침범해서 사람을 죽이고, 다른 사람의 물건을 빼앗는 행위는 칭찬하는 경우가 바로 그런 예이다.

지금 조그만 그릇된 짓을 하면 그것을 알고서 비난을 한다. 그러나 남의 나라를 공격하는 커다란 그릇된 짓을 하면 잘못인 줄 모른다. 오히려 그 커다란 잘못을 칭송하면서 그를 따르며 옳음이라 말하고 있다. 이것을 옳음과 옳지 않음을 분별할 줄 아는 것이라 말할 수 있겠는가?[32]

묵가의 지성주의는 의지주의에 의해 절정을 이룬다. 묵가는 그저 이성이나 의지에 의해 우리의 감정을 억누르려고만 하는 것이 아니다. 묵가의 지능이나 의지는 우리의 감정을 변모시킨다. 즉, 지성적 판단과 의지에 의해 우리의 감성이 움직일 수 있다. 묵가 집단은 기본적으로 인간의 의지와 욕구도 계산적 지성 혹은 이성에 의해 조절 가

---

32 今小爲非, 則知而非之. 大爲非攻國, 則不知非, 從而譽之, 謂之義. 此可謂知義與不義之辯乎?(『묵자』, 「비공상」).

능한 것으로 보았다.

그러므로 옛날에 성왕이 정치를 할 적에 다음과 같은 말을 했다. "의롭지 않은 자는 부하게 해주지 말고, 의롭지 않은 자는 귀하게 해주지 않고, 의롭지 않은 자는 친하게 지내지 않고, 의롭지 않은 자는 가까이하지 않아야 한다." 그러자 나라의 부귀한 사람들은 이 말을 듣고서 모두 물러나 의논했다. "처음 우리가 믿고 있었던 것은 부귀였다. 지금 임금님께서는 의로운 사람이면 가난하고 천한 것도 가리지 않고 등용하고 계시다. 그러니 우리도 의로움을 행하지 않을 수가 없다."[33]

이 글에서 부귀한 사람들이 '의로움을 행하는 척을 하지 않을 수 없다'라고 하지 않고, '의로움을 행하지 않을 수 없다'라고 표현하는 것에 주의할 필요가 있다. 묵가는 우리의 지능의 판단이 무엇이 이익을 많이 가져다줄 것임을 알기만 한다면 우리가 그 행동을 기꺼이 할 수가 있다고 보았다. 그저 이익을 얻기 위해 억지로 하는 척하는 것이 아니라, 정말로 원해서 할 수가 있다고 보았다. 이것이 바로 묵가가 감정 기능주의를 믿었다고 하는 이유이다.

---

33 是故古者聖王之爲政也, 言曰: '不義不富, 不義不貴, 不義不親, 不義不近'是以國之富貴人聞之, 皆退而謀曰: 始我所恃者, 富貴也, 今上擧義不辟貧賤, 然則我不可不爲義(『묵자』, 「상현상」).

4. 유가의 감정 기능주의

유가가 묵가와는 달리 도덕적 행위의 토대로 감정의 자연성을 강조했다는 것은 분명하다. 그런 점에서 지성적 계산을 강조한 묵가와 대비된다. 특별히 부모와 자식 간의 혈연관계에 기반을 둔 친밀성의 감정은 공자 이래로 유가 도덕의 핵심을 차지하고 있다.[34] 나아가 맹자가 이야기한 사단(四端)의 도덕적 감정도 혈연애(血緣愛) 못지않게 강조되어왔기에, 유가에서 감정은 주도적 위치를 차지했다고 볼 수 있을 것이다. 다시 말해, 유가철학은 그것이 혈연의 자연적 감정이건 아니면 사단의 도덕적 감정이건 그것을 확충하는 가운데 우리의 도덕이 완성된다고 생각했다. 하지만 사실은 감정 그 자체보다 감정을 어떻게 도덕적으로 이끌고, 그것을 어떻게 도덕과 연결시킬 수 있을지가 더 중요했다. 이것은 아마도 '발견의 맥락'에서건, '정당화의 맥락'에서건 모두 해당될 것이다.

• 혈연의 자연적 감정(매장의 예)
상고시대에 일찍이 그 어버이를 장례하지 않은 자가 있었는데, 그 어버이가 죽자 들어다가 구렁에 버렸었다. 후일 그곳을 지날 적에 여우와 살쾡이가 파먹으며 파리와 등에가 모여서 빨아 먹거늘, 그 이마에 땀이 흥건히 젖어서 흘겨보고 차마 똑바로 보지 못했으니, 땀이 흥건히 젖은 것은 남들이

---

34 孝弟也者, 其爲仁之本與(『논어』, 「학이」); 親親 仁也(『맹자』, 「고자하」, 「진심상」).

보기 때문에 땀에 젖은 것이 아니라, 중심이 면목(面目)에 도달한 것이다. 그는 집으로 돌아와서 삼태기와 들것에 흙을 담아 뒤집어 쏟아서 시신을 엄폐했으니, 시신을 엄폐하는 것이 진실로 옳다면 효자와 인인이 그 어버이를 엄폐하는 데는 또한 반드시 도리가 있을 것이다.[35]

• 사단의 도덕적 감정 (유자입정)

이제 막 어린아이가 우물에 들어가려 하는데, 모두 누구나 놀라고 측은한 마음이 생길 것이다. 이는 아이의 부모와 사귀려고 해서가 아니고, 마을 어른이나 친구들에게 칭찬을 받고자 함도 아니고, 그 아이가 우물에 빠져 우는 소리를 듣기 싫어함도 아니다. 이로 보건대, 측은한 마음이 없으면 사람이 아니고, 부끄러워하고 싫어하는 마음이 없으면 사람이 아니고, 사양하는 마음이 없으면 사람이 아니며, 옳고 그름을 따지는 마음이 없으면 사람이 아니다.[36]

오랫동안 유가가 감정의 윤리학이라는 것은 의심할 수 없는 명제였다. 매장이나 우물에 빠지는 어린애를 구하려는 도덕적 행위의 토

---

35 蓋上世嘗有不葬其親者, 其親死, 則舉而委之於壑. 他日過之, 狐狸食之, 蠅蚋姑嘬之. 其顙有泚, 睨而不視. 夫泚也, 非爲人泚, 中心達於面目, 蓋歸反虆梩而掩之. 掩之誠是也, 則孝子仁人之掩其親, 亦必有道矣(『맹자』, 「등문공상」).

36 今人乍見孺子將入於井, 皆有怵惕惻隱之心. 非所以內交於孺子之父母也, 非所以要譽於鄕黨朋友也, 非惡其聲而然也. 由是觀之, 無惻隱之心, 非人也; 無羞惡之心, 非人也; 無辭讓之心, 非人也; 無是非之心, 非人也(『맹자』, 「공손추상」).

대가 손익계산의 지성적 운용이 아니라, 우리 내면의 자연적 도덕감
정이라는 것은 앞의 구절들이 잘 보여준다. 옳음이 이익과 같이 갈 수
없다는 점은 너무도 분명했다. 손익계산의 태도를 옳음과 정반대의
태도로 본 맹자의 말이 이것을 잘 보여준다.[37] 하지만 유가가 강조하
는 친친(親親)의 감정과 사단의 감정이 정말로 이익과는 관계없는, 계
산을 배제한 순수한 감정일까? 그것에는 정말 지성이 게재되어 있지
않을까?[38] 감정과 이성의 경계를 나누는 것이 쉽지는 않지만, 맹자도
참여한, 기원전 4~3세기 고대 중국에서 이루어진 내와 외, 자연(性)과
인위(僞)의 구분에 대한 논의를 이용해 이 문제를 접근해볼 수 있겠
다. 고대 중국에서 내와 외, 성과 위의 구분은 주어진 것, 통제 불가능
한 것과 인위적인 것, 통제 가능한 것의 구분이다. 대체로 감정이란
전자의 주어진 것, 통제 불가능한 것, 수동적인 것을 의미하고, 이성
이란 후자의 인위적인 것, 능동적인 것에 대응된다고 할 수 있겠다.
이렇게 본다면 내와 외, 성과 위의 구분은 감정과 이성의 구분에 대응
되는 것이라고 할 수 있다. 유가는 당연히 친친의 감정과 사단의 감정
은 전자에 속하는 것으로 강조해왔다. 하지만 유가의 초기 창시자 중
하나인 순자의 맹자에 대한 우려가 보여주듯이 전자에 속하는 감정
은 임의적이고, 자의적인 것으로 객관적 행위 규범이 되기에 불충분

---

37 『맹자』, 「양혜왕상」의 첫 구문이 "왜 하필 이익을 말하는가(何必曰利)?"였다.
38 김명석은 맹자 윤리학에도 강한 이성의 측면이 있다고 주장한다. Myeong-seok
   Kim, "Is There No Distinction between Reason and Emotion in Mengzi?"
   Philosophy East and West, Vol.64, No.1(2014), pp.49~81 참조.

한 것이다. 순자가 유가임에도 내면적 감정을 배제하고, 도덕성이 인위 혹은 바깥(外)에서 온다고 하는 이유이다. 필자는 이런 순자의 우려가 사실은 맹자나 공자에 의해서도 무의식적으로 공유되었고, 따라서 그들의 철학도 이런 우려를 불식하려 한 측면이 있다고 생각한다. 나아가 이것이 성리학의 이기론(理氣論)에서의 기(氣)에 대한 리(理)의 우선성, 기발(氣發)에 상대한 리발(理發)의 등장 등등으로 나타났다고 생각한다.

친친의 감정이 자연적이지 않다는 점은 부모와 자식 간의 갈등을 말하는 법가 사상가나 묵가 사상가의 글을 빌리지 않고라도, 공자 스스로도 인정하는 바이다. 공자는 쉰 살이 넘어서도 자신의 처자만큼 부모를 생각하는 사람을 보지 못했다[39]라고 함으로써 친친의 감정이, 특히 부모에 대한 자식의 감정이 노력을 통해 이루어지는 것임을 인정했다. 친친은 결코 주어지고 통제 불가능한 순수한 감정은 아닌 것이다. 자식이 부모를 생각하는 것은 그렇다 쳐도 부모가 자식을 생각하는 것은 순수한 감정이 아니냐고 할 수 있다. 하지만 문제는 부모가 자식을 사랑하는 것은 그야말로 충동적인 것으로서 동물에게서도 볼 수 있는 것이므로 도덕적 가치가 결여되어 있다.[40] 부모의 자식 사랑

---

39 孔子曰: 舜其至孝矣, 五十而慕(『맹자』, 「고자하」).

40 『순자』 「비상」에는 금수와 인간의 차이를 다음과 같이 언급한다. "금수에게도 부자관계가 있지만 부자관계에서 표현되어야 하는 친함의 덕목은 없고, 암수의 (생물학적) 구별은 있지만 남녀 간의 (도덕적) 구별은 없다(夫禽獸有父子, 而無父子之親, 有牝牡而無男女之別)."

이 유가가 친친으로 칭송하는 도덕이 아닌 이유이다. 친친의 감정은 주로 자식이 부모에 대해 가지는 감정으로 그것은 부모가 자신에게 해준 혜택을 인지하고 그것을 보답하려는 섬세한 도덕적 정신이 없으면 유지되기 힘든 것이다.[41]

사단의 감정도 물론 맹자는 누구나 가지고 있는 도덕적 감정으로 칭찬하지만, 역설적으로 사단이 누구나 가지는 감정이라면 그것은 커다란 도덕적 의의가 없는 것이다. 사단은 그것을 확고한 덕성으로 확충하려는 노력을 통해 비로소 중요한 도덕적 감정이 될 수 있다. 군자는 푸줏간을 멀리하라[42]는 맹자의 말은 동물을 보고 측은지심을 느끼는 것이 때로는 잘못일 수 있다는 점을 보여주는 것이다. 사단의 측은지심이 우리로 하여금 고기를 먹지 못하게 하는 상황에 빠지게 할 수 있기 때문이었다. 사단은 이 점에서 절대선이 아니다. 맹자의 성선설이나 사단설은 이처럼 인지와 확충의 노력을 배제해서는 성립할 수 없다. 이처럼 맹자의 입장은 원래의 천연의 감정을 강조한다기보다는 그와 연관된 확충의 노력과 권(權), 도(度), 사(思)와 같은 인지적 마음[43]의 역할이 더 중요하다고 말하

---

41 공자가 3년상 대신 1년상을 주장하는 재아(宰我)에게 재아는 부모의 은혜를 충분히 받지 못한 사람이라고 비난하는데, 이것은 사실 재아의 부모가 실제로 재아에게 은혜를 베풀지 않았다는 역사적 사실을 지적했다기보다는 재아가 부모의 그런 은혜를 충분히 인지하지 못함을 책망한 것이라고 보아야 할 것이다(『논어』, 「양화」).

42 "君子遠庖廚也"(『맹자』, 「양혜왕상」).

43 물론 우리는 여기서 말하는 마음의 인지작용이 묵가의 손익계산과는 다른 종류의 인지작용이라고 말할 수 있다. 하지만 맹자에게서도 권(權)과 도(度)의 원초적 의미는 경중(輕重)과 장단(長短)의 인지이다. "權, 然後知輕重, 度, 然後知長短"(『맹

고 있다. 우리는 이런 맹자의 관점에서 '소여의 신화(the myth of the given)'에 반하는 '선이해(pre-understanding)' 혹은 '선인지(pre-knowing)'의 중요성을 확인할 수 있다. 다시 말해, 맹자에게서도 의미 있는 감정은 그저 아무런 통제가 없이 발현되는 사태가 아니라, 어떤 인지적 구조를 통해 구현되는 상황이라고 보는 것이다.

사실 우리는 이러한 우리 감정의 성격에 대해 무지할 수 있다. 맹자의 지적처럼 제선왕(齊宣王)이 종교적 의식을 위해 희생으로 끌려가는 소에 대해 자신이 가진 측은지심의 감정을 몰랐듯이,[44] 우리는 우리의 감정이 어떤 성격을 지니는지 모를 수 있다. 즉, 우리가 감정을 가진다는 경험이 바로 우리가 어떤 특정한 감정의 존재를 알고 있음을 보여주는 것은 아니다. 우리는 우리가 가지는 감정의 의미를 지성을 통해 확인할 수밖에 없고, 바로 이런 확인 과정을 통해 비로소 그 감정은 의미 있는 도덕 감정이 되고, 우리는 도덕적 존재로 거듭난다.

유가 혹은 맹자가 도덕적 행위의 동기로 단순한 손익계산이 아니라 자연적 감정을 강조했음을 가장 대표적으로 보여주는 것은 맹자의 유인의행(由仁義行)과 행인의(行仁義)의 구분이다. 맹자는 유가의 성인인 순임금은 '(그저) 인의의 행위를 행한 것(行仁義)'이 아니라 '인의에 근거해서 행위한 것(由仁義行)'이라고 말한다.[45] '인의에 근거해서'

자』, 「양혜왕상」) 참조.
44 『맹자』, 「양혜왕상」.
45 『맹자』, 「이루하」.

를 앞에서 말한 혈연애와 사단의 감정에 근거해서로 이해하면 그런 감정을 앞세우지 않는 묵가의 행위는 그저 인의라고 여겨지는 행위를 하는 것으로 이해될 수 있다. 진심 어린 감정이 담기지 않는 행위와 그렇지 않은 행위가 겉으로는 비슷하지만 사실은 천양지차로 다르다는 것이다.

그러나 니비슨(David S. Nivison)이 지적하듯이 『맹자』에는 이러한 구분이 그렇게 철저하지 않는 것처럼 보이는 부분이 있다. 즉 맹자는 올바른 행위는 올바른 동기를 포함해야 한다고 하면서도, 때로는 그렇지 않은 동기에서 하는 올바른 행위도 용인하는 모습을 보이기도 한다. 예컨대, 맹자는 제선왕을 비롯한 제후들을 방문하면서 인정(仁政)을 베풀 것을 호소하는데, 그 과정에서 그들이 천하의 패자가 되려는 불순한 동기를 가진 것을 탓하지 않고, 오히려 그 패자의 목표를 이루기 위해서 인정(仁政)을 하라고 한다.[46] 다시 말해 맹자는 제선왕 등의 제후들이 가지는 불순한 동기가 인정(仁政)이라는 유가의 이상적인 정치와 충돌이 되지 않는 듯이 말하는 것이다. 니비슨은 이것을 맹자의 역설적 상황이라고 본다. 니비슨이 보는 맹자의 역설이란 패자가 되겠다는 심층의 계산적 동기를 가지고 인자한 행위를 하는 것과 인자한 마음이 전혀 없이 (혹은 의무감에서일지라도) 인자한 행위를 하는 것이 별로 달라 보이지 않는데도 맹자는 전자는 긍정하고 후자는 부정한다는 데 있다. 이런 역설을 해소하기 위해 니비슨은 세 가지

---

46 『맹자』, 「양혜왕상」.

해결책을 제시한다.[47]

그러나 이런 해결책들은 그저 원론적으로 맹자의 의무론적 견해와 묵가의 결과주의적 견해가 다르다는 것만을 확인하는 것일 뿐, 맹자와 묵가의 두 견해를 융합할 수 있는 길을 제시하지 못한다. 내가 생각하기에 맹자의 입장과 묵가의 입장은 별로 다르게 진행되지 않는다. 맹자나 묵가나 첫 시작은 외면적 조절이며, 그 결과는 외면을 통한 내면의 조정이다.[48] 결국 내면과 외면의 구별이란 정도의 차이이지, 본질적인 차이가 아님을 알게 될 것이다.

이것은 어떤 종류의 이상주의도 부딪힐 수밖에 없는 문제다. 유가가 말하는 성인은 하늘에서 떨어진 존재가 아니고 현실의 인간이 성취한 결과이므로, 적어도 현실의 인간은 초기에 유가가 말한 그런 순수한 의도를 가질 수 없다. 그러므로 성인이 되기까지의 과정에 있는 대부분의 현실적 인간은 불순한 의도를 가지고 도덕적 행위를 할 수밖에 없고, 바로 여기서 의도와 행동 간의 간극이 발생할 수밖에 없다. 의도와 행동이 통일되는 지점, 즉 자연스럽게 도덕적 행위를 하는 지점은 그것이 이루어지는 최종적인 순간이다.

그러나 다시 생각해보면, 그 간극이 없어지는 순간이란 도달함으

---

47 David S. Nivison, *The Ways of Confucianism*, pp.107~108.

48 "결국 외재적 질서체계인 禮 규범에 상응하는 내면의 도덕적 체계 혹은 인지체계로서의 禮 의식을 형성하는 것이 禮 문화 체계 속에서의 교육적 이상이 되는 것이다." 유권종·박충식·장숙필, 「인지과학적 시뮬레이션을 통한 朝鮮 性理學의 禮교육 心性모델 개발(2)」, ≪동양철학연구≫, 39집(동양철학연구회, 2004), 305쪽.

로써 완성되는 것이 아니고 여전히 계산을 통해 꾸준히 도덕적 행위를 지속하는 가운데서 가능한 것이 아닐까? 완성된 성인의 경지가 다시 의도와 행동의 간극이 있는 상황으로 떨어질 염려가 없는 현실의 어떤 지점은 아닐 것이다. 그렇다면 그것은 아마도 현실적 인간인 성인에게 신의 상태를 요구하는 것일 수 있다. 공자가 안회에게 3개월 동안 인(仁)에서 벗어나지 않았음을 말한 것도, 그리고 그것이 대단한 것임을 말한 것도 완성된 성인의 경지가 현실에서 달성할 수 없는 완벽한 것이 아님을 보여주는 경우일 것이다.

5. 상관론, 전체론으로서의 동아시아 철학

적어도 도덕적 행위를 이끄는 것이 무엇이냐의 문제의식에서 보았을 때, 묵가가 우리 마음의 인지적 측면을 강조한 반면, 유가는 우리 마음의 정서적 측면을 강조한 것은 매우 분명하다. 그러기에 동아시아 전통에서 주도적 역할을 한 유가의 마음 모형을, 인지적 과정을 기반으로 한 서구 이론으로 접근하는 것은 한계가 있다고 많은 학자들은 이제까지 생각해왔다. 그것은 암암리에 마음의 인지적 측면과 정서적 측면의 분리를 당연시한 결과이다. 그러나 앞서 이 글은 묵가와 유가의 감정 기능주의적 해석을 통해 인지적 과정과 정서적 과정의 연결성에 주목했다. 그럼으로써 인지적 과정을 기반으로 한 이론으로도 동아시아 전통의 마음 모형에 접근할 수 있는 지점이 확보될 수 있다고 믿는다.

앞에서 강조한 유가와 묵가가 공유하는 감정 기능주의란 감정과 이성이 두 독립된 실체가 아니라, 상호 의존적이라는 일종의 상관주의적 사고의 큰 틀에서 전개된 것이다. 그것은 감정이 이성의 영역으로 완전히 환원되거나 동일하다는 강한 주장을 하지 않는다. 그것보다는 오히려 감정은 이성을 통해, 이성은 감정을 통해 성립되고 이해될 수 있다는 주장, 즉 감정과 이성의 상호 의존성을 말한다. 필자는 인공지능이나 머신러닝이 지향하는 바도 이러한 감정과 이성의 상관주의에 바탕을 두고 있다고 생각한다. 즉, 지능적인 존재인 인공지능이 인간과 거의 유사해지는 행동을 하게 된다면, 그와의 교류에서 그에게 감정을 부여하고, 그것을 기대하는 것이 전혀 터무니없는 환상은 아닐 것이다.

이 세상의 모든 것은 독립적으로 있는 것이 아니라, 다른 존재와 연결되어 있다는 상관주의적 사고나 모든 것은 하나의 원리 아래 있다는 넓은 의미의 전체론은 단지 묵가나 유가에서만이 아니라 동아시아 사유 전통에서 매우 강력하게 지지되어왔다. 예컨대, 유교와 함께 동아시아 철학의 주류적 사고로 간주할 수 있는 도교(혹은 도가)나 불교의 전통에서도 이런 경향을 확인할 수 있다. 흔히들 도교나 도가는 강력한 무의 사상으로, 인간의 지성으로 파악할 수 없는 신비한 세계를 실재로 간주한다고 알려져 왔으나, 사실은 허무의 무보다는 유와 무의 균형을 말하는 것으로 이해하는 것이 더 타당할 것이다. 흔히 말하는 음양의 상관성은 굳이 기원을 따지면 음양가의 사상이지만, 또한 도가나 도교, 아니 한대(漢代) 이래로 동아시아 사유 전체에 적용할 수 있는 사유방식이다. 그것은 실재를 실체(혹은 실재)와 현상으로 나누고 전자를 기반으로 삼아 후자의 존재를 바라보는 것이 아니라, 실재를 음(陰)과 양(陽)의 상관성으로 바라보는 것이다.[49]

불교의 경우도 그 핵심에는 실체를 부정하는 연기설과 양극단을 배격하는 중도설을 핵심으로 삼는데, 이것은 세련화된 상관론이라 할 수 있다. 이러한 상관주의는 모든 것이 하나의 궁극적 실재에서 왔다는 도교의 존재론과 합해져 전체론과 연관을 맺게 된다. 신유학은 이렇게 상관론과 결합한 전체론을 태극도(太極圖)와 이일분수(理一分殊)의 언어로 표현했다. 궁극적 원리인 하나로부터 만물로의 분화를 말하는 태극도와 궁극적 원리는 다양하게 표출된다는 이일분수의 원리에는 공히 하나의 원리가 만상을 지배하고 있다는 전체론적 생각은 물론이고, 음과 양의 대대(待對), 전체와 부분의 대대라는 상관적 사고도 포함하고 있다.

그러나 이러한 동아시아 철학의 특징으로 제시되어온 상관주의적 사고와 전체론이 유가의 감정에 대한 특별한 강조 때문에 적어도 유교 윤리학 분야에서는 제대로 작동하지 않았다. 한마디로 유교 윤리학 분야에서는 감정이 이성에 비해 더 근원적인 것으로, 비정상적으로 강조되었던 것이다.[50] 하지만 적어도 존재론이나 나아가 메타적

---

49 에임스(Roger T. Ames)는 전자의 사유 형태를 '초월성(transcendence)', 후자의 사유 형태를 '내재성(immanence)'이라고 특징짓는다.

50 슬링거랜드(Edward Slingerland)는 많은 학자들이 동아시아 사상을 전체론적으로 해석하지만, 사실상 그들은 영혼과 육체의 이원성을 믿었다고 주장한다. Edward Slingerland, "Pluralism, Both East and West: Science-Humanities Integration,

차원에서는 유교에서도 상관주의적 사고와 전체론이 견지되었다고 할 수 있다. 감정을 중시하면서도 '감정의 이성적 발현(理發)'과 '올바른 행위를 위한 부단한 조정과 조절'을 의미하는 '적덕(積德)'을 강조하는 성리학의 심성모델[51]은 동아시아 사유가 흔히들 생각하는 극단적인 감정주의, 상황주의, 직관주의가 아님을 의미한다. 인간과 동물은 이(理)와 기(氣)로 이루어졌으며, 궁극적 태극을 그 원형으로 하고 있다는 점에서 다를 바가 없고, 그들 간의 차이는 단지 부여받은 기의 맑고 탁함, 정밀함과 거침의 차이에 불과하다는 성리학의 개체관도 인간을 신의 모상으로 특별하게 상정해 동물과 차별화한 서구의 인간관보다 훨씬 유연하게 인공지능의 인격성을 긍정할 토대로 작동할 수 있다.

동아시아의 이런 사유전통과 비슷하게 인공지능이나 머신러닝에서도 우리는 전체론적 사고, 즉 단일한 알고리즘을 통해 모든 것을 학습할 수 있고, 모든 것을 창조해낼 수 있다는 이상을 발견할 수 있다. 세계는 다양하지만 그것을 지배하는 원리는 단순하다고 믿는 것인

Embodied Cognition and the Study of Early Chinese Philosophy," Chonnam National University, Gwangju, South Korea, February 22, 2017 참조. 필자는 이 두 가지 충돌을 대상 차원과 메타 차원을 구분함으로써 해결할 수 있다고 생각한다. 즉, 동아시아 사상에서 이원론은 대상 차원, 상관론과 전체론은 메타 차원에서 주장되었다고 할 수 있다.

51 유권종·강혜원·박충식, 「性理學 심성모델 시뮬레이션을 이용한 유교 禮 교육 효용성 분석」, ≪동양철학≫, 16집(한국동양철학회, 2002), 294쪽.

데, 이런 믿음이 슈퍼인간인 인공지능을 생각하게 만든 계기가 되었을 수 있다. 인공지능의 궁극적 완성이 인간의 뇌나 인간의 사유에 대한 심화된 이해에 의해 견인될 수 있다는 것도 이런 의미에서일 것이다. 이것이 이 글에서 동아시아 철학과 인공지능을 굳이 서로 연결하려고 한 이유이다.

참고문헌

『논어』.

『맹자』.

『묵자』.

도밍고스, 페드로(Pedro Domingos). 2016. 『마스터 알고리즘: 머신러닝은 우리의 미래를 어떻게 바꾸는가』, 강형진 옮김. 비즈니스북스.

월러치, 웬델(Wendell Wallach)·알렌, 콜린(Colin Allen). 2008. 『왜 로봇의 도덕인가』. 노태복 옮김. 메디치미디어.

유권종·강혜원·박충식. 2002. 「성리학 심성모델 시뮬레이션을 이용한 유교 례 교육 효용성 분석」. ≪동양철학≫, 16집. 한국동양철학회.

유권종·박충식·장숙필. 2002. 「인지과학적 시뮬레이션을 통한 조선 성리학의 예교육 심성모델 개발(1)」. ≪민족문화연구≫, 37호.

_____. 2004. 「인지과학적 시뮬레이션을 통한 조선 성리학의 예교육 심성모델 개발(2)」. ≪동양철학연구≫, 39집. 동양철학연구회.

Alfano, Mark. 2015. "What are the Bearers of Virtues?" in Hagop Sarkissian and Jennifer Cole Wright(ed.). *Advances in Experimental Moral Psychology*. New York: Bloomsbury.

Fingarette, Herbert. 1972. *Confucius – the Secular as Sacred*. New York: Harper Torchbooks.

Fraser, Chris. 2016. *The Philosophy of the Mozi*. New York: Columbia University Press.

Graham, A. C.. 1989. *Disputers of the Tao*. La Salle: Open Court Publishing Company.

Kim, Myeong-seok. 2014. "Is There No Distinction between Reason and Emotion in Mengzi?" *Philosophy East and West*, Vol.64, No.1, pp.49~81.

Nivison, David S. 1996. Bryan W. Van Norden(ed.). *The Ways of Confucianism*. La Salle: Open Court.

Slingerland, Edward. 2017. "Pluralism, Both East and West: Science-Humanities Integration, Embodied Cognition and the Study of Early Chinese Philosophy." February 22. Gwangju, South Korea: Chonnam National University.

Wong, David B. 1989. "Universalism Versus Love with Distinctions." *Journal of Chinese Philosophy*, Vol.16.

스탠퍼드 철학 사전. https://plato.stanford.edu/entries/functionalism/#WhaFun(검색일: 2017.9.1)

≪한국일보≫. 2017.7.26. "저커버그-머스크, 'AI 위험성' 놓고 설전." http://www.hankookilbo.com/v/650b59014 a964025a60d10e4558df2fd(검색일: 2017.9.1)

테크피디아 사전. https://www.techopedia.com/definition/190/artificial-intelligence-ai (검색일: 2017.9.1)

7장
인공지능과 지향성

신상규

• 이 장의 많은 부분은 필자의 관련 논문에서 인용해 책의 취지에 맞게 재구성한 것임을 밝혀둔다.

1. 들어가며

딥러닝에 입각한 알파고가 이세돌과 커제를 차례로 물리친 후, 이제 바둑은 체스와 마찬가지로 인간이 컴퓨터를 이길 수 없는 영역으로 바뀌었다. 인공지능 기술을 채용한 컴퓨터가 인간의 능력을 뛰어넘은 영역이 체스나 바둑과 같은 게임에만 국한되는 것은 아니다. 불과 40~50년 전만 하더라도, 주산이나 암산은 가장 인기 있는 사교육 영역 중 하나였다. 그러나 지금은 눈을 씻고 보아도 그것들을 가르치는 학원을 찾기란 어렵다. 덧셈을 포함한 산수 혹은 수학 계산의 영역은 컴퓨터의 능력이 인간을 훨씬 뛰어넘을 뿐 아니라 컴퓨터를 이용해 계산하는 것이 더욱 간편하기 때문이다. 그런데 어찌된 일인지 컴퓨터가 인간보다 계산을 훨씬 잘한다는 사실은 쉽게 인정하면서도, 바둑에서 컴퓨터가 인간을 뛰어넘은 사건을 둘러싸고는 상당한 논란이 뒤따르고 있다. 인공지능인 알파고가 갖고 있는 '지능'의 정체에 대한 논란이다.

물론 이러한 논란이 처음은 아니다. IBM의 딥블루가 카스파로프를 이겼던 당시에도 IBM이 속임수를 썼다는 주장이 제기되었다. 계산도 마찬가지이다. 한두 세기 전으로만 거슬러 올라가도 계산은 이성(지능)을 지닌 인간의 고유 영역에 속한 일로서 기계가 계산을 대신한다는 것은 상상하기 어려운 일이었다. 그러나 인간보다 계산을 훨씬 더 잘 수행하는 기계가 등장하자, 이제 계산은 애초부터 인간이 그렇게 잘할 수 있는 일이 아니었을 뿐 아니라 지능의 영역에 속하는 일조차 아니라는 주장이 등장한다. 인공지능 발전의 역사를 되돌아보면 이러한 일이 데자뷔처럼 반복되고 있다.

인공지능 개발자들의 목표는 일견 지능을 갖추어야만 해결할 수 있다고 생각되는 과제를 처리하는 프로그램을 개발하는 것이다. 수학적 계산을 포함해서 체스나 바둑과 같은 게임이 그 대표적인 사례이며, 무인 자율자동차나 자연어 번역의 과제를 해결하기 위한 노력이 현재 진행 중이다. 그런데 일단 인간을 뛰어넘는 방식으로 이러한 과제를 해결할 수 있는 인공지능 프로그램이 등장하고 나면, 그 과제들은 복잡한 종류의 자동화 사례에 지나지 않은 것으로 치부되며 사실은 지능을 요구하는 일이 아니게 된다.

이러한 논란의 배후에는 '지능'이라는 말이 가지고 있는 애매성이나 모호성이 있다. 지능의 본성이 무엇인지에 대한 질문을 우회해, 조작적인 행동주의적 시험을 통해 인공지능 혹은 기계지능의 실현 여부를 평가하고자 했던 튜링의 고민이 바로 이런 문제를 반영하고 있다. 많은 철학자들은 튜링 검사 방식의 행동주의적 시험은 진정한 인공 '지능'의 출현을 평가하기에 적절하지 않다고 비판한다.

2. 중국어 방 논증

존 설이 제시한 중국어 방 논증이 그 대표적인 비판 중 하나이다. 설은 자신의 중국어 방 논증이 설령 튜링 검사를 통과하는 계산주의적 인공지능이 있다고 하더라도 그것이 진정한 지능이 아님을 보여주는 결정적 논박이라고 주장한다. 설의 중국어 방 논변은 다음의 세

가지 전제로 구성되어 있다.[1]

① 프로그램은 순전히 구문론적이다.
② 마음은 의미론을 갖는다.
③ 구문론은 의미론과 동일하지도 않고, 그 자체로 의미론에 충분하지도 않다.

이러한 전제들로부터 설은 강한 인공지능에 대한 계산주의의 주장, 즉 컴퓨터도 마음(지능)을 가질 수 있다는 주장을 반박한다. 설의 계산주의 비판 논증의 전체 구조는 다음과 같이 정리될 수 있다. 먼저 계산주의에 따르면, 우리의 심성과정은 순전히 그 물리적·형식적 특성에 의해 정의되는 구문적 기호에 대한 형식적 규칙에 따른 조작으로서의 계산으로 이루어진다. 계산주의의 이러한 주장이 옳다면, 우리는 하드웨어와 관계없이 어떤 인지적 능력과 관련된 계산 프로그램을 구현하는 것만으로 그와 연관된 인지적 능력을 획득하게 된다. 여기서 중요한 부분은 프로그램의 구현이나 계산적 조작의 과정이 의미론과 무관하게 이루어지는 순전히 구문론적 과정이라는 사실이다(전제 1의 주장).

다음으로 중국어 방 사유실험이 전개된다. 중국어 방 사유실험은, 어떤 방 속에 갇힌 남자(설)가 방 바깥으로부터 주어진 중국어 기호가

---

1 John Searle, *The Mystery of Consciousness* (New York Review of Books, 1997), pp. 11~12.

적힌 카드를 읽고, 자신이 갖고 있는 규정집의 명령에 따라서 다시 중국어 기호가 적힌 카드를 방 바깥으로 내보는 가상의 예로 구성되어 있다. 물론 이 남자는 중국어 기호를 전혀 이해하지 못하지만, 외부의 관점에서 보았을 때 마치 카드를 이용해 중국어 방 바깥의 누군가와 대화를 하고 있는 것처럼 보인다. 설은 그 남자가 컴퓨터이며, 기호가 적힌 카드들이 데이터라면, 카드를 주고받는 것과 관련된 규정집은 '컴퓨터 프로그램'으로 간주될 수 있다고 생각한다. 설은 이 중국어 방 속의 남자가 소프트웨어 차원의 적절한 프로그램을 구현(implement)하고 있고 행동적 증거에 입각한 튜링 검사도 통과할 수 있을지 모르지만, 결코 중국어를 이해하고 있다고 말할 수는 없다고 주장한다.

이 사유실험이 보여주는 바는 구문적 차원의 계산적 조작만으로는 중국어 이해와 관련된 의미론이 도출되지 않는다는 사실이다. 즉, 중국어 방 사유실험의 역할은 구문론이 의미론에 충분치 않다는 전제 3의 확립이다. 설은 아마도 중국어 방 논변 전체의 가장 중요한 공헌이 바로 이 주장을 확립한 것이라 생각하고 있는 듯하다. 그런데 다른 한편으로 우리는 인간의 마음이 의미론을 가짐을 알고 있다(전제 3). 따라서 계산주의적 방식의 컴퓨터(인공지능)로는 인간에 비견할 마음이나 지능을 만들 수 없다는 결론이 도출된다. 계산주의에 따르면 중국어 이해와 같은 인지적 능력을 위해 필요한 것은 단지 구문론 차원에서 적절한 컴퓨터 프로그램을 구현하는 것인데, 위의 사유실험에 등장하는 인물은 기호에 대한 구문적 조작으로서의 프로그램(계산)을 구현하고 있음에도 불구하고, 결코 중국어를 이해하고 있는 것처럼 보이지 않기 때문이다.

알파고에 대한 세간의 비판적인 평가에 대한 이유를 추적해보면, 그 핵심은 결국 설이 중국어 방 논증을 통해 주장하고자 했던 바와 크게 다르지 않아 보인다.[2] 중국어 방 논증의 결론은, 계산적 인공지능이 중국어 화자의 대화 능력을 완벽히 모의하고 있다 하더라도 중국어를 이해하고 있지 못하다는 것이다. '비록 알파고는 이세돌을 이겼지만 자신이 바둑을 두고 있다는 사실 자체를 알지 못한다'는 평가도 바둑에 대한 알파고의 이해(지식)를 문제 삼고 있다. '알파고는 바둑을 즐기거나 승리의 기쁨을 느끼지 못한다'는 평가도 있었다. 이는 이해를 넘어서서, 알파고가 정서 혹은 감정적 상태를 누릴 수 없음을 지적하고 있다. 더 정교한 분석이 필요하겠지만, 대체로 이러한 언급들은 인공지능이 인간의 심성(mentality)이 가지고 있는 중요한 두 가지 특징, 즉 지향성과 의식적 능력을 결여하고 있다는 주장으로 이해될 수 있다.

설의 논증에 대해서는 그 타당성에 대한 다양한 비판이 제기되었지만, 최소한 지능(인지적 심성)에서 의미론의 중요성을 부각시킨 점에 대해서는 그 의의를 인정받고 있다. 마음이 의미론적이라는 말은

---

2 알파고는 딥러닝 기반의 연결주의 컴퓨터이다. 이는 설이 타겟으로 삼고 있는 전통적인 계산주의 AI(GOFAI)와는 다른 구조와 특성을 갖는 인공지능이다. 계산주의와 연결주의의 차이는 (계산적인) 인지적 현상을 하드웨어 수준에서 구현하는 수준에서 나타나는 차이라고 생각되므로, 이하의 논의에서 전통적 계산주의와 연결주의 방식의 인공지능 사이에서 나타나는 차이는 무시하도록 한다.

전통적인 철학적 용어로 마음은 지향성을 갖고 있다는 말이다. 중국어 방 속에서 중국어 기호를 조작하고 있는 '설'이 중국어에 대한 이해를 결여하고 있다는 주장은 거기서 조작되는 중국어 기호가 의미론적 내용이나 속성을 결여하고 있다는 것이며, 기호의 계산적 조작 상태는 의미론에 입각한 지향적 상태가 아니라는 말이다. 이를 알파고에 대입시키면, 알파고는 겉으로 보기에 바둑을 두고 있지만 스스로 바둑을 두고 있다는 사실을 알지 못할 뿐 아니라, 그것이 하고 있는 일은 진정으로 바둑을 두는 것이 아니라 의미론적 속성을 결여한 단순한 계산적 조작에 불과하다는 것이다.

지향성이란 기본적으로 어떤 것이 다른 어떤 것에 관(being about)할 수 있는 능력, 즉 의미 능력을 말한다. 가령 우리의 어떤 믿음 상태는 외부에 있는 어떤 대상에 관한 믿음이다. 다시 말해서, 우리의 믿음 상태는 세계 속의 대상들로 "뻗어나갈(reach out)" 수 있는 능력을 가지고 있으며, 실재하는 어떤 대상들에 "엉켜져(latched onto)" 있다. 그 결과 우리의 믿음 상태는 표상적인 의미 내용(content)을 가지고 있으며, 그 내용과 세계와의 관계에 따라서 참이나 거짓으로 될 수 있는 일종의 만족 조건(satisfaction condition)을 갖게 된다. "어떤 것을 대상으로 가리키는(지칭하는) 것은 모든 심리적인 현상을 구분시켜주는 특성이다. 어떠한 물리적 현상도 이와 유사한 특징을 드러내지는 않는다"[3]는 소위 브렌타노 논제에 드러나 있듯이, 심리적 상태들이 갖

---

3 F. Brentano, *Psychology from an Empirical Standpoint*, A. Rancurello, A. Terrell, and L. McAlister(trans.), Routledge and Kegan Paul(1874/1973), p.97.

는 이러한 지향적(표상적) 특성들은 전통적으로 왜 심리적인 현상이 단순히 물리적인 현상과 동일한 것일 수 없는지에 대한 강력한 철학적 논거로 작용해왔다.

3. 의식과 지향성

(계산적) 인공지능은 과연 인지적 의미 능력, 즉 지향성을 가질 수 없는가? 이 물음에 답하기에 앞서서, 먼저 의식과 지향성의 관계가 독립적임을 강조할 필요가 있다. 이는 의식을 전제하지 않는 지향성이 가능하다는 말이기도 하다. 의식이라는 말은 매우 다의적인 표현이며, 철학에서 다루어지는 의식의 문제라는 것도 이미 잘 규정되어 있는 어떤 단일한 문제에 대한 논의가 아니라 제각기 구분될 수 있는 여러 현상들에 대한 복수의 논의로 보아야 한다. '의식'이라는 하나의 개념을 통해 비록 여러 다양한 현상을 표현하고 있기는 하지만, 그 현상들이 가지고 있는 특성이나 그것들이 제각기 제기하는 철학적 문제의 성격은 매우 다르다. 가령, 의식 현상이 가지고 있는 감각질과 같은 현상적 특성과 스스로의 심성 상태에 대해 반성적으로 접근하는 내성적 의식을 해명하는 일은 서로 연관되어 있을 수 있지만 엄격히 말해 구분되는 문제들이다.

그런데 설의 중국어 방 논증에서는 지향성(이해)의 문제가 의식의 문제와 독립적이라는 사실이 잘 드러나지 않으며, 오히려 그 반대로 지향성은 의식을 전제해야만 하는 것과 같은 인상을 준다. 중국어 방 속에서 갇힌 '설'은 중국어로 된 카드로 대화를 주고받으면서도 자신이 중국어로 대화를 나누고 있다는 사실을 알지 못한다. 이로부터 설은 중국어 방의 '설'은 중국어에 대한 이해를 결여하고 있다고 주장한다. 여기서 '설'은 어떤 의미에서 중국어에 대한 이해를 결여하고 있는가? '설'이 중국어를 이해한다는 것은 어떠한 것인가? 설이 호소하는 직관적인 이유는 중국어 방의 '설'이 중국어가 의미하는 바를 깨닫는 일정한 의식 상태에 놓여 있지 않다는 사실로 보인다. 중국어 방의 설은 영어로 된 지시문을 읽고 그 의미를 파악한 다음에 그 지시에 따라 중국어 카드를 조작한다. 그러나 그는 자신이 조작하는 카드의 내용이 중국어라는 사실을 모를 뿐 아니라 그 의미 또한 알지 못한다. 이때 한자를 처리하는 '설'과 영어 지시문을 읽는 '설' 사이에 존재하는 결정적 차이는 결국 기호들이 의미하는 바를 깨닫는 (자각적) 의식의 유무이다. '설'이 중국어를 이해하지 못한다고 할 때, 그에게 결여된 것은 '의미하는 바를 깨닫는 일정한 의식 상태'로서의 이해이다.

그런데 만약 의미에 대한 이해 혹은 지향성이란 것이 그러한 자각적 의식과 독립적으로 가능하다고 한다면, 설의 중국어 방 논증은 순전한 계산적 조작이 의미에 대한 의식적 깨달음, 즉 의식에 불충분하다는 것을 보여줄 뿐이지, 이해나 지향성 혹은 지능의 성립에 불충분하다는 것을 보여주지는 못했다고 말할 수 있다. 중국어 방 논증의 정확한 함의가 무엇인지에 대한 이러한 평가의 차이는 데닛의 비판에 대한 설의 답변을 통해서도 드러난다.

데닛은 이른바 시스템 반박(system reply)을 통해, 설의 중국어 방 논증이 잘못된 유비에 기초하고 있음을 주장한다. 설은 중국어 방 속의 사람이 중국어를 이해하지 못한다는 사실로부터, 그 사람과 유사하게 기호적 조작을 수행하는 컴퓨터도 중국어를 이해할 수 없다는 결론을 도출한다. 그런데 데닛에 따르면, 굳이 컴퓨터에 비유할 경우에 중국어 방의 사람은 단지 하나의 부품, 중앙처리장치 같은 것일 뿐이다. 컴퓨터에 대응하는 것은 중국어 방 전체이지, 중국어 방 속의 사람이 아니라는 것이다. 설의 예에서 온전한 인공 지능에 해당하는 것은 〈사람 + 방 + 규칙 + 데이터 + 문답 입출력 장치〉이다. 여기서 중국어를 이해하지 못하는 것은 방 안에 있는 사람이다. 중앙처리장치가 중국어를 이해하지 못한다고 해서, 컴퓨터 전체가 중국어를 이해하지 못한다는 주장은 합성의 오류에 해당한다. 데닛은 이러한 고려를 바탕으로, 중국어 방 속의 사람은 중국어를 모르지만, 중국어 방 전체의 시스템은 중국어를 이해한다고 주장한다.

이러한 비판에 대해서 설은 다음과 같이 재반박한다. 데닛이 비판하는 요지는 중국어 방의 사람이 전체 시스템의 일부에 불과하다는 것이다. 그렇다면 여기서 중국어 방 속의 사람이 중국어를 처리하기 위해 필요한 모든 규칙과 데이터를 기억했다고 가정해보자. 내용은 전혀 이해하지 못한 채, 구문적이고 형식적인 규칙만을 생짜로 기억했다는 것이다. 이 경우, 그 사람은 외부의 매뉴얼을 참조하지 않고, 자신의 기억을 토대로 모든 중국어 질문에 답할 수 있다. 이 사람 자체가 원래의 사유실험에서 중국어 방 전체 시스템이 담당하던 기능을 모두 통합하고 있는 셈이다. 설은 이 경우에도 이 사람은 자신이 중국어로 된 질문에 답변을 하고 있다는 사실을 알지 못하며, 그 결과 이해의 주체를 중국어 방 전체로 본다고 해도 중국어를 이해하고 있지 못하다는 사실은 달라지지 않는다고 주장한다.

그런데 과연 그 사람은 중국어를 이해하고 있지 못하는 것일까? 이 질문에 대해서 설과 데닛은 상반된 답변을 내놓고 있다. 둘 사이에 존재하는 결정적인 차이는 결국 '이해'라는 말을 어떻게 이해하는가에 달려 있다. 변형된 중국어 방 실험 속의 사람은 중국어의 규칙과 데이터를 모두 '기억'하고 있으며, 그에 따라 중국어로 된 모든 질문에 대해서 아무런 어려움 없이 답할 수 있다. 만약 우리가 그런 사람을 만났다고 가정한다면, 우리는 그 사람이 중국어를 이해하고 있다고 생각하지 않을까?

만약 우리가 설의 의견을 좇아서 그 사람이 중국어를 이해하고 있지 못하다는 주장에 동의한다면, 그에 대해서 우리가 내세울 수 있는 이유는 그 사람 스스로가 중국어의 의미를 파악하고 있는 자각적 의식 상태에 놓여 있지 않다는 사실이다. 이러한 점은 『마음의 재발견』에서 의식을 심성적 현상의 중심에 놓고자 하는 설의 시도와 맞닿아 있다. 이 책에서 설은 심성적인 것의 핵심은 의식이며 지향성에 대한 궁극적인 해명도 의식을 통해 이루어질 수밖에 없음을 주장한다. 설은 이러한 주장을 무의식적인 심성 상태가 갖는 지향적 특성은 의식의 접근가능성만을 통해 해명될 수 있다는 이른바 연결원리를 통해 입증하고자 한다.[4] 의식을 지향성에 우선하는 것으로 보려는 설의 이러한 접근은 현대 심리철학의 일반적인 경향에 비추어 상당히 독특

---

[4] 설의 연결원리에 대한 자세한 비판은 신상규, 「의식은 지향성에 우선적인가?」, ≪철학적 분석≫, 18호(2008)을 참조.

한 것이다.

설의 중국어 방 논변이 보여주고자 했던 것은 구문(syntax)과 의미를 구분하고, 구문만으로는 의미를 귀속시킬 수 없다는 것이었다. 이해를 비롯한 지향적 태도란 기본적으로 의미 혹은 내용(content)을 갖는 상태이다. 그런데 만약 의식을 결여하고 있지만, 구문과 의미 사이에 모종의 밀접한 관련이 있는 경우를 상상해본다면 어떨까?[5] 가령 포더(Jerry Alan Fodor)와 같은 이는 의미론의 중요성에 대해서는 설의 의견에 동의하면서도, 기호의 의미론적 속성은 적절한 인과적 관계를 통해서 확보될 수 있다고 생각한다.

설이 상상하는 중국어 방은 지나치게 작위적인 상황으로 구성되어 있다. 전체 시스템으로서의 중국어 방은 비록 대화를 나누는 것처럼 보일 수 있을지 모르지만, 카드를 통한 대화를 제외한다면 우리가 지향적 활동이라고 부를 수 있는 그 어떠한 실질적 행위능력도 갖추고 있지 못하다. 중국어 방은 비언어적인 어떤 대상에 대해 아무런 행동적 반응도 할 수 없으며, 중국어 질문에 대해서도 중국어 문장을 산출하는 것 이외의 어떠한 반응도 할 수 없다. 가령, '당신이 앉아 있는 의자 밑에 폭탄이 장착되어 있다. 해체하기 위해서는 그것을 거꾸로 뒤집어라'라고 적힌 카드가 건네졌다고 하자. 그러나 방안에 있는 남자는 의자를 뒤집기보다 열심히 규정집을 뒤지고 있을 것이다.

그런데 만일 중국어 방에 구현되어 있는 것과 유사한 어떤 프로그

---

5 구문론과 의미론의 관계에 대한 설의 견해와 그에 대한 자세한 비판은 신상규, 「계산은 관찰자 의존적 속성인가?」, ≪철학적 분석≫, 20호(2009)를 참조.

램이 지각과 운동능력을 갖춘 로봇에 구현되어 있다고 가정해보자. 이제 이 로봇은 중국어 카드(혹은 중국어 문장)만이 아니라 외부의 비언어적 자극(대상)에 대해서도 반응할 수 있고, 중국어 문장의 경우에도 주어진 문장의 의미에 걸맞은 적절한 행동을 통해 반응할 수 있다. 그리고 이때 컴퓨터의 기호조작 행위는 외부 세계와의 상호작용을 수행함에서 중요한 인과적 역할을 한다고 할 수 있다. 물론 이 로봇에는 의식이 부재하며, 자신이 중국어를 구사한다는 사실이나 중국어의 의미에 대한 자각적 의식 또한 결여하고 있다. 만일 이러한 로봇의 행동이 언어적 행위를 포함해 실제 중국인의 행위와 구분될 수 없다면, '로봇이 중국어를 이해하고 있는가?'라는 질문에 대한 우리의 직관적인 답변은 무엇인가? 필자는 로봇이 중국어를 잘 이해한다는 것을 부정할 이유가 없다고 생각한다.

물론, 로봇이 중국어를 이해한다고 말할 때, 기호를 조작하고 있는 그것의 두뇌에 해당하는 계산적 하위체계가 그 이해의 주체라고 말하는 것은 아니다. 굳이 이해의 능력을 부여하자면, 그것은 지각과 운동 능력을 포함하는 전체 시스템이어야 할 것이다. 이는 데닛이 시스템 반론을 통해, 중국어 이해의 주체가 중국어 방에 갇혀 있는 사람이 아니라 그 사람을 포함하는 중국어 방 전체여야 한다고 지적한 바와 같은 이야기이다. 그런데 중국어 방 자체가 중국어를 이해한다고 말하는 것은 대단히 비직관적인 주장이다. 하지만, 이를 적절한 행위 능력을 갖춘 로봇으로 그 예를 변경하고 나면 그러한 비직관성은 상당 부분 해소된다.

로봇의 예가 보여주는 점은 로봇의 두뇌에 구현된 프로그램의 구문론적 기호들이, 지각을 통해 그것들이 외부 세계와 맺고 있는 인과적 관계나, 로봇의 행동을 야기함에서 그것들이 수행하는 인과적 역할 등을 통해 의미를 가질 수 있다는 것이다. 말하자면 의식을 동반하지 않는 지향성이다. 이러한 예는 '구문론은 의미론과 동일하지도 않고, 그 자체로 의미론에 충분하지도 않다'는 설의 주장에 대해서 우리가 원칙적으로 반대할 이유가 없음을 보여준다. 로봇의 경우 그것이 구현하고 있는 프로그램의 기호들에 적절한 의미를 부여하고 있는 것은, 구문적 계산과정 자체가 아니라 그 기호들이 지각이나 행위를 통해 세계와 맺고 있는 인과적 관계 때문이다. 만일 이런 방식으로 의미론을 확보하는 것이 강한 인공지능의 주장과 근본적으로 상충된다고 볼 이유가 없다면, 중국어 방 논증에서 가장 문제가 되는 주장은 오히려 '프로그램은 순전히 구문론적이다'라는 전제 1이 될 것이다.

인지과학의 주류적 입장은 지향적 상태가 의식적인지 아닌지 여부는 그 심성적 성격과 무관하다고 간주한다. 가령, 지각이나 언어처리, 기억, 추리의 과정이나 패턴을 밝혀내고자 하는 인지과학의 일반적인 인지모형에서, 기본적인 연구의 대상이 되는 것은 무의식적 심성 상태이며, 이런 상태나 과정은 우리가 의식적으로 접근할 수 있는 종류의 것이 아니다. 이들 과정들은 대개 그것과 연관된 의식적 경험과 무관하게 기능적 이론을 통해 설명된다. 마음을 일종의 정보처리 장치로 보는 계산적 기능주의의 견해는 기본적으로 의식이 우리 마음의 활동에서 전혀 본질적인 요소가 아니라는 '의식의 비본질성' 테제에 입각해 있다.

철학에서 의식과 지향성의 관계를 다루는 방식도 설의 주장과는 크게 달라 보인다. 현대 심리철학의 가장 큰 난제 중 하나는 익히 알고 있듯이 이른바 '의식의 어려운 문제'를 해결하는 것이다.[6] 물리법칙의 지배를 받는 물질로만 이루어진 물리적 세계에서 어떻게 의식과 같은 것이 존재할 수 있는가? 이때 '의식'이라는 말은 주로 우리의 경험 혹은 감각질과 관련된 현상적 의식을 가리키는 말이다. 찰머스에 따르면, 이 물음은 보다 간단한 실재물(entity)들을 통한 하위 단계의 과정에 대한 설명이 충분히 이루어지고 나면, 상위과정에 대한 미스터리가 제거되는 이른바 환원적 설명을 통해 대답될 수 있다. 그런데 어떤 현상에 대한 환원적 설명은, 먼저 피설명 현상을 특징짓는 개념들을 인과적 역할과 같은 기능적 개념으로 분석하고, 하위단계에 속하는 특정한 물리적 메커니즘이 어떻게 그러한 기능을 만족시킬 수 있는가를 보임으로써 이루어진다.

의식의 어려운 문제는 결국 의식적 경험의 특질(감각질)과 같은 현상적 속성을 어떻게 기능화할 수 있는가의 문제이다. 의식의 현상적 속성은 결코 기능적 성질이 아닌 것처럼 보인다. 차머스는 물리적으로나 행동적인 면에서 우리와 동일하지만 의식을 결여한 생물체가 형이상학적으로 가능하다는 좀비 가설을 통해 현상적 속성이 기능적 속성이 아니라는 주장을 뒷받침하고자 한다. 좀비의 경우에 심성 상태에 귀속되는 모든 기능을 수행하는 상태들이 있다 하더라도, 거기에 의식 경험이 동반하지 않는 것이 논리적으로 가능하다는 것이다.

---

6 David Chalmers, *The Conscious Mind*(New York: Oxford University Press, 1996) 참조.

만일 이런 주장이 사실이라면, 최소한 우리의 의식이 갖는 감각적 특질에 대한 환원적 설명은 불가능해 보인다. 이는 물리적인 혹은 생물학적인 체계로서의 두뇌에 관한 완벽한 지식이 주어진다 하더라도, 우리 두뇌 상태와 의식 경험의 출현 사이에는 메워질 수 없는 '설명적 간극'이 있음을 암시한다.

많은 철학자들은 의식을 어떻게 설명해야 할지 모르는 이런 상황에서, 의식이론의 결여로부터 영향을 받지 않는 마음의 이론을 구축하려고 시도해왔다. 가령, 지향성 논의를 주도한 포더 같은 이는 자신은 의식에 대해 별다른 할 말이 없다고 공언하기까지 한다. 이들은 의식에 비해 지향성이 물리적 세계관에 비교적 쉽게 통합될 수 있을 것이라 보고, 의식의 문제와 분리시켜 지향성을 자연화하기 위한 다양한 시도들을 해왔다. 이러한 시도의 근저에는 지향성을 특징으로 하는 명제태도와 감각질 중심의 현상적 의식(감각경험)이 근본적으로 상이한 범주에 속하고, 이것들이 제기하는 문제도 서로 독립적이라는 가정이 깔려 있다. 지향성에 대한 해명은 믿음이나 욕구 같은 명제태도가 갖는 내용의 고정이나 지향적 문맥의 불투명성 혹은 내포성에 대한 해명을 중심으로 이루어진다. 반면에 감각적 상태와 같은 현상적 의식이 제기하는 중심 문제는, 차머스가 지적한 것처럼 감각질과 같은 현상적 의식의 특성이 어떻게 물리적인 세계에서 출현할 수 있는가에 대한 설명적 간극을 메우는 일이다.

4. 지향성의 자연화

인공지능은 과연 진짜 지능을 가질 수 있는지의 문제가 우리의 기본 질문이다. 지능을 갖는다는 것은 달리 말해서 지향성을 갖는다는 의미로 이해할 수 있다. 만일 지향성이 의식과 독립적으로 해명될 수 있다면, 인공지능은 지향성을 가질 수 있는가? 우리는 오늘날 지향성에 대한 가장 유망한 설명 방식에 비추어 이 질문에 대한 답을 모색해 볼 수 있다.

현대철학에서 지향성이 던지는 가장 중요한 과제는 어떠한 방식으로 지향적인 상태나 그 상태들이 가지고 있는 지향적·의미론적 성질들을 물리적 세계의 건실한 일원으로 편입시키느냐의 문제이다. 지향성에 대해 물리주의자가 가지고 있는 우려를 포더는 다음과 같이 정리하고 있다.

> 표상에 대한 우려는 무엇보다도 의미론적인 것(그리고/혹은 지향적인 것)들이 자연적 질서의 일부로 영구적으로 통합되기 어려운 것으로 판명날 수 있다는 것이다. 가령, 사물들의 의미론적/지향적 성질들은 그 사물들의 물리적 성질에 수반하지 않는 것으로 드러날 수 있다. 이러한 우려를 덜기 위해 요구되는 것은, 최소한, 표상을 위한 자연주의적 조건의 얼개를 마련하는 것이다. 말하자면 우리가 최소한으로 원하는 것은 'R은 s를 표상한다'는 참이다 iff C의 형식의 조건이다. 여기서 조건 C를 나타내는 단어들은 지향적이거나 의미론적인 표현들을 포함하지 않는다.[7]

여기서 포더가 요구하고 있는 것은, 어떤 물리적인 시스템 S가 어떤 조건 C를 만족시킬 때, 시스템 S가 표상적 내용이나 만족 조건 등과 같은 의미론적 특성을 띠는 지향적 상태 R을 갖게 되는 바로 그러한 조건 C를 밝히는 것이다. 이러한 요구 조건을 만족시키는 조건 C가 무엇인가에 대해 여러 형태의 다양한 철학적 탐색이 이루어져왔고, 우리는 이런 유의 철학적 프로그램들을 지향성의 자연화 프로그램 혹은 자연주의적 의미론(naturalistic semantics)이라는 이름 아래에 묶을 수 있다. 이 프로그램들은 기본적으로 지향적 성질들이 실재하는 것이라는 지향적 실재론의 입장에 서 있으며, 지향적 성질을 물리적 세계관과 양립시키려는 시도이다.

포더의 인용문에서도 볼 수 있듯이, 지향성에 대한 최근의 논의는 물리주의라는 말 대신에 자연주의라는 용어로 정식화되고 있다. 자연주의란 말은 최근 몇 년 동안 철학계에서 일종의 유행어처럼 사용되고 있지만, 모두가 동의할 수 있는 정확한 의미가 확립되어 있는 것 같지는 않다. 혹자의 지적처럼, 자연주의가 정확히 무엇을 의미하는지에 대해서보다는, '자연주의자'가 되어야 할 필요성에 대한 동의가 훨씬 더 잘 되어 있는 것처럼 보인다. 하지만 현재의 논의의 맥락에서 사용되는 자연주의의 의미는 다음과 같은 데닛의 언급을 통해 간략히 정리할 수 있을 것이다.

---

7 Jerry Fodor, "Semantics, Wisconsin Style," *A Theory of Content and Other Essays* (Massachusetts: MIT Press, 1990), p.32.

우리네 인간이란 (최고로 복잡하긴 하지만, 아무런 특권도 주어지지 않은 생물 세계의 일부로서) 자연의 한 부분이므로, 우리의 마음이나 지식, 언어에 대한 철학적 설명은 종국적으로 자연과학과 연속적이며 조화를 이루어야 한다.[8]

데닛이 말하고 있는 자연과학과의 연속성에 대해 두 가지 측면에서 부연할 수 있다. 그 첫 번째는 '결과의 연속성'이다. 결과의 연속성은 지향성에 대한 철학적 설명이 자연과학의 경험적 발견에 의해 지지되거나 혹은 그것과 일치해야 한다는 요구이다. 이러한 결과적 연속성의 한 양태로서 우리는 '존재론적 자연주의'라는 주장을 상정해볼 수 있을 것이다. 존재론적 자연주의를, 존재하거나 실재하는 것으로 여겨지는 모든 것들은 자연과학에서 인정하는 자연적인 대상, 종류, 성질 등으로 국한된다는 주장으로 이해하자. 이런 관점에서 볼 때, 지향적 상태나 지향적 성질이 자연을 구성하는 구성원으로 인정받기 위해서는, 그 자체가 세계를 구성하는 원초적이고 기본적인 성질이어서 자연과학의 직접적인 대상이 되거나, 아니면 자연과학에 의해 인정되는 더 기본적인 비의미론적 성질들을 통해 설명될 수 있어야 할 것이다.

가령 포더는 지향성이라는 것이 물리학자들이 작성하게 될 사물들의 궁극적이고 환원 불가능한 성질들의 목록에 포함될 가능성에 회

---

8   Daniel Dennett, 'Foreword' in Millikan, *Language, Thought and Other Biological Categories* (Cambridge: MIT Press, 1984).

의를 표하면서, "어느 정도이건 간에 일종의 환원주의자가 되지 않고서, 지향성에 관한 실재론자가 된다는 것은 대단히 어려울 것"이라고 주장한다.[9] 그의 주장을 따르자면, 표상, 믿음, 욕구, 이해와 같은 지향적 현상들은 세계를 구성하는 원초적이고 기본적인 성질 혹은 관계가 아니라, 모종의 비지향적 혹은 비의미론적인 더 기본적이고 궁극적인 물리적 성질과 동일하거나 혹은 그에 수반하는 파생적인 성질들이다.

이런 입장에 설 때, 포더가 말하는 조건 C를 규정하는 자연화된 지향성 이론은, 자연세계의 인정된 구성원으로서의 대상들을 통한 모종의 과정이나 메커니즘이 주어졌을 때, 어떻게 해서 이로부터 비자연적인 성질이나 과정의 개입이 없이도 지향적 성질들이 산출되는지를 밝히는 일종의 환원적 프로그램이 된다. 즉, 조건 C는 지향적 혹은 의미론적 성질에 호소함이 없이 그 자체로 비의미론적이거나 비지향적인 성질 혹은 관계 등에 의해 비순환적으로 규정되어야만 한다. 그런데 현재 우리가 가지고 있는 가장 기초적인 자연과학의 이론이 물리학이라면, 이러한 조건 C는 물리학에서 수용 가능한 것이거나, 아니면 기초적인 물리학과 양립 가능한 상위의 특수과학을 통해 수용될 수 있는 것이어야 할 것이다. 이런 의미에서 자연화된 의미론의 이론들은, 비록 기초적이고 궁극적인 물리적 대상이나 과정으로의 엄격한 환원을 요구하는 것은 아니지만, 여전히 느슨한 의미에서의 물

---

9 Jerry Fodor, *Psychosemantics* (Massachusetts: MIT Press, 1987), p.87.

리주의의 한 입장이라고 보아도 무방할 것이다.

자연과학과의 연속성이라는 측면에서, '결과적 연속성'뿐만 아니라 더 강한 의미에서의 '방법적 연속성'을 상정하는 자연주의를 상정할 수 있다. 우리가 다음에서 살펴볼 목적론적 의미론에는 이러한 방법적 연속성에 대한 강력한 논제가 자리 잡고 있다. 가령 밀리컨(Ruth Millikan)과 같은 사람에게, 믿음과 같은 심적인 표상의 의미론은 진화생물학의 일부로 간주된다. 밀리컨에 따르면, 심적인 표상 상태의 내용은 그 표상의 소비자(혹은 소비하는 장치)가 정상적인 설명에 부합하는 방식으로 그것의 고유한 기능(proper function)을 수행하기 위해서 전제되어야만 하는 정상적 조건에 의해 결정된다.[10] 그런데, 여기서 정상적인 설명을 제공하고, 정상적인 조건이 무엇인지를 밝히는 것은 진화생물학의 영역에 속하는 것이다. 즉, 심성 내용에 대한 밀리컨의 논제가 참이라면, 각각의 심적 표상들이 갖는 내용을 고정(fix)하는 것은 진화생물학이 담당해야 할 과제가 된다.

지향성의 자연화를 둘러싼 시도로는 크게 두 가지 접근 방식이 경쟁하고 있다. 인과적 공변 관계를 중심으로 지향성을 해명하려는 포더, 드레츠키(Fred Dretske) 등의 인과론적 이론과, 생물학적 기능 개념을 통해 지향성을 자연화하려는 밀리컨, 파피노(David Papineau), 니앤더(Karen Neander) 등의 목적론적 이론이 그것이다. 지향성의 자

---

10 R. G. Millikan, *Language, Thought, and other Biological Categories*(Cambridge: MIT Press, 1984)과 R. G. Millikan, *White Queen Psychology and Other Essays for Alice*(Cambridge: MIT Press, 1993) 참조.

연화에서 가장 핵심적인 쟁점은 지향적 내용이 갖는 것으로 여겨지는 의미론적 규범의 자연화이다.

여기서는 자연화 프로그램 중에서 가장 유망하다고 생각되는 밀리컨의 입장을 중심으로 지향성에 대한 목적론적 의미론의 자연화 시도를 간단히 살펴보자. 밀리컨의 핵심적인 통찰은 심적 표상이나 믿음 등과 같은 지향적 개념들이 그 본질에서 위나 심장과 같은 생물학의 기능적 개념들과 마찬가지로 일종의 고유 기능의 개념을 통해 분석될 수 있다는 것이다. 그녀에 따르면, 우리의 심리적인 지향적인 상태는 진화에 의한 자연선택의 결과로서 위가 소화를 시키고 심장이 혈액을 순환시키는 것에 비견할 수 있는 일종의 기능적 역할을 수행하고 있다는 것이다. 가령 믿음과 같은 상태는 생물체를 위해 환경에 대한 정보를 전달하는 기능을 수행한다.

먼저, 밀리컨이 이야기하는 기능의 개념을 심신 문제의 기능주의에서 말하는 기능 개념과 구분할 필요가 있다. 기능주의에서 어떤 상태가 기능적 상태라고 말할 때의 기능은 해당 상태를 중심으로 감각적인 입력과 행동적인 출력, 그리고 다른 기능적 상태와의 사이에 성립하는 인과적 관계를 통해 정의되는 개념이다. 그런데 이런 계산 기계적인 상태가 갖는 인과적 역할로서의 기능 개념은 본질적으로 기술적인(descriptive) 개념이며 목적성이 전혀 없는 개념이다. 커밍스(Robert Cummins)가 '기능적 분석'이라고 이름 붙인 이론을 통해 도출하고 있는 기능 개념이 바로 이러한 인과적인 역할로서의 기능 개념에 대한 전형적인 예가 될 것이다.[11]

커밍스는 어떤 대상이 현재 가지고 있는 성질 혹은 능력을 통해 기능개념을 분석하려 한다. 이 이론에 따르면, 어떤 대상 X에 모종의 기능 F를 귀속시키는 진술의 목적은, X가 속해 있는 어떤 복잡한 시스템의 능력 혹은 행위를 설명하기 위한 것이다. 가령 X가 속해 있는 시스템 S가 어떤 복잡한 능력 C를 갖는다고 하고, S가 어떻게 해 그런 복잡한 능력 C를 갖게 되었는지 설명하려 한다고 해보자. 이때 이 복잡한 능력 C를, X를 포함한 S를 구성하고 있는 부분들이 행하는 보다 단순한 행위 혹은 능력들로 분해하고, 이런 단순한 것들이 모여서 어떻게 복잡한 능력 C를 갖게 되는지 설명하려는 것이 바로 기능적 진술의 목적이다. 다시 말해, X가 어떤 기능 F를 갖는다는 것은, X가 F라는 인과적 역할을 수행함으로써 X가 속한 시스템 S가 복잡한 능력 C를 가짐에 기여한다는 것을 의미한다. 그런데 여기서 한 가지 놓치지 말아야 할 중요한 점은, 어떤 X가 커밍스적인 기능 F를 갖기 위해서는, F를 수행하기 위한 인과적 혹은 성향적 속성을 실제로 가지고 있어야 한다는 점이다. 만일 X가 가지고 있는 현재의 인과적·성향적 속성이 F를 수행하기에 무력하다면, X에 F라는 기능을 귀속시킬 수는 없다.

이에 반해, 생물학적인 의미로의 기능 개념은 그 자체로 이미 목적성이 들어와 있는 규범적인 개념이며, 현재 그 기능을 실제로 수행할 수 있는 인과적·성향적 속성을 지니고 있는가 하는 것과는 무관하게 결정된다. 가령, 심장의 기능은 혈액을 순환시키는 것이라는 주장을

---

11 Robert Cummins, "Functional Analysis" in D. J. Buller(eds.), *Function, Selection and Design*(Albany: SUNY Press, 1999).

생각해보자. 어떤 병을 앓고 있는 심장의 경우, 정상적인 심장이 수행하고 있는 혈액 순환의 기능을 수행하지 못할 수 있다. 이 말은, 병든 심장의 경우 인과적 성향이나 역할에서 무력하므로, 우리가 다른 정상적인 심장들에 부여하는 인과적 역할로서의 기능을 그것에 동일하게 귀속시킬 없다는 것을 뜻한다. 하지만, 생물학적인 고유 기능과 관련지어서 말한다면, 우리는 그 병든 심장의 기능은 여전히 혈액을 순환시키는 것이라고 말할 수 있다. 생물학적인 의미로서의 고유 기능의 개념은 '정상성'이라는 목적적 개념이 이미 들어와 있는 말이며, '정상성'이란 의도된 바로서의 어떤 목적이나 기준을 전제하고 그 기준으로부터의 일탈 가능성을 전제하는 개념이기 때문이다. 병든 심장은 단지 그것이 의도된 바로서의 정상성으로부터 일탈되어 그 고유의 기능을 수행하고 있지 못한다는 것이며, 그렇다고 해서 그 고유의 기능이 박탈되는 것은 아니다.[12]

생물학적 기능이 갖는 이러한 목적론적 특성은 지향성의 자연화라는 목표, 특히 오표상(misrepresentation)의 가능성을 해명함에서 핵심적인 개념적 장치를 제공한다. 자연주의자들이 볼 때, 심적 표상들이

---

[12] 물론 이러한 목적론적 기능 개념이 생물학적인 현상에 국한되는 것은 아니다. 이런 기능개념은 우리가 어떤 목적을 가지고 고안한 인공물에도 적용된다. 이런 점에서 '생물학적' 기능이란 말은 오해의 소지가 있다. 밀리컨은 이들을 모두 포괄하는 용어로서 고유 기능(proper function)이라는 용어를 사용하며, 이런 기능 개념으로 포착되는 현상을 고유 기능의 범주(proper function category)로 묶을 것을 제안한다.

갖는 중요한 지향적 특질 중 한 가지는 이것들이 틀릴 수 있는 가능성, 즉 오표상의 가능성이다. 지향성의 문제가 단순히 어떤 물리적인 대상이 어떻게 해 다른 물리적인 대상에 관한 것일 수 있는가의 문제일 경우, 이는 사실 철학적으로 그렇게 흥미로운 문제가 아닐 수도 있다. 가령, 비 오기 전의 진한 먹구름이 앞으로 비가 올 것이라는 상태를 나타낸다거나, 내 자동차에 붙어 있는 연료게이지가 연료탱크에 남아 있는 연료의 양을 나타내는 것 등이 철학적으로 별로 흥미롭지 못한 관함(aboutness)의 예가 될 것이다. 드레츠키가 적절히 지적하고 있듯이, 전자는 오표상이 불가능한 자연적인 징후의 관계이며, 후자는 연료게이지에 그러한 표상적인 기능을 부여한 디자이너의 의도에 의존하는 파생적 지향성의 예이다.[13] 그러나 자연주의자들이 관심을 갖고 있는 지향적 현상은, 이러한 것들에 대비해, 다른 것에 의존함이 없이 그 스스로 오표상이 가능한 본래적인 지향성이다.

밀리컨에 따르면, 지향적 상태가 본질적으로 갖게 되는 내용은 그 지향적 상태의 고유 기능을 통해 결정된다. 고유 기능이란 진화 생물학 등에서 말하는 일종의 발생론적 개념으로서, 지향적 상태 혹은 내용의 자연화와 관련해 크게 두 가지 역할을 담당하게 된다. 첫째는 지향적 내용이 갖는 의미의 규범성의 자연화이다. 크립키(Saul Kripke)에 의하면 의미란 기본적으로 기술적인 것이 아니라 규제적 혹은 규범

---

13 드레츠키의 입장은 Fred Dretske, "Misrepresentation" in S. P. Stitch and T. Warfield(eds.), *Mental Representation: A Reader*(Cambridge: Blackwell, 1994) 와 *Explaining Behavior*(Cambridge, MA: MIT Press, 1991), 3장의 논의를 참조.

적인 범주에 속하는 것이다.[14] 지향적 의미는, 내가 거기에 (우연히) 사실상 부합하는 행동적 성향을 갖는다는 것이 아니라, 마땅히 내가 그렇게 따라야만 하는 옳음 내지 올바름의 표준이라는 규칙으로서의 지위를 누린다. 고유 기능의 개념은, 발생론적으로 결정되는 생물학적인 정상성과 같은 목적적 개념을 통해, 지향적 내용이 누리고 있는 고유한 규칙 따르기로서의 규범적 성격을 자연화하기 위한 유망한 전략을 제시한다. 둘째, 고유 기능의 개념은 지향적 상태가 갖는 내용에 관한 여러 경쟁적인 해석들 중에서 어떠한 해석이 표준적인 해석인지를 집어내는 원리적인 절차에 관한 답변을 제공한다. 가령 밀리컨에 의하면, 믿음 표상의 내용은 그 표상의 소비자(혹은 소비하는 장치)가 정상적인 설명에 부합하는 방식으로 그것의 고유한 기능을 수행하기 위해 전제해야만 하는 정상적 조건에 의해 결정된다. 이러한 절차를 통해 앞서 언급된 올바름의 표준으로서의 지향적 내용이 결정되며, 이러한 표준에서 일탈한 심적 표상의 발생이 바로 오표상의 사례가 된다.

고유 기능의 개념은 그 구성적 본질에 있어서 발생론적, 즉 역사적인 것이다. 어떤 대상이 고유한 기능을 갖는다는 것은 가령 진화의 역사적인 과정에서 그 대상이 그렇게 기능함에 대한 실제적인(actual) 선택이 이루어졌음을 의미한다. 거칠게 정의하자면, 어떤 유기체 O가 가지고 있는 기관 X가 Y라는 고유한 기능을 갖는다는 것은, 과거

---

14 S. A. Kripke, *Wittgenstein on Rules and Private Language* (Cambridge: Harvard University Press, 1982) 참조.

O의 조상들에서 X와 같은 종류의 것들이 Y를 수행함으로써 O가 속하는 종족의 생존 및 보존에 기여했고, 그 결과 X가 현재의 형태로 O에 남아 있다는 것이다. 인간이나 동물이 갖는 표상 시스템도 그것이 고유 기능적 범주에 속하는 한에서 예외일 수 없으며, 고유 기능을 획득하기 위해서는 그에 걸맞은 적절한 선택의 역사를 가지고 있어야 한다. 그 결과 밀리컨과 같은 목적론자들에게는 1세대의 유기체가 갖는 특징들은 어떠한 고유 기능도 갖지 못한다. 이런 특징들이 후속 세대를 거치면서 해당 생물체(종)을 위해 모종의 역할을 수행하고 그 유용성을 인정받아 안정화될 때만이 고유의 기능을 획득하게 된다.

5. 결론과 전망

기능에 대한 발생론적 사실이 꼭 생물학적 진화에 한정될 필요는 없다. 가령 밀리컨이나 드레츠키 같은 이에게는 학습 과정이나 어떤 언어 공동체를 통해 특정의 어휘가 계승되고 살아남는 것도 일종의 역사적 선택의 과정을 거치는 것이다. 인공지능과 같은 인공물의 경우에 적절한 선택의 역사는 디자이너의 의도에 의해서 주어진다고 볼 수 있다. 만약 그렇다면, 인공지능은 설계자가 부여한 고유 기능을 수행함으로써 그로부터 유래하는 지향성을 가질 수 있을 것처럼 보인다.

그런데 여기서 한 가지 더 검토가 필요한 사항은 이른바 본래적 지향성과 파생적 지향성의 구분이다. 인간은 자연선택의 진화 역사에 기초해 그 스스로 지향적 내용을 갖는 심성 상태를 가질 수 있지만, 인공지능이 조작하는 컴퓨터의 구문들은 그 디자이너나 사용자가 할당하는 해석에 의존해 의미론을 가지게 된다. 즉, 그것들은 의미를 갖기 위해 해석을 해주는 외부의 누군가에 의존해야 하는 파생적 지향성만을 가질 뿐이다. 인공지능이 파생적 지향성을 가질 수 있다는 사실은 크게 흥미로운 주장이 아닐 수 있다. 방 안의 온도를 조절하는 자동 온도 조절기도 그런 차원의 파생적 지향성을 가질 수 있기 때문이다.

우리가 관심을 갖는 것은 인공지능이 파생적 지향성이 아니라 본래적 지향성을 가질 수 있느냐의 문제이다. 그 프로그램의 작동을 인간이 설계하고 통제하는 1세대의 인공지능은 그 고유 기능이 인간으로부터 유래하는 한, 본래적 지향성이 아니라 파생적 지향성을 가질 것이다. 하지만 만약 인공지능이 지각이나 행위를 통해 외부 세계와 맺는 관계를 통해서 스스로의 프로그램을 개선하고 환경에 '적응'하는 능력을 갖추게 된다면 어떻게 될까? 밀리컨과 같은 목적론의 주장을 따른다고 한다면, 본래적 지향성을 갖기 위해서 필요한 것은 인간의 선택이나 해석에 의존하지 않는 인공지능 스스로의 진화적 역사이다. 만약 인공지능이 세대를 거치면서 진화적 선택의 역사를 갖게 된다면, 그 순간 더 이상 인간의 해석에 의존하지 않는 본래적 지향성을 갖게 되는 것이 아닐까?

참고문헌

신상규. 2003. 「의미론적 규범의 자연화에 대한 목적론적 전략」, ≪철학과 현실≫, 57호.
_____. 2004. 「믿음내용의 고정에 대한 진화론적 접근」, ≪철학≫, 79집.
_____. 2008. 「의식은 지향성에 우선적인가?」, ≪철학적 분석≫, 18호.
_____. 2009. 「계산은 관찰자 의존적 속성인가?」, ≪철학적 분석≫, 20호.

Brentano, Franz. 1973. *Psychology from an Empirical Standpoint*. A. Rancurello, A. Terrell and L. McAlister(trans.). London: Routledge and Kegan Paul.

Chalmers, David. 1996. *The Conscious Mind*. New York: Oxford University Press.

Cummins, Robert. 1999. "Functional Analysis." in D. J. Buller(eds.). *Function, Selection and Design*. Albany: SUNY Press.

Dretske, Fred. 1991. *Explaining Behavior*. Cambridge, MA: MIT Press.

Fodor, Jerry. 1987. *Psychosemantics: The Problem of Meaning in the Philosophy of Mind*. Massachusetts: MIT Press.

_____. 1990. *A Theory of Content and Other Essays*. Massachusetts: MIT Press.

Kripke, S. A. 1982. *Wittgenstein on Rules and Private Language*. Cambridge: Harvard University Press.

Millikan, R. G. 1984. *Language, Thought, and other Biological Categories*. Cambridge: MIT Press.

_____. 1993. *White Queen Psychology and Other Essays for Alice*. Cambridge: MIT Press.

Searle, John. 1992. *The Rediscovery of the Mind*. Cambridge: MIT Press.

_____. 1997. *The Mystery of Consciousness*. New York: The New York Review of Books.

Stitch, S. P. and T. Warfield(eds.). 1994. *Mental Representation: A Reader*. Cambridge: Blackwell.

8장
인공지능 시대에 적합한
인격 개념

목광수

• 이 장은 ≪철학논총≫, 90집 4권(2017), 187~212쪽에 수록된 「인공지능 시대에 적합한 인격 개념: 인정에 근거한 모델을 중심으로」를 책의 취지에 맞게 수정한 것임을 밝혀둔다.

1. 들어가는 글

인공지능(artificial intelligence, 이하 AI)과 AI 로봇에 대한 과학 기술의 비약적 발전으로 인해, 이 존재들의 현실화가 예견되면서 인격(person) 또는 인격성(personhood) 논의의 필요성이 부각되고 있다.[1] 왜냐하면, 앞으로 이들과 인간과의 사회적 관계가 전개되는 과정에서 제기될 수 있는 법적 또는 도덕적 차원의 문제들에 대응할 수 있는 이론의 가장 기초적인 논의가 인격 개념이기 때문이다.[2] AI 또는 AI

---

1 사족보행 로봇 스폿의 뛰어난 균형 능력을 보이기 위해 개발자가 발로 차도 넘어지지 않는 동영상을 올렸을 때 시청자들이 보였던 분노 사례, 지뢰 제거 로봇이 작전 중 지뢰가 터져 고장이 났을 때 동료 인간 병사가 울며 로봇을 살려달라고 했던 사례, 독거노인의 말동무용으로 만들어진 사회적 로봇에 대해 노인들이 보인 애착 사례 등은 AI 로봇이 단순한 사물 그 이상으로서의 존재 지위를 가짐을 보여준다. 정지훈, 「안드로이드 하녀를 발로 차는 건 잔인한가?」, 권복규 외, 『미래 과학이 답하는 8가지 윤리적 질문: 호모 사피엔스씨의 위험한 고민』(메디치, 2015), 124~149쪽.

2 Visa A. J. Kurki, "Why Things Can Hold Rights: Reconceptualizing the Legal Person," Visa A. J. Kurki and Tomasz Pietrzykowski(eds.), *Legal Personhood: Animals, Artificial Intelligence and the Unborn*(Springer, 2017), p.72; Mary Anne Warren, *Moral Status*(Oxford University Press, 1997), p.91. 인격 개념은 행위주체(agent) 개념과 일정 부분 공통된 외연을 가질 수는 있지만 적용의 목적이나 의미로 볼 때 구분된 개념이다. 본문에서 논의되겠지만, 인격 개념은 도덕적이고 법적인 규범적 차원을 논의하기 위해서 제시된 개념으로 이러한 인격 개념의 하부 개념으로 도덕적 행위주체나 법적 행위주체라는 개념이 있을 수 있다. 반면 행위

로봇의 등장은 많은 법적인 문제를 야기할 수 있는데, 예를 들면 AI가 만든 기사나 업무상 저작물의 저작권을 누구에게 귀속시킬지, AI 로봇이 코딩한 SW특허의 권리를 누가 갖는지 등등의 문제들이 법의 영역에서 제기될 수 있는데, 이러한 경우들에 법적 책임이나 법적 권리를 부여하기 위해서는 AI가 인격인지 여부가 먼저 결정되어야 한다. 또한 AI 로봇을 윤리적으로 대우해야 한다거나 어떤 비윤리적인 행위에 대해 AI 로봇의 책임이 있다고 주장하기 위해 고려해야 할 기초적인 개념이 인격 개념이다.

필자는 이 글에서 AI 시대에 적합한 인격 개념이 무엇인지를 서양 철학적 관점에서 모색하고자 한다. 이를 위해 필자는 인격 개념에 대한 철학적 논의들을 추적하고, 이러한 논의들이 AI의 인격 개념으로 적합한지를 검토하고자 한다. 필자가 가진 문제의식은 다음과 같다. 인격 개념이 갖는 고유한 성격이 무엇인가? 즉 인격 개념은 인간(human)이나 자아(subject) 개념과 어떻게 차별화되는가? 기존의 인격

주체 개념은 정의된 행위주체성(agency)을 행사할 수 있는지 여부와 관련된 개념으로, 법적이고 도덕적 차원과 관련된 인격 개념과 무관한 대상에 대해서도 행위주체라고 명명할 수 있다. 이런 구분에서 본다면, 인공지능과 관련된 도덕적 행위주체 논의는 암묵적으로 인공지능에 인격성을 부여한 것인데, 이러한 부여가 정당한지 또는 이러한 정당화를 성립시킬 수 있는 인격 개념은 무엇인지 등에 대한 논의가 선행될 필요가 있다. 만약 이러한 선행 논의가 없다면, 도덕적 행위주체 논의 자체가 이론적으로 취약하기 때문이다. 따라서 필자는 추후 전개될 도덕적·법적 차원의 실천적 논의 토대를 마련하기 위한 선행 논의로, 현재 학계에서 많이 논의되지 않은 인공지능과 관련된 존재 논의인 인격 논의를 다루고자 한다.

개념은 내재적 속성 보유에 근거한 논의와 관계에 근거한 논의로 구분될 수 있는데, 이 가운데 AI 로봇과 관련된 인격 개념에 적합한 논의는 무엇인가?[3] 이러한 질문에 대답을 모색해가며 AI에 적합한 인격 또는 인격성 개념을 정립하기 위해 필자는 세 가지를 주장하려고 한다. 첫째, AI 시대에 적합한 인격 개념은 내재적 속성 보유에 근거한 논의가 아니라, 자격 여부와 관련된 논의라고 주장한다. 둘째, 이러한 자격 논의는 인정(recognition) 논의를 통해 이론화될 수 있다고 주장한다. 셋째, 이러한 인정 논의에 근거한 인격 모델은 기존 논의에서 논란이 되는 존재자들, 예를 들면 동물이나 AI 로봇까지도 수용할 수 있을 뿐 아니라, 인격 논의의 확장과 인격 개념의 분화, 효과적인 규범적 판단 기준 제시 등의 장점이 있다고 주장한다.

2. 인격 또는 인격성에 대한 기존 논의 검토

이 절은 AI 로봇에 적합한 인격 개념을 모색하기 위한 기초 작업으로서, 인격 개념이 갖는 고유한 특성이 무엇인지를 검토하고, 이러한 고유성을 담보하기 위해 제시될 수 있는 인격 개념의 전통적인 근거

---

3 속성에 대한 존재론적 차원의 구분에서 본다면 관계 또한 일종의 속성으로 볼 여지가 있다. 그러나 관계는 대상이 보유한 내재적 속성은 아니라는 점에서, 이 장은 다항적인 관계에 근거한 논의와 내재적 속성에 근거를 둔 논의와 구분하기 위해 관계를 언급할 때는 속성이라는 표현을 사용하지 않는다.

인 내재적 속성 보유에 근거한 인격 개념이 AI 로봇에게 인격성을 부여하는 논의로 적합한지를 비판적으로 검토하고자 한다.

1) 인격 개념의 고유한 특성

서양 역사에서 인격 개념이 등장하고 발전한 지성사의 관점에서 볼 때, 인격 개념은 두 가지 고유한 특성이 있다. 첫째, 인격은 인간이나 주체와 구분되는 개념으로, 어떤 존재가 어떤 자격을 가질 수 있는가에 대한 물음과 관련된다.[4] 보에티우스(Anicius Manlius Severinus Boethius, 480~524)는 철학적이고 신학적인 의미에서 처음으로 인격을 '이성적 본성의 개별적 실체(rationalis naturae individua substantia)'로 정의했다. 여기에서 실체 개념의 의미가 무엇인지에 대해서는 학계

---

[4] 인격 개념이 일반적으로는 인간과 구분되는 의미로 사용되지만, 중세와 근대까지 실체로서의 인격을 규정하는 논의에서는 인간과 인격에 대해 구분 없이 사용되기도 했다. 이러한 세계관을 토대로 하는 '법 인문주의(Juridical Humanism)'에서는 여전히 인간과 인격의 구분을 하지 않으며, 법은 실제 인간의 이익을 보호하는 방향으로 이루어져야 한다는 입장이 제기되기도 하며 폴란드 법체계에서 볼 수 있는 것처럼 실제 법체계에 지대한 영향을 행사하기도 한다. Tomasz Pietrzykowski, "The Idea of Non-personal Subject of Law," *Legal Personhood: Animals, Artificial Intelligence and the Unborn* (Springer, 2017), pp.49~50. 그러나 피어트르지코브스키는 이러한 경향은 보편적이라기보다는 역사적 우연에 근거한 것이며, 인격 개념이 처음 생겨났을 때부터 다른 방식, 즉 인간과 인격을 구분하는 입장이 있었음을 역설한다.

에서 논란이 많지만, 대체로 자체 존재라는 의미로 해석되며, 이를 토대로 인격은 어떤 능력(capacities), 특히 이성적 능력을 갖춘 개별 존재로 간주함을 의미한다는 데 일치된 견해를 보인다.[5] 보에티우스의 의미를 계승해, 근대 철학자인 로크(John Locke)는 인격을 '생각하는 지적 존재자'로 정의했다.[6] 이러한 인격에 대한 정의를 일반적으로 표현해보면, 어떤 능력을 가지는 존재에 대한 정의로 인간과 자아(subject) 개념과는 구분된다. 왜냐하면, 인간이 아니면서도 해당 정의에 부합하는 인격이 가능하며, 자기의식이나 욕망과 관련된 개념인 자아와 구분되는 규범적 차원의 인격 또한 있기 때문이다. 이런 특성에 대해 지프(Ludwig Siep)는 "무엇보다도 인간(Mensch)도 자아(Subject)도 아닌 인격체 개념에 대한 관심은, 인간의 사유와 행동을 설명하고 규정함에서 유물론(Materialismus)과 결정론(Determinismus)을 피하고자 하는 욕구, 그리고 법과 도덕이라는 실천적-규범적 당위의 영역을 살리고자(남기고자) 하는 욕구에 기인한다"고 서술하고 있다.[7] 인격에

---

5 Arto Laitinen, "Sorting out Aspects of Personhood," *Journal of Consciousness Studies*, Vol.14, No.5~6(2007), p.248.

6 존 로크(John Locke), 『인간지성론 1』, 정병훈 외 옮김(한길사, 2014), 486쪽. 로크의 이런 의미는 '이성과 숙고능력을 가지고 자기를 자기 자신으로서 고찰할 수 있는, 사유하는 존재'를 의미한다. 임미원, 「〈인격성〉의 개념사적 고찰」, ≪법철학연구≫, 8권 2호(2005), 173쪽.

7 Ludwig Siep, *Praktische Philosophie im Deutschen Idealismu*(Suhrkamp, 1992), pp.112~113. 임미원, 「〈인격성〉의 개념사적 고찰」, 173쪽에서 재인용. 임미원은 subject를 '주체'로 번역했지만, 이 글에서는 행위주체(agent)와의 혼동을 막기 위

대한 전통적인 이해는 인격 개념이 인간이나 자아 개념과 달리 어떤 자격과 관련된 것임을 알 수 있다.

둘째, 인격 개념은 사회적 관계에서 야기되는 책임, 권리, 의무 등의 규범적 요소에 대한 지위와 관련된다. 앞에서 인용된 지프의 언급에서도 나타난 것처럼, 주체와 인간과 구분되는 인격 개념은 어떤 자격에 따른 법적 지위(legal status)와 도덕적 지위(moral status)와 관련된다. 인격 개념의 역사에서 볼 때, 인격 개념은 로마법에서 처음으로 사용되었으며, 로마의 법조인들은 인격과 인간을 법률 적용을 위해 구분했다. 인격 개념은 어떤 존재에 대해 사회적 관계에서 어떤 법적 또는 도덕적 지위를 부여할 것인가, 다시 말하면 어떻게 대우할 것인가의 문제와 관련된다. 법인격 또는 법인(法人, legal person), 전자 인격(electronic person) 등은 해당 존재가 야기하는 법적인 책임과 의무, 권리 등을 부여하기 위한 자격과 관련된다. 동물 윤리 영역에서 동물에 대해 '인간이 아닌 인격(non-human person)'이라고 표현하는 부분은 동물을 어떻게 대우할 것인가에 대한 도덕적 지위에 대한 자격 논의와 관련된다.[8]

해 이 단어를 '자아'로 번역했다.

8 동물에 대한 법적 지위는 여전히 부여되고 있지 않다. 2014년 12월, 침팬지에게 인격으로서의 법적 지위를 부여하려는 미국 뉴욕주 대법원 재판에서 법인격성(legal personhood)은 지속적으로 권리와 의무 모두와 관련해서 정의되어오고 있다는 점에서 의무를 행사할 수 없는 토미(Tommy)라는 이름을 가진 침팬지에게 법인격성을 부여하자는 재판을 기각했다(Visa A. J. Kurki, "Why Things Can Hold Rights:

이상의 두 가지 고유한 특성이 각각의 의미를 갖는 동시에 둘이 결합함으로 인한 파생적 특성이 또한 나타난다. 파생적 특징은, 인격 개념이 규범적 지위와 관련된 자격 개념이라는 점에서 도덕성과 같은 규범성에 대한 논의를 전제하고 있기 때문에 나타난다. 앞으로 살펴보겠지만, 이러한 파생적 논의는 법적 지위보다는 도덕적 지위 논의에서 중요한 고려 대상이 된다.

2) 법적 그리고 도덕적 인격 개념

인격 개념이 적용되는 영역은 크게 법적 지위와 도덕적 지위 영역으로 구분된다. 적용되는 영역이 다르기 때문에, 법적 지위를 갖지 않는다고 하더라도 도덕적 지위는 가질 수 있다. 예를 들면 국가를 상실한 존재인 난민이 그렇다. 아렌트(Hannah Arendt)는 인간은 '권리를 가질 권리'를 가진다고 주장하는데, 여기서 앞의 권리는 도덕적 권리를 의미하고 뒤의 권리는 법적 권리를 의미한다.[9] 법적 지위와 관련

Reconceptualizing the Legal Person," *Legal Personhood: Animals, Artificial Intelligence and the Unborn* (Springer, 2017), p.70). 이 의미는 법적 행위객체가 되기 위해서는 먼저 법적 행위주체가 되어야 한다는 것이다. 현행 한국 사회의 법률 체계에서 동물은 보호받아야 할 권리의 객체로서는 인정되지만, 권리 주체로서는 인정되지 않으며 동물은 「민법」 제98조에 의해 물건에 포함된다(김윤명, 「인공지능(로봇)의 법적 쟁점에 대한 시론적 고찰」, ≪정보법학≫, 20권 1호(2016), 154쪽].

9 Hannah Arendt, *The Origins of Totalitarianism* (Harcourt, Brace, Jovanovich

된 권리와 의무는 특수한 법적 공동체를 전제하는 반면 도덕적 지위는 보편적인 도덕적 공동체를 전제하기 때문이다. 또한, 도덕적 지위를 갖지 않더라도 법적 지위는 가질 수 있다. 예를 들어 회사에 부여된 법인의 경우는 도덕적 지위를 갖지 않지만, 법적 지위는 갖고 있다. 따라서 인격 개념이 적용되는 법적 영역과 도덕적 지위는 적용되는 규범의 성격과 실천적 의미에 따른 독립된 영역으로 보인다.

법적 지위와 관련된 법인격 개념은 법에서 행사되는 능력(권리 능력, 행위 능력, 불법 행위 능력)과 관련되며, 논리적으로 법적 능동자 또는 행위주체(agent)와 법적 피동자 또는 행위객체(patient)로 구분될 수 있다. 법적 능동자 또는 행위주체라는 의미는 어떤 법률 행위에 대해 법적 책임을 질 수 있다는 의미인 반면, 법적 피동자 또는 행위객체라는 의미는 법률 행위의 대상이 될 수 있다는 의미인데 법률 행위의 또 다른 대상인 사물과 구분된다. 법적 행위주체는 모두 법적 행위객체가 되지만, 피한정후견인(금치산자)나 피성년후견인(한정치산자) 등에서 볼 수 있는 것처럼 법적 행위객체라고 모두 법적 행위주체가 되는 것은 아니다. 현행 법령에서 피한정후견인의 경우 '(행위) 무능력자'로서 권리 능력이 없어서 법적 행위주체가 될 수는 없지만, 상속을 받을 수 있다는 법적 행위객체라는 의미가 부여될 수 있는데, 이 경우는 법적 행위주체가 유보된 법적 행위객체라는 의미로 보인다. 법인격은 법적 행위주체와 관련된 것으로, 법인격으로서의 법적 행

Books, 1951), pp. 296~297.

위객체는 먼저 법적 행위주체라는 개념을 전제한 후에야 가능한 것으로 보인다. 즉 법적 행위주체의 가능성과 유보 등의 조건 없는 순수한 의미의 법적 행위객체는 성립될 수 없다.

도덕적 지위는 어떤 존재자가 다른 존재자를 어떻게 대우하는 것이 바람직한지, 이미 도덕적 지위를 갖는다고 간주되는 인간이 동료 인간, 동물, 생명체, 무생물체, AI 등등을 어떻게 대우해야 하는지 등의 물음과 관련된다. 도덕적 지위로서의 인격 또한 도덕적 행위주체/능동자와 도덕적 행위객체/피동자로 구분될 수 있다. 동물 해방이나 동물 복지를 주장하는 동물 윤리 논의들이 동물을 어떻게 대우해야 할까라는 문제에만 주목하고 있다는 것을 볼 때, 현재 동물 윤리 영역에서는 동물을 도덕적 행위객체, 즉 인간이 윤리적으로 대우해야 할 존재로 보아야 한다는 부분에 대해서는 상당한 논란에도 불구하고 많은 이론적 토대가 제시되고 있지만, 동물을 도덕적 행위주체로 간주해야 한다는 이론에 대해서는 상대적으로 논의가 빈약하다.[10]

---

10 동물 복지의 이론적 토대가 되는 싱어(Peter Singer)의 논의는 동물을 도덕적 행위 객체로 대우하는 논의로 해석될 수 있으며, 동물권의 이론적 토대가 되는 리건(Tom Regan)의 논의는 '삶의 주체(subject of life)' 기준을 제시하면서 동물을 적극적인 행위주체로는 설정하지 않는다는 의미에서 도덕적 행위객체 논의로 볼 수 있다. 이와 달리, 동물, 특히 반려 동물을 도덕적 권리의 행위주체일 뿐 아니라 시민권을 가진 법적 행위주체로 간주해야 한다는 주장은 Sue Donaldson and Will Kymlicka, *Zoopolis: a political theory of animal rights*(Oxford University Press, 2011)에 잘 나타나 있다. 이와 관련된 논의는 목광수, 「윌 킴리카의 동물권 정치론에 대한 비판적 고찰」, ≪철학≫, 117집(2013)을 참조하기 바란다.

3) 내재적 속성 보유에 근거한 인격 개념[11]

인격이 어떤 능력을 갖춘 존재로 간주함을 의미한다고 할 때, 전통적으로는 이러한 자격이 어떠한 내재적 속성(property), 즉 대상이 내재적으로 보유하는 비관계적 속성 보유에 근거한다는 입장이 주류를 이루고 있다. 예를 들어 합리성, 쾌고 감수 능력(sentiment), 성원권(membership) 등의 속성을 소유했는지에 따라 도덕적 지위 부여를 판

---

11 이 절의 내용은 목광수, 「도덕적 지위에 대한 기존 논의 고찰」, ≪윤리학≫, 5권 2호 (2016) 2절을 일부 발췌 요약해 이 장의 목적에 맞게 재구성하고 보강한 것이다. 내재적 속성을 근거로 제시되는 전통적인 인격 개념 논의에서 내재적 속성은 존재론적으로는 대상이 보유하는 비관계적 속성으로 간주한다는 점은 명료하지만, 인식론적으로는 원리상 객관적으로 관찰될 수 있는 속성인지 아니면 원리상 객관적으로 관찰될 수는 없지만 주관적으로 파악될 수 있는 속성인지에 대해서는 모호한 입장을 취하고 있다. 이 절은, 이러한 모호함이 도덕적 지위 논의에서는 좀 더 분명하게 해소되어야 하는 이유가 2.1)절에서 고찰한 인격의 고유한 특성의 파생적 의미와 관련된다고 분석한다. 왜냐하면, 인격 논의가 도덕성과 같은 규범성을 중시하는 논의라는 점에서, 인격 논의에서 검토되는 내재적 속성은 기능주의에서 말하는 것처럼 입력과 출력의 명제로 분석될 수 있는 객관적으로 관찰될 수 있는 속성만으로 볼 수 없기 때문이다. 도덕성과 같은 규범성의 내용에 대해서는 논란의 여지가 있겠지만, 기존의 도덕적 지위 논의에서 그랬던 것처럼 도덕성과 규범적 가치 등은 주관적으로 파악될 수 있는 속성과 관련된다는 부분을 전제하는 것이 현 단계의 논의에서 적절할 것으로 보인다. 따라서 필자는 원리상 객관적으로 관찰될 수 있는 속성으로 간주하는 입장, 예를 들면 기능주의에 입각한 논의는 인격 논의에서 배제한다.

단하려고 한다.[12] 합리성의 근거를 넓게 해석하는 아리스토텔레스 전통이나 좁게 해석하는 칸트의 논의가 이러한 합리성이 취약하거나 없는 인간 또는 동물 등을 우리의 직관과 달리 제외한다는 문제, 즉 '배제의 문제(the outlier problem)'를 야기한다는 비판에 직면한다.[13] 특히 합리성이라는 속성을 갖지 못한다고 판단되는 혼수상태의 인간과 같은 '가장자리 인간(marginal human being)'에게 도덕적 지위를 부여하지 않는 것이 정당한가라는 비판이 제기된다. 오히려 AI에 대해서는 '튜링 검사' 등을 통과할 정도로 AI가 높은 합리성을 갖게 된다면 넓은 의미의 합리성에서는 도덕적 지위를 부여받을 수도 있지만, 그러한 도덕 추론 능력이 내재한 능력이 아니기에 진정한 추론 능력으로 보기 어렵다는 비판에 직면할 수 있다. 왜냐하면, 좁은 의미의 합리성 개념에서는 원리상 객관적으로 관찰될 수는 없지만 주관적으

---

12 이 절에서 기존의 인격 개념에 대한 이론적 논의를 검토함에 있어, 주로 도덕적 지위와 관련된 인격 개념에 치중하고 있다. 인격 개념의 다른 지위인 법적 지위와 관련된 논의가 잘 다루어지지 못한 것은 법 영역에서 법인격성(legal personhood) 개념이 적어도 지난 50여 년 동안 상대적으로 주목을 받지 못했고 철학적 논의에 토대를 두고 제한적으로 이루어져온 것과 관련된다[Visa A. J. Kurki and Tomasz Pietrzykowski, "Introduction," *Legal Personhood: Animals, Artificial Intelligence and the Unborn* (Springer, 2017), p.vii].

13 Anita Silvers and Leslie Pickering Francis, "Justice through Trust: Disability and the 'Outlier Problem' in Social Contract Theory," *Ethics*, Vol.116, No.1(2005), p.41. 비슷한 입장은 마사 누스바움(Martha Nussbaum) 논의에서도 나타난다[Martha Nussbaum, *Frontiers of Justice* (Harvard University Press, 2006), chapter 2 and 3].

로 파악될 수 있는 속성이 의식적인 경험을 갖는 인간에게는 있다고 판단하지만, 그러한 경험이 없는 인공종에게는 그러한 속성이 없다고 판단하기 때문이다.

도덕적 지위를 쾌고 감수 능력(sentiment) 보유 여부를 통해 판단하려는 시도는 벤담(Jeremy Bentham)으로부터 시작해 싱어(Peter Singer) 등으로 이어지면서 오늘날 동물에게 도덕적 지위를 부여하려는 중요한 근거로 사용되고 있다. 벤담은 도덕적 지위의 근거인 권리에 대해, "인간 이외의 동물들이 …… 권리를 가질 수 있는 날이 올지 모른다. …… 어떤 근거를 제시할 수 있겠는가? 그 문제는, 이성을 발휘할 수 있는가도 아니고 말을 할 수 있는가도 아니며, 고통을 느낄 수 있는가인 것이다"라고 주장하며 쾌고 감수 능력을 토대로 동물에게 도덕적 지위를 부여한다.[14]

그런데 이런 쾌고 감수 능력 논의는 앞에서도 언급했던 가장자리 인간을 토대로 제시되는 가장자리 상황 논변에 취약하다. 우리의 직관은 쾌고 감수 능력을 느끼지 못하는 혼수상태에 있는 사람도 도덕적 존재로 보려고 할 것인데, 이 논의에 따르면 도덕적 지위를 부여하지 않을 것이기 때문이다. 더욱이 자연종(natural kinds)의 경우는 쾌고 감수능력을 의식적인 경험, 즉 객관적으로는 관찰될 수 없지만 주관적으로 파악될 수 있는 내재한 속성에 기반을 둔 경험에 비추어 유추할 수 있지만, 인공종(artificial kinds)인 AI의 경우 비록 AI가 고통과 쾌

---

14 제레미 벤담(Jeremy Bentham), 『도덕과 입법의 원리 서설』, 고정식 옮김(나남, 2011), 444쪽.

락을 표현할 때조차 그러한 능력을 진정으로 갖는다는 것인지가 의심스럽기 때문이다.

현재 쾌고 감수 능력에 대한 판단은 신경계의 존재 유무라는 객관적인 부분도 있고 1인칭적인 내성적이며 질적인 경험인 '감각질'이라는 견해도 있는데, 어떤 경우든 이러한 기준을 인공종에게 부여할 수 있을지 의심스럽다. 후자의 경우 통증을 예로 든다면, 만약 통증이란 것이 우리가 주관적으로 경험하는 어떤 질적인 경험이라면 그 경우 인공종이 통증을 경험한다고 말할 수 있는 방법을 우리는 갖지 못할 것이다. 어떻게 인공종을 만들어야 질적인 경험을 할 수 있는지, 그러한 경험을 한다는 것을 도대체 어떻게 확인할 수 있는가에 대해 답변할 수 있는 방법은 원리적으로 없기 때문이다.

도덕적 지위를 성원권에 의해서 확보하려는 시도는 모든 인간이 유전적 인간성을 갖는다는 것이 도덕적 지위를 보유하는 충분조건이 된다는 '유전적 인간성 이론'에서 볼 수 있다.[15] 이 이론에 따르면, 인간 종인 호모 사피엔스는 수정된 이후부터 죽을 때까지 모두 동일한

---

15 Mary Anne Warren, "Moral Status," Frey, R.G. and Christopher Heath Wellman (eds.), *A Companion to Applied Ethics* (Blackwell Publishing, 2003), p.441. 도덕적 지위를 성원권에 근거해 확보하려는 시도 가운데는 공동체주의적 입장이 있을 수 있다. 공동체주의적 입장은 유전적 인간성이라는 속성을 제시하지 않으면서도 해당 공동체의 성원이라는 관계 그 자체만으로도 도덕적 지위를 부여하는 방식인데, 이러한 입장은 인격의 근거를 내재적 속성에서 찾는 이 절의 의미와 거리가 멀어 본문에서는 다루지 않는다.

도덕적 지위를 갖는다. 이 이론이 갖는 문제점은 유전적 인간성이 도덕적 지위를 부여하는 필요조건일 수 있는 근거가 부족하다는 점이다. 왜 인간의 유전적 인간성을 가진 존재만 도덕적 지위를 갖게 되는지가 정당하게 그리고 충분하게 설명되지 않았기 때문이다.

동일한 맥락에서, 워런(Mary Anne Warren)은 유전적 인간성 조건이 충분조건으로도 의심스럽다고 비판한다.[16] 왜냐하면, 수정란도 유전적 인간성 조건을 만족한다면 아직 지각이나 형태도 제대로 갖추지 못한 수정란이 인간과 동일한 도덕적 지위를 가져야 하는데, 이를 받아들이기 어렵기 때문이다. 더욱이 이러한 유전적 인간성 이론은 종차별주의(speciesism) 비판에 노출된다. 왜냐하면, 유전적 인간성 자체가 도덕적 지위 부여를 결정할 정도의 정당한 근거로 보기 어렵기 때문이다.

싱어는 정당한 이유 없이 "자기네들과 다른 종족에 속하는 존재들 간에 이익충돌이 있을 때, 자기 종족 구성원들의 이익을 보다 중요시하는" 입장을 종족주의 또는 종차별주의라고 명명한다.[17] 싱어는 인류 역사에서 우리가 인종이나 피부색, 성별을 토대로 정당한 근거 없이 차별하던 것을 도덕적으로 거부해온 것처럼, 정당한 이유 없이 인간이 아니라는 이유만으로 동물에게 도덕적 지위를 부여하지 않는 것은 부당하다고 주장한다.

이상에서 검토한 것처럼, 인격의 근거를 개별적인 각각의 내재적

---

16 같은 책, p.441.

17 피터 싱어(Peter Singer), 『실천윤리학』 2판, 황경식·김성동 옮김(연암서가, 2013), 103쪽.

속성 보유 여부에서 찾으려는 시도는 도덕적 지위 논의에서 많은 논란에 직면해 있다. 이러한 문제를 극복하기 위해서 일부 학자들은 내재적인 단일 속성의 보유 여부로 인격을 판단하는 대신, 다양한 내재적 속성들의 복합적인 근거를 제시하는 방안을 대안으로 제시하기도 한다. 예를 들어, 도덕적 지위의 근거로 A, B, C를 제시하고 이 중 하나만 만족하면 도덕적 지위를 갖는 것으로 판단하거나, 이렇게 제시된 도덕적 지위의 근거를 충분하지는 않지만, 일정 부분이라도 모두 가져야만 도덕적 지위를 갖는 것으로 판단하는 것이다. 이러한 방식은 각 속성에 대한 적절한 비중주의(weighing)를 통해 도덕적 지위 사이의 위계를 나눌 수도 있다는 장점이 있다.

워런은 자신이 제안하는 다양한 속성들의 결합 모델이 인공 생명체나 기계의 도덕적 지위에 대한 논의도 다룰 수 있다고 주장한다.[18] 그런데 워런이 속성 논의를 중심으로 자신의 논의를 전개할 때, 그의 논의는 딜레마에 직면한다. 워런이 언급하는 속성이 기존의 도덕적 지위 논의가 그랬던 것처럼, 주관적으로 파악될 수 있는 내재적 속성이라는 부분을 포함한 논의라면, 주관적 속성이 없다고 생각되는 인공종을 처음부터 배제하는 논의여서 그의 주장과 상충한다. 반면에, 이러한 상충을 피하기 위해, 속성을 원리상 객관적으로 관찰될 수 있는 속성으로 한정한다면, 도덕성과 규범성에 대한 기존 논의와 상충한다는 점에서 수용되기 어렵다.

---

18 Mary Anne Warren, "Moral Status," *A Companion to Applied Ethics*, pp.448~449.

워런의 논의가 딜레마를 피하는 하나의 방법은, 다음 절에서 필자가 제안하는 것처럼, 내재적 속성 중심의 인격 논의가 아니라 관계 중심의 논의로 방향을 전환하는 것이다. 이러한 제안은, 내재적 속성 보유에 근거를 둔 인격 논의가 초래하는 불필요한 논쟁을 피할 수 있으면서도 인격 논의가 지향하는 규범적이며 실천적 차원에서 효과적으로 기여한다는 상대적 장점이 있다.

3. 인공지능 시대에 적합한 인격성 개념 모색

1) 전통적 인격 개념과 인정의 관련성

라이티넌(Arto Laitinen)에 따르면, 인격 또는 인격성에 대한 전통적인 논의 가운데 속성에 기반을 둔 설명 이외에 관계(relation)에 기반을 둔 설명 방식이 있다.[19] 이러한 관계에 기반을 둔 설명 방식은, 전

---

[19] Arto Laitinen, "Sorting out Aspects of Personhood," *Journal of Consciousness Studies*, Vol.14(5-6)(2007), p.249. 라이티넌은 속성에 근거를 둔 설명 방식을 단항적(monadic) 입장이라고 명명하고, 관계에 근거를 둔 방식을 이항적(dyadic) 입장이라고 명명한다. 라이티넌은 단항적 입장은 보에티우스로부터 스트로슨(P. F. Strawson)과 프랑크푸르트(Harry Frankfurt)에 이르는 견해라고 분석하며 이항적 입장은 헤겔로부터 데닛, 테일러(Charles Taylor), 톰슨(M. Thompson)에 이르는 견해라고 분석한다(같은 글, p.253). 예를 들어, 데닛은 "어떤 것이 인격으로 간주되는지 여부는 어떤 면에서 그것에 대한 태도에 의존적이다"라고 주장한다[Daniel

통적인 인격 개념의 근거를 설명하는 방식인 보에티우스와 이를 계승한 로크의 개념인 '이성적 본성의 개별적 실체'를 속성 보유가 아닌 속성에 대한 인정으로 해석한다. 이러한 인정 논의, 특히 도덕적 지위 논의는 규범적 관계를 기반으로 삼기 때문에 객관적으로 관찰될 수 있는 속성만이 아닌 주관적으로 파악될 수 있는 속성이 있다는 전제 아래, 속성이 표현된 관계 속에서의 인정에 강조점을 두는 것이다. 어떤 개체가 어떤 속성을 실제로 가졌는지가 인식론적으로 확인되기 어렵다면 그리고 인격 개념이 실천적인 규범적 관계를 위해 고안된 것이라면, 그러한 속성이 있다고 인정될 수 있느냐는 실천적 방식이 더욱 효과적일 수 있기 때문이다.

인격 또는 인격성의 논의는 상호 작용 과정에서 어떤 자격의 인정 여부와 관련되는데, 이러한 자격 인정 여부 논의, 특히 법적 지위 논의는 튜링 검사의 취지와 유사하다. 왜냐하면, 튜링 검사는 기계가 지능이라는 속성을 내재적으로 실제 가졌는가보다는, 기계가 생각한다고 인정할 수 있는가의 물음을 다루고 있기 때문이다. 튜링 검사에

Dennett, "Conditions of Personhood," in Amélie Oksenberg Rorty(ed.), *The Identities of Persons*(University of California Press, 1976), p.179]. 필자는 이러한 라이티넌의 구분 자체에 대해서는 수용하지만, 그 내용 일부에 대해서는 의구심을 갖고 있다. 구체적으로 보에티우스 등의 전통적 정의를 속성에 근거한 해석만으로 규정하는 구분에 동의하지 않는다. 왜냐하면, 필자가 본문에서 분석하는 것처럼 보에티우스로부터 시작된 인격 개념의 정의는 이미 속성에 근거를 둔 해석과 인정에 근거를 둔 해석 모두가 가능하기 때문이다.

대한 철학적 근거를 인정에서 찾는 방식을 인격 개념의 근거에 적용하는 방식은 이런 점에서 기존의 인격 논의와도 부합한다. 현재 법인 개념이나 최근 EU에서 제시한 '전자 인격' 개념은 실제 어떤 속성을 갖는가보다는 그러한 속성을 가진 것으로 보인다는 인정으로 설명할 수 있기 때문이다. 인격이라는 단어가 배우의 역할, 가면, 심지어 위장과 변장 등의 의미로 사용되는 희랍어 '프로소폰($\pi\rho\acute{o}\sigma\omega\pi o\nu$)'과 라틴어 '페르소나'(persona)에 어원을 두고 있다는 점에서, 인격은 속성을 '실제로 보유'했는가보다는 '그렇게 보임' 즉 표현, 특히 인정과 더욱 적합한 개념으로 볼 수 있다.

인격의 근거로서의 인정 개념은 헤겔이 처음 제시한 후 실천적 관심에 의해 테일러(Charles Taylor), 호네트(Axel Honneth), 마갤릿(Avishai Margalit) 등을 통해 20세기 들어 다시금 주목받고 있다.[20] 이 논의에서 사용되는 인정 논의는 헤겔의 인정 논의라기보다는 헤겔적 인정 논의라고 할 수 있다.[21] 인정 개념은 대략 첫째, 확인(identification), 둘

---

20 Charles Taylor, *Multiculturalism and the Politics of Recognition* (Princeton University Press, 1992); 악셀 호네트, 『인정투쟁』, 문성훈·이현재 옮김(동녘, 1996); Avishai Margalit, *Decent Society* (Harvard University Press, 1996).

21 이 글에서 헤겔 해석과 관련된 논의를 다룰 수는 없지만, 수용하는 헤겔 해석은 헤겔의 후기 작품, 즉 그의 생애에 출판된 저작인 『정신현상학』(1807), 『법철학 강요』(1821), 『철학 강요』(1817/1830)에 주목한 상호 인정(reciprocal recognition)에 대한 학자들의 논의이다. 피핀(Robert Pippin)이나 윌리엄스(Robert Williams) 같은 학자들은 헤겔의 후기 저작이 초기의 인정 개념을 포기한 '자기 반성적 독백적 주관성에 매몰된 절대 관념론'이라는 해석을 거부하고 초기 시절의 인정 개념보다 성

째, 수용-(acknowledgement), 셋째, 특별한 의미의 인정(recognition in a specific sense)으로 구분된다.[22] 첫 번째 의미는 어떤 것을 수적으로 구분되는 개체로, 질적으로 어떤 특성을 갖는 것으로, 그리고 어떤 집단에 속하는 것으로 확인한다는 의미이다. 이 의미는 이후 의미들의 토대가 되는 기초적 의미이다. 두 번째 의미는 가치, 근거, 규범, 권리, 책임과 같이 규범적이거나 평가적 개체 또는 사실로 수용한다는 의미이다. 세 번째 의미는 윤리적 그리고 규범적 태도와 상태에 대한 의미이다.

숙한 상호 인정 논의라고 해석한다[Robert Pippin, "What is the question for which Hegel's theory of recognition is the answer?" *European Journal of Philosophy*, Vol.8, Issue 2(2000), p.185; Robert Williams, *Hegel's Ethics of Recognition*(University of California Press, 1997), p.4].

22 호네트는 철학뿐 아니라 일상 언어에서도 인정 개념의 분명한 의미가 명시되지 않고 있다고 지적한다[Axel Honneth, "Recognition and Moral Obligation," *Social Research*, Vol.64, No.1(1997), p.18]. 이케헤이모(Heikki Ikäheimo)는 이러한 상황에서 인정은 넓은 의미에서 세 개의 영어 단어로 구분될 수 있다고 주장한다 [Heikki Ikäheimo, "Recognizing Persons," *Journal of Consciousness Studies*, Vol.14, No.5~6(2007), pp.226~228). 이케헤이모는 이러한 분류가 유럽과 영미권의 학자들 사이에서도 공유될 수 있다고 주장하면서, 근거로 리쾨르[Paul Ricoeur, *The Course of Recognition*(Harvard University Press, 2005), pp.6~8]와 인우드 [Michael Inwood, *A Hegel Dictionary*(Blackwell, 1992), pp.245~247]의 논의를 제시한다. 리쾨르가 프랑스어 'recoonnaisance'의 16개 의미를 구분한 것이나 인우드의 5가지 인정의 의미 구분이 자신의 3개로 재분류될 수 있기 때문이다.

2) 인정에 근거한 인격 모델

AI 시대에 적합한 인격 개념을 모색하는 이 글의 목적과 관련해서 생각해볼 때, 인정의 세 가지 의미인 확인, 수용, 인정의 규범적 태도는 규범적 관계에 대한 검토를 통해 AI 로봇 등의 존재자를 인격으로 인정할 것인지에 대한 확인의 존재 지위 부여 과정, 각각의 표현 속성들의 조합과 비중주기(weighing)를 통해 인격 존재의 세분화가 이루어지는 수용의 과정, 그리고 이렇게 인정된 존재에 대한 규범적 태도와 상태가 제시하는 규범적 과정의 모델로 재구성해볼 수 있다.

(1) 인격으로의 확인 인정을 통한 존재 지위 부여

인정의 첫 번째 의미인 확인은 사회적이며 규범적인 관계를 형성하는 존재를 인격적 존재로 확인하는 일방적 과정을 의미한다. 즉 기존의 인격 개념을 부여받은 존재들이 논란이 있는 존재들을 확인하는 과정이다. 이 과정은 표현된 속성만을 확인하는 과정부터 내재적인 정체성을 파악하는 과정까지 구분되어 진행된다. 이러한 인정과 관련해서는 워런이 언급했던 것처럼 다양한 속성들을 결합한 모델을 제시해야 하며, 각 속성들에 대한 비중주기가 필요하다.[23] 필자는 워

---

23 이러한 결합된 모델은 다른 맥락에서 제시된 '연결 이론(connection theory)'을 토대로 한다[David Miller, "Distributing Responsibilities," *The Journal of Political Philosophy*, Vol.9, No.4(2001)]. 연결 이론은 다양한 속성 가운데 일부만 갖고 있어도 그러한 자격이 주어진 것으로 보는 것인데, 본 논의에서는 비중의 정도에 따

표 8-1 인정에 필요한 표현 속성과 존재 지위 관계

구분 \ 표현 속성	외양	합리성, 지적 능력	쾌고 감수 능력	자율적 능력	미래감 (삶의 주체)	이해 관심	기타
법적 지위		✓		✓		✓	
도덕적 지위	✓	✓	✓	✓	✓	✓	

런의 연결 모델을 수용하면서도 속성의 소지 여부보다는 속성이 표현되고 있는 방식에 주목한다. 이렇게 보면, 논의 과정에서 인공종을 원천적으로 배제하지는 않을 수 있기 때문이다.

그렇다면 법적 영역과 도덕의 영역에서의 근거가 될 수 있는 속성들은 무엇인가? 〈표 8-1〉의 속성들은 기존의 존재 지위와 관련되어 고려되는 속성들인 외양, 합리성/지적능력, 쾌고 감수 능력, 자율적 능력, 미래감(삶의 주체), 이해관심 등이다. 〈표 8-1〉의 목록들이 잠정적임에도 불구하고 제기될 수 있는 정당성 비판에 대응하기 위해서는 누스바움(Martha Nussbaum)이 핵심 역량을 제시하면서 사용했던 롤스(John Rawls)의 중첩적 합의(overlapping consensus)를 사용할 수 있을 것 같다.[24] 이런 의미에서 〈표 8-1〉에 제시된 속성들은 실제적인 보유 여부가 아닌 표현되어 인정되는지 여부에 중점을 두고 있으며, 2.3)절에서 검토했던 속성들 가운데 중첩적 합의가 가능한, 상호

라 다르지만 일정한 속성이 표현되고 있다면 그러한 지위가 부여된 것으로 간주한다는 의미이다.

24 Martha Nussbaum, *Women and Human Development: The Capabilities Approach* (Cambridge University Press, 2000), p.76.

인정할 만한 속성들을 모아놓은 것이다.[25]

〈표 8-1〉의 기준에 따라 인격 개념이 확인된 존재는 세분화 이전 차원에서 법적 지위와 도덕적 지위를 확보하게 된다. 〈표 8-1〉은 현재 비중주기를 통한 각 표현 속성들 사이의 연결 관계가 제시되지 않았기 때문에, 〈표 8-1〉만 본다면 도덕적 지위를 갖는 존재는 모두 법적 지위를 갖는 것으로 볼 수 있다. 그러나 도덕적 지위를 갖는 경우에도 법적 지위를 부여받지 못하기도 한다. 예를 들어 자율적 능력의 경우 도덕적 지위에서는 다른 표현 속성들보다 비중이 낮아서 낮은 수준만 있어도 도덕적 지위를 확보할 수 있지만, 법적 지위에 있어서는 비중이 커서 높은 수준을 요구한다. 그래서 설령 낮은 수준의 자율적 능력이 있어도 도덕적 지위를 확보하는 데는 어려움이 없지만 법적 지위를 확보하는 데는 어려움이 있을 수 있다. 따라서 〈표 8-1〉은 어떤 지위 확보를 위해 어떤 표현 속성을 필요로 하는지에 대한 언급 정도로만 이해하는 것이 바람직하다.

〈표 8-1〉에서 제시된 외양은 법인(法人)에서 볼 수 있는 것처럼 법

---

25 〈표 8-1〉에서 ✓ 표시가 된 것들은 해당 지위를 부여하기 위해 필수적으로 필요하다는 의미이며, 이들 각각의 비중뿐만 아니라 각각의 인정 여부의 기준은 고려하지 않았다. 이 장에서 주안점을 두고 있는 현 단계의 논의는 인정에 기반을 둔 인격 개념을 AI 또는 AI 로봇에게 적용하는 것이 적합한지를 검토하는 것이지, 실질적인 기준을 제시하는 것이 아니기 때문이다. 인정 모델에 포함될 표현 속성의 구체적인 내용이 무엇인지, 그리고 각 지위에 따른 각 표현 속성의 비중 주기는 현 논의를 토대로 제시될 이후 연구에서 다룰 주제이다.

적 영역에서는 인격 지위 부여를 위한 중요한 판단 근거가 아니지만, 도덕 영역, 특히 도덕적 행위주체로 간주하기 위해서는 현 단계에서 중요한 요인으로 보인다. AI 관련 영화들이나 소설에서 인간과 동등한 관계에서 상호 소통을 하는 존재자들이 대부분 안드로이드라는 점은 이러한 인식의 현실을 잘 보여준다. 그러나 3.2).(3)절에서 언급될 것처럼, 이러한 외양 속성은 조금씩 인식의 변화를 통해 약화되고 있다. 이러한 외양 속성에 대한 언급은 AI 로봇의 신체성과 관련된 논의와는 구분될 필요가 있다. AI 로봇과 신체성을 연결하는 논의들은 이 글에서 다루는 구분 방식에 따르면 속성에 근거를 둔 인격 개념과 관련된 것이기 때문이다. 이 글은 속성 보유에 근거를 둔 인격 개념이 아닌 속성 표현에 의한 인정에 근거를 둔 인격 개념을 다루고 있으므로 신체성과의 연결이 필수적인 것으로 간주하지 않는다.[26]

합리성과 지적 능력은 판단력과 의사소통과 관련된 것이며, 쾌고 감수 능력은 표현된 감정과 관련된 것이다. 또한, 자율적 능력은 독자적 결정으로 보일 수 있다는 것을 의미하며, 미래감은 스스로에 대한 가치를 부여하고 장래를 설계할 수 있다는 것 즉 자아정체성을 표현한다는 것을, 이해관심(interests)은 어떤 목표와 이익에 의해 혜택과 손해를 볼 수 있음을 의미한다. 여기서 언급하는 미래감을 갖는 자

---

26 AI 또는 AI 로봇의 인격과 신체성과의 관련성에 대한 논의는 김선희의 글을 참조하기 바란다. 김선희는 사회적 개념인 인격은 개별화와 재확인의 기준이 요구되는데, 이를 위해 필수적인 것은 참된 기억의 토대가 되는 신체적 기준이라고 주장한대김선희, 『사이버시대의 인격과 몸』(아카넷, 2004), 50~56쪽].

아정체성 의미는 해당 존재가 자신에 대한 인정과 같은 자의식을 갖는 것으로 보인다는 의미이다. 이러한 속성 표현은 AI 로봇을 도덕적 행위주체로 인정함에 있어서 중요한 요소가 될 것이다.

(2) 인정 논의의 세분화를 통한 인격 개념의 분화

인정의 첫 번째 의미인 확인을 통해 특정 존재에게 일반적인 인격 지위가 부여할 여건이 마련되고 나면, 다양한 조합과 각각의 비중주기 등을 통해 각 존재에게 적절하며 구체적인 존재 지위를 부여하는 인정의 두 번째 의미인 수용이 적용된다. 인격 개념을 통한 존재 지위 논의, 특히 도덕적 지위와 관련된 논의는 세분화가 필요하다. 왜냐하면, 인간 존재에 있어서도 다양한 발달과 발전 과정에서의 층위가 있음에도 불구하고 동일한 층위에서 논의를 전개할 때 생기는 도덕적 문제들이 있기 때문이다. 예를 들면, 성인과 배아 세포를 동일한 층위에서의 인격으로 볼 것인지, 혼수상태의 식물인간과 건강한 성인에게 동일한 법적 지위와 도덕적 지위를 부여할 것인지의 논란이 제기될 수 있기 때문이다. 법 영역에서도 이러한 논란이 일어나고 있다. 왜냐하면, 법 영역에서는 인격과 사물로 구분하는 이분법이 일반적인데, 이러한 구분이 포괄하지 못하는 존재에 대해 어떻게 대우할지를 정하지 못하기 때문이다. 따라서 인격 개념 자체를 다양한 층위로 나눠야 하는데, 2.3)절에서 검토했던 내재적 속성 보유에 근거를 둔 인격 논의에서는 이러한 구분이 단순한 정도의 문제에 지나지 않을 수 있어서 그 기준이 객관적으로 제시되기 어렵다. 왜냐하면, 내재적 속성 논의, 특히 도덕적 지위 논의에서는 원리상 주관적으로만 파악할 수 있는 속성의 존재를 전제하는데, 이러한 내재적 속성이 어느 정도 있다는 것을 객관적으로 보이기 어렵기 때문이다. 이에 반해 인정에 입각한 논의는 비록 그러한 주관적으로만 파악되는 속성을 전제함에도 불구하고, 그 속성 자체의 보유가 아닌 표현에 기반을 둔 연결 이론(connection theory)과 관련되기 때문에 다양한 표현 속성들이 객관적으로 표현되는지 여부에 따라 행위객체와 행위주체로의 구분이 이루어질 수 있고, 더 나아가 각 표현 속성의 표현 정도와 결합되면 더 세밀한 구분이 가능하다.

세분화를 통한 인격 개념의 분화는 앞의 〈표 8-1〉에서 제시된 표현 속성들의 각각의 내용은 수준에 따라서 층위를 구분하는 방식을 통해 이루어질 수 있다. 예를 들어, 자율적 능력을 의미하는 자율성(autonomy)은 충분한 자율성을 가진 경우, 불충분한 자율성을 가진 경우 등등의 다양한 층위로 구분될 수 있다. 각 표현 속성들을 이러한 다양한 층위로 구분해 세분화된 존재 지위로 나눠보면 〈표 8-2〉와 같이 정리될 수 있다. 〈표 8-2〉에서 ✓ 표시가 된 것들은 세분화된 해당 지위에서 중시되는 속성을 의미하며, 구체적인 내용은 잠정적이며 수정 가능하다. 〈표 8-2〉에서는 각 속성의 비중 등을 고려함 없이 중시되는 개별 속성의 수준 여부에 따라 행위객체(피동자)와 행위주체(능동자)로 구분하면서, 행위객체만으로 표현되는 인격을 '준인격'이라고 명명하고, 행위주체까지 표현되는 인격을 '충분한 인격(full-fledged personhood)'이라고 명명했다.[27]

〈표 8-2〉의 의미를 살펴봄에 있어서, 피동자인 행위객체와 능동자인 행위주체의 관계를 검토할 필요가 있다. 먼저 여기서 주목할 부분

표 8-2 세분화된 존재 지위와 표현 속성의 관계

구분	표현 속성	외양	합리성, 지적 능력	쾌고 감수 능력	자율적 능력	미래감 (삶의 주체)	이해 관심	기타
법적 지위	행위객체 /피동자						✓	
법적 지위	행위주체 /능동자		✓		✓		✓	
도덕적 지위	행위객체 /피동자		✓	✓			✓	
도덕적 지위	행위주체 /능동자	✓	✓	✓	✓	✓	✓	

은 법적 영역에서 준인격의 의미이다. 2.2)절에서 검토한 것처럼, 법적 행위객체는 먼저 법적 행위주체라는 개념을 전제한 이후에야 가능하다. 즉 법적 행위주체의 가능성과 유보 등의 조건 없는 순수한 의미의 법적 행위객체는 없다. 자율주행차의 경우 법적 영역에서의 이

---

27 이 글은 세분화를 통해 인격 개념을 분화할 수 있음을 보여주는 데 초점을 맞추고 있으며, 구체적인 분화를 제시하는 것은 이후 연구에서 다룰 예정이다. 그럼에도 불구하고, 이러한 세분화가 가능함을 강조하고자 한다. 세분화된 존재 지위 분류 가능성은 필자보다 더 상세하게 분류한 무어(James Moor)의 논의에서도 볼 수 있기 때문이다. 비록 무어의 인공 도덕 행위주체 분류법은, 현재 있는 존재자의 지위를 구분하려는 필자와 달리 인공 도덕 행위주체를 제작하는 과정에 주안점을 두고 있지만, 무어는 윤리적 영향(impact) 행위자, 암묵적/내재적(implicit) 윤리 행위자, 명시적(explicit) 윤리 행위자, 완전한 행위 윤리자로 구분하고 나서, 인공 도덕 행위자의 목표를 3단계인 명시적 윤리 행위자로 설정하고 있다[웬델 월러치(Wendell Wallach)·콜린 알렌(Colin Allen), 『왜 로봇의 도덕인가』, 노태복 옮김(메디치미디어, 2014), 61~64쪽)].

해관심을 가진 것으로 보이며 합리성을 토대로 자율적 결정을 내리는 것으로 보인다면 법적 행위주체로서의 법적 지위를 부여받을 수 있다. 그렇게 된다면, 자율주행차가 야기한 사고에 대해 자율주행차는 책임을 지고 처벌을 받게 된다.[28] 그러나 이러한 법적 행위주체가 부여되지 않은 상태에서 타인이 자율주행차에 손해를 입혔다면 그 타인은 자율주행차에 대해 손해 배상을 해야 하는데, 이것은 자율주행차가 법적인 준인격이라기보다는 사물에 입힌 손해 때문에 부여되는 것이다.

도덕 영역에서 준인격인 도덕적 피동자 또는 객체는 동물의 경우처럼 인간과 외양이 닮지 않아도 가능하지만 AI 로봇의 경우는 현 단계에서는 인간과 외양이 닮는 것이 중요하게 고려될 것이다. 미국 드라마 〈웨스트 월드(West World)〉에서처럼 인간과 AI 로봇의 외양이 구분되지 않으며 어느 정도 의사소통이 가능하며 쾌고 감수 능력과 이해관심이 있어 보인다면 도덕적 행위객체의 지위를 부여하게 되며, 도덕적 행위주체로서 간주하기 위해서는 자율성을 갖고 독립적으로 판단하는 것처럼 보이는 것과 미래감을 갖고 자아정체성을 갖는 것처럼 보이는 것이 충족되어야 할 것이다. 충분한 인격 개념으로 도덕적 지위를 부여하는 상호 인정의 관계는 3.2).(1)절에서 강조한 것처럼, AI 로봇의 주관적 속성에 대한 인정이 관계 속에서 이루어져

---

28 AI나 AI 로봇이 법적 행위주체로 인정된다고 하더라도, 여기서의 책임은 책임의 소재를 밝히는 설명책임(accountability)으로 보인다[Luciano Floridi, *The Ethics of Information*(Oxford University Press, 2013)].

야 가능하다.

(3) 인격에 대한 범위와 인정 영역의 확장 가능성

인정을 인격의 근거로 보는 논의는 앞에서 제시한 법적 지위와 도덕적 지위와 관련된 속성의 영역과 정도에 대해 경직되어 있기보다는 논의 과정을 통해 확장될 수 있다. 왜냐하면, 인정은 확인과 수용의 과정에서 어떤 존재를 고려할지, 어떤 속성들을 포함할지, 그리고 포함한다면 어떤 비중으로 포함할지에 대한 논의를 필요로 하기 때문이다. 판단 유보가 이루어지는 존재들에 대해서는 끊임없고 반복적인 논의가 필요하다. 이것은 적어도 도덕적 지위와 관련해서는, 대화와 토론이라는 평화적이고 윤리적인 과정을 통해 이루어지는 것이지, 파괴적인 투쟁적 과정은 아니다. 왜냐하면 자연 상태(natural state)에서나 있을 수 있는 파괴적인 투쟁적 과정에서는 사회적 관계가 형성된 사회에서 나타날 수 있는 도덕적 상태인 친밀감과 동포애가 상호적으로 달성될 수 없기 때문이다.[29] 이러한 논의 과정은 벤하비브(Seyla Benhabib)가 이방인을 해당 도덕 공동체에 포용할지 배제할지에 대한 논의에서 제시한 '민주적 반추(democratic iteration)' 개념과 같은 심의 민주주의(deliberative democracy)와 유사할 수 있다.[30]

인정 영역의 확장 가능성은 속성의 비중과 의미가 수정되는 다음 사례에서 볼 수 있다. 〈표 8-1〉에서 볼 수 있는 것처럼, AI 로봇의 도

---

29 G.W.F. Hegel, *Encyclopedia Philosophy of Spirit* (1817/1830), 432절 보론.

30 Seyla Benhabib, *The Right of Others* (Cambridge University Press, 2004), p.19.

덕적 지위와 관련해서는 현 단계에서는 외양적 부분, 즉 인간의 모습과 닮아 있는 안드로이드에 대해서가 중요할 것 같다. 2015년에 개봉한 영화 〈엑스 마키나〉의 AI 로봇인 '아바(Ava)'나 2001년의 영화 〈A.I.〉에서의 AI 로봇 '데이비드(David)'는 모두 인간의 외형을 갖고 있으며 이들이 인간으로서 인정되는지를 중요한 소재로 다룬다.[31] 그러나 2013년 개봉된 영화 〈그녀(Her)〉는 앞선 영화들과 다른 논점을 제시한다. 영화 〈그녀〉는 의사소통을 통해 감정의 교류를 경험할 수 있다면 외양이 중요하게 간주되지 않을 수 있다는 주장을 담고 있다. 이러한 확장 과정을 포함하는 인격 개념의 근거로 인정 개념은 기존의 합의 논의와는 차별화된다. 왜냐하면, 기존의 합의는 어떤 근거든지 합의를 통해 상호주관적으로 제시될 수 있는 논의인 반면, 인격의 기준으로서의 인정 논의는 인격의 기준으로 제시될 수 있는 다양한 속성들을 전제하면서 그러한 속성이 튜링 검사와 같은 과정에서 부합한다는 객관적인 토대를 제시해 관계 속에서 상호 인정을 모색하기 때문이다.

---

31 영화 〈A.I〉에서 '데이비드'가 상호 인정(mutual recognition)을 요구하고 있다는 주장에 대해서는 다음 논문을 참조하기 바란다. Tuomas Williams Manninen and Bertha Alvarez Manninen, "David's Need for Mutual Recognition: A Social Personhood Defense of Steven Spielberg's A.I. Artificial Intelligence," *Film-Philosophy*, Vol.20, Issue 2-3(2016), pp.339~356.

(4) 인격에 대한 규범적 태도와 상태

인격 개념을 인정에 근거해 제시하려는 이 글의 시도가 다른 유사한 시도들과 차별화되면서 가치를 가질 수 있는 부분은 존재 지위를 부여하는 존재론적 단계로부터 규범적 태도를 제시하는 윤리적 단계를 동일 개념의 모델로부터 전개한다는 점이다. 즉, 존재 지위가 부여된 존재에 대해서는 세 번째 의미의 인정 개념을 통한 규범적 대우가 요구된다. 인정의 첫 번째와 두 번째 의미가 기존의 인격 개념을 부여받은 존재들인 인간이 새로운 존재들에게 일방적으로 지위를 부여하는 방식이었다면, 세 번째 의미인 규범적 차원에서의 인정은 상호성이 강조된다. 즉 존재 A와 존재 B가 서로 동일한 규범적 태도를 보여야만 인정의 규범적 상태에 도달할 수 있다. 이렇게 도달된 규범적 상태는 서로가 실질적 자유(substantial freedom)를 향유하는 상태로, 헤겔은 이를 "보편적 우리(universal We)" 상태라고 언급하며, 이러한 상태로 나아가는 일방적 과정은 "어떤 존재를 인격으로 간주하는(taking something/someone as a person)" 윤리적 태도이다.[32]

이 글에서 논의하는 AI 로봇과 관련해서 생각해본다면, 상호성이 요구되는 인정의 규범적 상태는 AI 로봇이 인공적 도덕 행위주체

---

32 Robert Sinnerbrink, "Recognitive Freedom: Hegel and the Problem of Recognition," *Critical Horizons*, Vol.5, Issue 1(2004), p.285; Heikki Ikäheimo and Arto Laitinen, "Analyzing Recognition: Identification, Acknowledgement and Recognitive Attitudes Towards Persons," Bert van den Brink and David Owen(eds.), *Recognition and Power*(Cambridge University Press, 2007), p.38.

(artificial moral agents)가 되어야 가능한 것이기에, 우리가 현 단계에서 주목할 것은 기존의 인격 개념을 부여받은 존재인 인간이 새롭게 인격성을 부여받은 존재에게 보여야 할 윤리적 태도이다. 이러한 윤리적 태도의 과정이 무엇인지를 구체적으로 살펴보면, 사회적 존재자들이 어떤 존재가 사회적 존재 지위와 정체성을 갖는 것으로 인정하는 것, 어떤 행위를 그 존재자가 행위한 것으로 귀속시키는 것, 그 존재자가 자신에게 귀속하는 의도에 따라 행위하는 것으로 인정하는 것 등을 의미한다.[33] 이러한 태도는 헤겔의 논의에서 나타난 것처럼, 자발적으로 동기부여된다는 점에서 인식론적(epistemic)인 측면을 가질 뿐만 아니라, 구체적인 행위로 나타나야 한다는 점에서 수행적(performative) 측면을 갖는다. 이케헤이모와 라이티넨이 잘 지적하는 것처럼, "타인의 태도를 이해하는 것은 항상 오류 가능하며 우리는 쉽게 타인의 인정적 태도에 대해 심각하게 실수할 수 있다. 말하자면, 진심 어린 칭찬을 비꼼(sarcasm)으로 보기도 하고 비꼼을 칭찬으로 보기도 한다."[34] 따라서 규범적 차원에서 인정, 특히 도덕적 차원에서의 인정적 태도는 덕성(virtue)으로 잘 길러져 자발적이고 오해 없이 이루어져야 한다.

---

33 Robert Pippin, "Recognition and Reconciliation: Actualized Agency in Hegel's Jena Phenomenology," Bert van den Brink and David Owen(eds.), *Recognition and Power*(Cambridge University Press, 2007), p.67.

34 Heikki Ikäheimo and Arto Laitinen, "Analyzing Recognition: Identification, Acknowledgement and Recognitive Attitudes Towards Persons," p.46.

표 8-3 사회적 관계에 따른 상호인정 구분

인간관계 상호인정	법적 관계 보편적 이기주의	도덕적 관계 특수한 이타주의	도덕적 관계 보편적 이타주의
인정적 태도	권리	사랑	연대
인정의 규범적 상태	존중	친밀감	동포애

    이러한 일반적인 규범적 인정의 의미는 규범이 발생하는 맥락에 따라 구분되어 적용된다. 왜냐하면, 규범적 인정이 요구되는 사회적 관계에 따라 규범적 문제가 구분되기 때문이다. 예를 들어, 법적 관계에서 요구되는 규범과 도덕적 관계에서 요구되는 규범은 다를 것이며, 도덕적 관계도 가족과 같은 관계와 동포와 같은 관계는 또한 요구되는 규범이 다를 것이기 때문이다. 〈표 8-3〉은 헤겔의 『법철학』에서 인정이 가족, 시민사회, 국가로 구분되어 전개되는 방식에 대해 아비네리(Shlomo Avineri)가 인간이 타인과 맺는 세 가지 인간관계, 즉 특수한 이타주의, 보편적 이기주의, 보편적 이타주의로 해석한 것을, 존재 지위로서의 인격이 갖는 도덕적 지위와 법적 지위 관계에 맞게 재구성한 것이다.[35] 인간이 다른 인격적 존재와 맺는 보편적 이기주의 관계에서 요구되는 인정적 태도는 권리이며 인정의 규범적 상태는 존중이다. 또한 특수한 이타주의 관계에서 요구되는 인정적 태도는 사랑이고, 이러한 태도가 추구하는 인정의 규범적 상태는 친밀감

---

35 Shlomo Avineri, *Hegel's Theory of Modern State*(Cambridge University Press, 1974). 인정적 태도와 규범적 상태의 구체적인 내용은 호네트의 논의를 토대로 재구성했다(악셀 호네트, 『인정투쟁』, 220쪽).

이다. 보편적 이타주의 관계에서 요구되는 인정적 태도는 연대이며, 이러한 연대의 태도가 추구하는 규범적 상태는 동포애이다.

보편적 이기주의의 인간관계는 법적 관계와 도덕적 관계가 모두 관여하는데, 일반적으로 권리가 법적 권리와 도덕적 권리가 구분되는 것과 유사하다. 도덕적 관계에서는 헤겔이 그렇게 제시하는 것처럼, 보편적 이기주의, 특수한 이타주의, 보편적 이타주의로의 발전적 관계가 이루어질 수 있다. 예를 들어, 내가 어떤 AI 로봇과 보편적 이기주의 관계를 지속하는 권리 인정 과정에서 특수한 이타주의가 포함되는 관계로 발전하게 될 때 요구되는 인정적 태도는 사랑이며, 이러한 관계가 지속해 보편적 이타주의의 관계로 발전하게 될 때 요구되는 인정적 태도는 연대이다.

인정 모델에서 인정의 세 번째 의미인 인정적 태도와 인정의 규범적 상태가 이루어지지 못한 비윤리적 상황, 특히 인정적 태도가 나타나지 않는 것은 불인정(misrecognition)이다. 구체적으로는 인정 관계에서 타자를 보이지 않는 존재로 대우(invisibility)하거나 착취(exploitation)하거나, 무시(disregard)하는 것을 의미한다.[36] 예를 들어, 불인정은, AI 로봇이 인정의 첫 번째와 두 번째 의미를 통해 도덕적 지위와

---

36 Axel Honneth, "Recognition: Invisibility: On the Epistemology of Recognition," *Supplement to the Proceedings of The Aristotelian Society,* Vol.75, Issue 1 (2001), pp.111~126; Robert Pippin, "Recognition and Reconciliation: Actualized Agency in Hegel's Jena Phenomenology," *Recognition and Power*(Cambridge University Press, 2007).

법적 지위를 확보했음에도 착취하거나 그보다 낮은 지위로 대우하는 것, 혹은 마치 그러한 지위 자체를 갖지 않은 존재인 것처럼 대우하는 것을 의미한다. 또한 각각의 관계에서 적절한 인정적 태도를 나타내지 않는 것도 불인정에 해당한다.

4. 나오는 글

필자는 서양철학적 관점에서 AI 또는 AI 로봇에 적합한 인격 개념이 무엇인지를 모색하고자 했다. AI 또는 AI 로봇에 적합한 인격 또는 인격성 개념을 정립하기 위해 필자는 세 가지를 주장했다. 첫째, AI의 존재 지위는 AI의 내재적 속성 보유에 근거한 지위 부여가 아니라 대우할 정도의 자격 여부와 관련된다고 주장한다. 둘째, AI에 대한 존재 지위는 자격 논의로 보아야 한다면, 자격 논의는 인정(recognition) 논의를 통해 이론적 정당화를 할 수 있다고 주장한다. 셋째, 이러한 인정 논의에 근거한 인격 개념 제시를 통해 AI 로봇까지도 수용할 수 있는 모델을 제시하고자 한다. 이러한 모델이 갖는 강점은 다음과 같다. 첫째, 전통적인 인격 개념 정의를 유지하면서도 기존 논의가 갖는 한계, 특히 도덕적 차원에서 AI와 같은 인공종을 원천적으로 배제했던 속성 논의를 극복할 수 있다는 점, 둘째, 인정 논의에서 볼 수 있는 것처럼 인정의 범위에 대한 확장 가능성을 갖는다는 점, 셋째, 인정 논의의 세분화를 통해 인격 개념의 분화를 설명할 수 있다는 점, 넷째, 인정 모델은 인격 개념을 통해 존재론적 차원에서부터 규범적 차원까지 설명할 수 있어서, 인정과 불인정 개념을 통해 AI 또는 AI 로봇에 대한 비규범적 관계에 대한 법적이고 도덕적인 판단을 하기에 용이하다는 점에서 인종 모델은 다른 논의보다 상대적 장점을 갖는다.

필자가 제시한 인정 모델은 연결 이론을 통해 속성들을 결합해 논의 토대를 삼았는데, 각 속성 표현이 정당화될 수 있는 기준 제시와 각 속성의 비중주기(weighing)에 대한 논의를 통해 좀 더 세분된 인격 개념 구분을 할 필요가 있다. 인정 모델에서 제시된 각 표현 속성이 무엇인지를 검토하는 작업이나 이러한 표현 속성 각각이 각 지위에 따라 어떻게 비중이 부여되어야 하는지에 대해서는 후속 연구를 통해 구체적인 방식이나 세분화를 제시하고자 한다.

참고문헌

김윤명. 2016. 「인공지능(로봇)의 법적 쟁점에 대한 시론적 고찰」. ≪정보법학≫ 20권 1호.

김선희. 2004. 『사이버시대의 인격과 몸』. 아카넷.

로크, 존(John Locke). 2014. 『인간지성론 1』. 정병훈·이재영·양선숙 옮김. 한길사.

목광수. 2013. 「윌 킴리카의 동물권 정치론에 대한 비판적 고찰」. ≪철학≫, 117집.

목광수. 2016. 「도적적 지위에 대한 기존 논의 고찰」. ≪윤리학≫, 5권 2호.

벤담, 제레미(Jeremy Bentham). 2011. 『도덕과 입법의 원리 서설』. 고정식 옮김. 나남.

싱어, 피터(Peter Singer). 2013. 『실천윤리학』(2판). 황경식·김성동 옮김. 연암서가.

월러치, 웬델(Wendell Wallach)·콜린 알렌(Colin Allen). 2014. 『왜 로봇의 도덕인가』. 노태복 옮김. 메디치.

임미원. 2005. 「〈인격성〉의 개념사적 고찰」. ≪법철학연구≫, 8권 2호.

정지훈. 2015. 「안드로이드 하녀를 발로 차는 건 잔인한가?」. 권복규 외. 『미래 과학이 답하는 8가지 윤리적 질문: 호모 사피엔스씨의 위험한 고민』. 메디치.

호네트, 악셀(Axel Honneth). 1996. 『인정투쟁』. 문성훈·이현재 옮김. 동녘.

Arendt, Hannah. 1951. *The Origins of Totalitarianism*. Harcourt: Brace, Jovanovich Books.

Avineri, Shlomo. 1974. *Hegel's Theory of Modern State*. Cambridge University Press.

Benhabib, Seyla. 2004. *The Right of Others*. Cambridge University Press.

Dennett, Daniel. 1976. "Conditions of Personhood." in Amélie Oksenberg Rorty(ed.). *The Identities of Persons*. University of California Press.

Donaldson, Sue and Will Kymlicka. 2011. *Zoopolis: a political theory of animal rights*. Oxford University Press.

Floridi, Luciano. 2013. *The Ethics of Information*. Oxford University Press.

Hegel, G.W.F. 1817/1830. *Encyclopedia Philosophy of Spirit*.

Honneth, Axel. 1997. "Recognition and Moral Obligation." *Social Research*, Vol.64, No.1, pp.16~35.

_____. 2001. "Recognition: Invisibility: On the Epistemology of Recognition." *Supplement to the Proceedings of The Aristotelian Society*, Vol.75, Issue 1, pp.111~126.

Ikäheimo, Heikki. 2007. "Recognizing Persons." *Journal of Consciousness Studies*, Vol.14, No.5-6, pp.224~247

Ikäheimo, Heikki and Arto Laitinen. 2007. "Analyzing Recognition: Identification, Acknowledgement and Recognitive Attitudes Towards Persons." in Bert van den Brink and David Owen(eds.). *Recognition and Power*. Cambridge University Press.

Inwood, Michael. 1992. *A Hegel Dictionary*. Blackwell.

Kurki, Visa A. J. 2017. "Why Things Can Hold Rights: Reconceptualizing the Legal Person," in Visa A. J. Kurki and Tomasz Pietrzykowski(eds.). *Legal Personhood: Animals, Artificial Intelligence and the Unborn*. Springer.

Kurki, Visa A. J. and Tomasz Pietrzykowski. 2017. "Introduction," in Visa A. J. Kurki and Tomasz Pietrzykowski (eds.). *Legal Personhood: Animals, Artificial Intelligence and the Unborn*. Springer.

Laitinen, Arto. 2007. "Sorting out Aspects of Personhood." *Journal of Consciousness Studies*, Vol.14, No.5-6, pp.248~270.

Manninen, Tuomas Williams and Bertha Alvarez Manninen. 2016. "David's Need for Mutual Recognition: A Social Personhood Defense of Steven Spielberg's A.I. Artificial Intelligence." *Film-Philosophy*, Vol.20, Issue 2-3.

Margalit, Avishai. 1996. *Decent Society*. Harvard University Press.

Miller, David. 2001. "Distributing Responsibilities." *The Journal of Political Philosophy*, Vol.9, No.4, pp.453~471.

Nussbaum, Martha. 2000. *Women and Human Development: The Capabilities Approach*. Cambridge University Press.

_____. 2006. *Frontiers of Justice*. Harvard University Press.

Pippin, Robert. 2000. "What is the question for which Hegel's theory of recognition is the answer?" *European Journal of Philosophy*, Vol.8, Issue 2, pp.155~172.

_____. 2007. "Recognition and Reconciliation: Actualized Agency in Hegel's Jena Phenomenology." in Bert van den Brink and David Owen(eds.). *Recognition and Power*. Cambridge University Press.

Ricoeur, Paul. 2005. *The Course of Recognition*. Harvard University Press.

Siep, Ludwig. 1992. *Praktische Philosophie im Deutschen Idealismu*. Suhrkamp.

Silvers, Anita and Leslie Pickering Francis. 2005. "Justice through Trust: Disability and the 'Outlier Problem' in Social Contract Theory." *Ethics*, Vol.116, No.1, pp.40~76.

Sinnerbrink, Robert. 2004. "Recognitive Freedom: Hegel and the Problem of Recognition." *Critical Horizons*, Vol.5, Issue 1, pp.271~295.

Taylor, Charles. 1992. *Multiculturalism and the Politics of Recognition*. Princeton University Press.

Warren, Mary Anne. 1997. *Moral Status*. Oxford University Press.

_____. 2003. "Moral Status." Frey, R.G. and Christopher Heath Wellman(eds.). *A Companion to Applied Ethics*. Blackwell Publishing.

Williams, Robert. 1997. *Hegel's Ethics of Recognition*. University of California Press.

9장
인간, 낯선 인공지능과
마주하다

이상욱

• 이 장은 『사이언스 바캉스, 삶을 뒤바꿀 공학의 최전선』(동아사이언스, 2017)에 수록된 「좀 비' 혹은 인공지능, 낯선 존재와 관계맺기」를 책의 취지에 맞게 확장한 것임을 밝혀둔다.

1. 인류를 위협하는 초지능의 등장?

　최근 인공지능의 발전 속도가 빨라지면서 인간만이 할 수 있다고 여겨졌던 영역에 인공지능이 등장하는 일이 잦아졌다. 대표적인 사례가 미국의 유명한 퀴즈쇼에서 쟁쟁한 인간 경쟁자를 물리친 IBM의 왓슨과 체스보다 훨씬 복잡한 게임으로 알려진 바둑에서 이세돌 9단을 물리친 알파고다. 이보다 덜 알려져 있긴 해도 이미 우리 주변에는 깔끔하게 신문기사를 뽑아내는 인공지능이나 제법 추상적 느낌을 주는 그림을 그리는 인공지능, 무난하게 읽을 수 있는 소설을 쓰는 인공지능, 상당히 정확하게 의료적 진단을 내리는 인공지능 등 인간의 지적·예술적 활동을 흉내 내는 인공지능이 지속적으로 등장하고 있다.

　이쯤 되니 인공지능의 미래가 인류의 생존에 가져올 수 있는 위험에 대해 걱정하는 사람들도 늘어났다. 인공지능이 지금처럼 빠른 속도로 발전한다면 조만간 인간의 지능과 동등한 수준의 지적 능력을 보여주는 것만이 아니라 더 나아가 인간의 지능을 뛰어넘는 초지능(superintelligence)으로 발전할 수도 있을 텐데, 이 초지능이 인간에게 우호적이지 않다면 끔찍한 상황이 벌어질 수도 있다는 우려다. 미래 사회는 점점 더 과학기술의 영향력이 커지는 과학기술 기반 사회가 될 가능성이 높고 이 과정에서 현재도 우리 사회 곳곳에서 활용되고 있는 인공지능이 더 큰 사회적 역할을 담당하게 될 가능성이 높다. 그런데 이런 상황에서 만약 인간의 지능을 뛰어넘는 초지능이 인간과 협력하는 대신 인간에게 적대적이 되거나 인간을 지적으로 '열등한' 생명체로 무시한다면 정말 상상하기도 싫은 일이 벌어질 수도 있는 것이다.

물론 왓슨이나 알파고를 만든 컴퓨터 공학자들도 인정하듯 현재까지 등장한 인공지능은 그 능력이 특정 활동(예를 들어 바둑을 두는 일)에서 뛰어나더라도 인간처럼 다양한 영역의 지적 활동을 모두 수행할 수 있는 '일반지능(general intelligence)'을 보여주진 못한다. 그래서 현재 인공지능 개발자 중 일부는 다양한 학습 기법을 활용해 미리 확정되지 않은 지적 목표를 달성할 수 있는 보다 일반적인 지능을 실현하기 위해 노력하고 있다.[1] 알파고를 만든 엔지니어들이 예상하기 힘든 상황에 대한 판단과 사고 능력이 요구되는 전략 시뮬레이션 게임으로 다음 목표를 정하고 있는 것도 이런 맥락에서 이해할 수 있다.

한편 인간 지능의 핵심이 사회화 과정에서 자연스럽게 습득되고 우리 몸에 체화된, 그래서 언어적으로 표현되기 어려운 암묵지(implicit knowledge)라고 믿는 학자들은 이런 일반지능을 인공지능이 가질 수 있는 가능성 자체에 회의적이다. 일반적으로 인공지능은 그 설계상 오직 언어 혹은 수식의 형태로 명시적으로 제시된 내용을 학습하는데, 이런 방식으로 암묵지를 습득하는 일은 인간 지능의 경험으로 볼 때 매우 어렵기 때문이다. 인간 사회에서 성장하지 않은 늑대 소년이

---

1 하지만 현재 진행 중인 인공지능 연구의 절대 다수는 특정한 기능만을 효율적으로 수행할 수 있도록 최적화된 특수지능(special intelligence) 연구이다. 이렇게 된 이유는 특수지능 연구가 일반지능 연구에 비해 상대적으로 성취하기 쉽기 때문이기도 하지만 인공지능 개발에 상당한 비용이 필요하다는 경제적 측면을 고려할 때 특수지능 연구가 상대적으로 경제적 지원을 받기 유리하기 때문이다.

완전한 사회의 일원으로 변모하기란 어려운 것이다. 하지만 물론 이런 암묵지가 정말 인공적으로 구현 불가능할지는 미리 단정할 수 있는 사안은 아니다. 오직 미래 인공지능 연구를 통해서만 경험적으로 확인할 수 있는 문제이기 때문이다.

한 가지 분명한 사실은 가까운 미래에 초지능이 등장할 수 있을지에 대해서는 인공지능 전문가들조차도 의견 일치를 보지 못하고 있다는 사실이다. 그러므로 초지능으로 인한 위험이 당장 대비해야 할 시급하고도 분명한 위협이라고 호들갑을 떠는 것은 현 상황에 대한 올바른 판단을 반영하고 있지 못하다고 보아야 한다. 다른 한편으로 초지능이 앞서 소개한 이유까지 포함해 원리적인 이유로 아무리 먼 미래에도 결코 도달할 수 없는 목표라고 생각하는 전문가는 거의 없다는 점에도 주목할 필요가 있다. 이는, 진리가 다수결로 얻어지는 것은 아니지만 초지능의 가능성을 원리적으로 제거하려는 사람이 있다면 훨씬 더 설득력 높은 근거를 제시해야 함을 의미한다.[2]

필자의 생각으로는 인간보다 더 뛰어난 능력을 갖춘 초지능이 근 미래에 실현될 수 있을지조차 논쟁적인 상황에서 섣불리 종말론적 위험을 언급하면서 대비책을 세워야 한다고 호들갑을 떠는 일은 그다지 생산적으로 보이질 않는다. 그보다는 더욱 근본적인 문제, 즉 우리가 우리와 다른 종류의 지능을 가진 존재와 어떤 방식으로 상호

---

2 초지능의 등장 가능성을 포함한 인공지능의 미래에 대한 현재 관련 학자들의 의견의 스펙트럼을 알고 싶다면 맥스 테그마크(Max Tegmark)의 『맥스 테그마크의 라이프 3.0』(동아시아, 2017) 참조.

작용하는 것이 바람직한지부터 따져보아야 한다. 초지능의 등장이 제기할 여러 사회적·윤리적·존재론적 문제가 중요하지 않아서가 아니라, 현재도 이미 우리 삶 여러 부분에 침투해 있고 앞으로도 지속적으로 함께 살아야 할 '인공지능'과의 공존을 어떤 식으로 이루어가야 적절한지부터 찬찬히 검토해보는 것이 더욱 시급하다는 것이다.

이 문제가 시급한 이유는 우리 인류 호모 사피엔스는 역사적으로 여러 이유에 의해 이런 종류의 도전에 대해 그다지 잘 준비되어 있지 않기 때문이다. 근연종인 네안데르탈인과 데니소바인이 오래전에 멸종한 후, 현 인류는 자신과 동등하다고 판단될 만한 지적 생명체를 경험한 역사가 없다. 그래서 자연스럽게 인간은 자신들이 자연 세계에서 다른 생명체와 본질적으로 구별되는 매우 특별한 지위를 가진 지적 생명체라고 생각하게 되었다.[3] 이런 생각은 과학 혁명과 계몽시기를 거치면서 인간이 가진 지적 능력의 놀라운 효과를 확인한 뒤 더욱 강화되었다. 적어도 정신적 능력에 관한 한 인간은 독보적으로 유일하다는 이 굳건하고 자연스러운 믿음은 다윈의 진화론적 연속성에 대한 과학 연구 등을 통해 어느 정도 타격을 받았지만, 상식적 수준에서 여전히 그 영향력은 막강하다. 그렇기 때문에 비교적 친숙한 동물에 대해서조차도 일정한 지적 능력과 감정 능력을 인정하게 된 것은

---

3 인류 진화의 역사에 관해서는 리처드 도킨스(Richard Dawkins)·옌웡(Yenn Wong), 『조상 이야기』(까치, 2018) 참조. 우리의 근연종이 모두 멸종했다는 점이 인류의 자기 인식에 끼친 영향에 대한 필자와는 조금 다른 내용의 추측은 유발 하라리(Yuval Noah Harari), 『사피엔스』(김영사, 2015) 참조.

비교적 최근의 일이다.

　이런 상황에서 인간과 매우 다른 종류의 지적 존재, 비록 인간이 만들어낸 것이긴 하지만 잠재적으로 인간을 뛰어넘을 수 있는 존재에 대해 우리가 불안해하는 것은 어쩌면 너무도 당연한 일이다. 그러므로 초지능의 위험에 대해 논의하기 전에 우리와 다른 종류의 지능과 함께 살아가는 것에서 중요한 점이 무엇인지부터 따져보는 것이 순서일 것이다.

2. 좀비에 대한 성찰

　인공지능과 인간의 관계에 대해 생각해보기 위해 직관적으로 더 간단해 보이는 좀비에 대해 먼저 생각해보자. 원래 좀비는 아이티의 부두교 전통에서 마술을 통해 조종되는 힘센 도구 같은 존재를 의미했다. 하지만 대중문화에서 좀비는 인간과 유사하거나 원래 인간이었던 존재로, 다양한 이유로 이제는 더 이상 인간이 아니지만 이상스럽게 작동하는 마음을 가진 존재이다. 물론 많은 경우 인간의 육체나 두뇌를 먹는 나쁜 식습관을 가졌기에 그다지 가까이하고 싶지 않은 존재기도 하다. 이런 의미에서 좀비는 드라큘라와 마찬가지로 비인간이지만 유사인간이다.

　그런데 재미있는 점은 좀비에 대한 대중문화의 묘사, 특히 좀비와 인간의 관계에 대한 묘사가 최근 바뀌고 있다는 점이다. 예전에 좀비는 지적은 면모는 거의 없고 인간을 공격하는 데만 몰두하는 악귀 같

그림 9-1 영화 〈레지던트 이블〉의 한 장면

은 모습으로 주로 묘사되었는데, 최근에는 인간과 공존 가능한 새로
운 좀비가 등장하고 있는 것이다. 영화 〈레지던트 이블〉에서처럼 끔
찍한 공포의 대상인 좀비도 여전히 있지만, 영화 〈웜 바디스〉에서처
럼 인간과 사랑에 빠지거나 친구가 될 수도 있는 좀비도 새롭게 나타
나고 있다.

좀비에 대한 이런 대중문화 이미지의 변화에는 여러 요인이 있겠
지만 익숙한 문화적 전형만이 아니라 대안적 가능성도 더 너그럽게
바라보는 경향이 우리 사회에 점점 널리 퍼지고 있는 것과 무관해 보
이진 않는다. 남자는 씩씩하고 여자는 싹싹해야 한다는 성 전형성에
대해 젊은 세대는 훨씬 더 비판적 태도를 보인다. 인간의 욕망을 위해
자연은 개발 과정에서 얼마든지 훼손되어도 좋다는 생각에 대해 대
다수는 더 이상 찬성하지 않는다. 물론 사회 전체가 이런 개방적 태도
에 같은 의견을 갖고 있는 것은 아니지만, 적어도 우리 사회의 주도적
견해는 전형성의 한계를 분명히 인식하고 부인할 수 없는 다양성에
주목하는 태도를 바람직하게 여기는 것은 분명하다.

그러다 보니 자연스럽게 왜 좀비가 꼭 흐느적거리며 걷고 멍청한

그림 9-2 영화 〈웜 바디스〉의 포스터

표정으로 인간을 잡아먹으러 들어야만 하는지에 의문을 제기할 수 있게 되는 것이다. 적당한 조건과 맥락이 주어지면 좀비도 인간과 평화롭게 공존하면서 (물론 좀비는 인간과 많은 면에서 다르지만) 서로 일정한 방식으로 관계 맺기를 시도할 수 있지 않을까라는 생각까지 하게 되는 것도 하나도 이상하지 않다. 다문화주의에 익숙한 세대라면 낯선 문화에 대한 '열린 마음'을 조금 더 확장해 좀비라는 이상스럽고 낯선 존재와도 함께 살아가는 법을 모색할 수 있지 않겠는가.

3. 인간적인 '느낌'이 그렇게 중요한가?

인공지능과 관계 맺기에 대한 생각에서 갑자기 좀비를 예로 든 이유를 이제는 독자들도 짐작할 수 있을 것이다. 인공지능이 아무리 인간을 흉내 내려 해도 인간이 될 수는 없다. 인간보다 본질적으로 '못난' 존재여서가 아니다. 단지 인간과 너무도 '다른' 존재이기 때문이다. 영화 〈2001 스페이스 오디세이〉에 등장하는 인공지능 '할 9000'이 생각하는, 섬뜩한 방식에서 이런 점이 잘 드러난다. 우주 탐사 계획의 성공을 위해 필요한 조치를 취한다는 목적을 가진 '할 9000'에게는 지극히 '올바른' 추론, 즉 그 목적 달성을 위해 방해가 되는 인간은 제거해야 한다는 추론은 우리가 받아들일 수 있는 결론이 아니기 때문이다.

이 점은 몇 번을 강조해도 지나치지 않다. 우리는 자연스럽게 우리와 '다른' 존재를 우리보다 '못한' 존재로 인식하기 때문이다. 피부색이 다르다는 이유만으로 열등한 존재로 취급했던 인종주의의 역사가 대표적이지만 문화나 언어가 다르다고 종족 학살의 대상이 되었던 수많은 사람이 현대에도 존재한다는 점이 이러한 개념적 혼동이 무의식적으로 일어날 가능성이 높음을 보여준다.

어떤 사람은 인종주의 경우와 달리 이미 특수 인공지능 기술은 몇몇 분야에서는 인간의 능력을 훨씬 뛰어넘었다는 점을 지적할지 모른다. 미래에 인공지능 기술이 발전하면 특수지능에서뿐 아니라 일반지능에서도 인간보다 뛰어난 인공지능이 나올 수 있다. 이렇게 된 상황에서 '다름'을 '열등함'으로 인식할 수는 없다고 반론할 수도 있다. 하지만 인종주의적 참사의 경우에도 학살당한 대상이 진정으로 열등했기 때문에 그런 일이 벌어진 것이 아니라는 점에 주목해야 한다. 사람들은 설사 몇몇 특징에서 자신이 속한 집단에 비해 뛰어난 점을 갖춘 집단이라도 그 집단의 '다름'에 주목해 결국에는 그 다름 자체가 열등함의 증거라고 생각하기 쉽다. 예를 들어 식기를 사용하는 데

그림 9-3 인간과 다른 방식으로 사고하는 인공지능의 섬뜩함을 보여준 할 9000

익숙한 문화권의 사람들이 보기에 맨손으로 식사를 하는 사람들은 (아무리 식사 전에 손을 깨끗하게 씻더라도) '야만스럽다'는 느낌을 주기 쉽다. 익숙한 것에 암묵적으로 긍정적 가치를 부여하는 우리의 인지 편향이 다름을 열등함으로 인식하게 만드는 것이다.[4]

이런 배경에서 볼 때 특수지능이든 일반지능이든 인공지능이 지능을 발휘하는 '방식'이 인간에게는 지극히 낯설고 이해하기 어렵다는 사실은 인공지능과 인간의 관계 맺음이 순탄치 않을 위험이 있다는 점을 시사한다. 인간과 동등한 수준의 지적 존재를 경험한 적이 없는

---

4 우리가 가진 다양한 인지 편향에 대한 종합적 소개는 대니얼 카너먼의『생각에 관한 생각』(김영사, 2012) 참조. 이러한 인지 편향이 우리와 다른 '마음'의 인지적 능력에 대한 평가, 특히 동물의 마음에 대한 평가에서 어떤 오류를 범하게 하는지에 대한 흥미로운 내용은 프란스 드 발의『동물의 생각에 관한 생각』(세종서적, 2017)에서 훌륭하게 묘사되어 있다.

우리가 그런 낯설음을 지능이 작동하는 다양한 방식 중 하나로 인식하기가 쉽지 않을 것이기 때문이다.

한편 이런 다름을 인정한다고 해서 인공지능과 인간의 관계 맺음이 어떤 방식이 되어야 하는지가 자동적으로 결정되지는 않는다. 대개 할리우드 영화가 그리는 미래 시나리오는 인공지능이 인간을 흉내 내거나, 경쟁하거나, 대결하거나, 멸종하려 들거나 등의 몇 가지로 전형화되어 있다. 하지만 우리가 인공지능과 맺을 관계가 이들 중 하나가 될지 아니면 몇몇 조심스러운 낙관주의자들이 희망하듯 인간의 가치를 내재한 초지능에 의해 인간이 천국과 같은 풍요로운 삶을 살게 될지는 누구도 예단할 수 없다. 더 중요한 점은 누구도 원하지 않을 디스토피아적 시나리오를 제외하더라도 인간과 인공지능의 '바람직한' 관계가 자비로운 인공지능에 의해 인간이 보살핌을 받는 것이어야 하는지 자체가 논쟁적이라는 사실이다. 그렇기에 우리는 매우 낯선 지적 존재와 함께 살기 위해 어떤 점에 유의해야 하는지에 대해 고민하는 것이다.

대개의 경우 인공지능은 인간이 잘하는 일은 잘 못하고 인간이 잘 못하는 일은 잘한다. 현재 최고 수준의 인공지능을 탑재한 로봇에게조차 처음 들어가 본 방에서 더러운 수건을 찾아 잘 개어놓는 일은 무척 어려운 작업이다. 일단 수건이 무엇인지조차 판단하기가 쉽지 않다. 수학적 연산과는 달리 경계가 모호한 개념이기 때문이다. 하물며 '더러운 수건'은 정의하기가 더 어렵다. 얼마나 더러워야 세탁이 필요한 더러운 수건인지에 대해 사람마다 다른 기준을 갖고 있을 수도 있거니와, 수건에 원래 있는 무늬와 때가 묻어서 더러워진 상태를 시각적으로 인지하는 일조차 만만치 않다. 사실 이렇게 따져가다 보면 제거되어야 할 '때'와 그냥 두어야 할 '장식'을 구별하는 일 자체가 단순히 시각 인지 계산 능력의 발달로 해결될 문제라기보다는 문화적·관습적 지식이 요구되는 사안이다.

반면 인공지능은 IBM의 왓슨의 예에서 알 수 있듯이 대부분의 인간에게는 질문의 내용조차 이해하기 어려운, 고난도의 퀴즈 문제에 척척 답을 내놓는 일은 간단하게 해낼 수 있다. 인간이라면 아주 어린 아이도 자연스럽게 향유하는 감정적 '느낌'은 경험할 수 없지만, 아무리 계산에 능한 인간 천재라도 해낼 수 없는 엄청나게 긴 숫자의 곱셈은 문방구에서 쉽게 살 수 있는 휴대용 계산기도 척척 해낸다.[5]

이처럼 인공지능의 '지능'이 인간과 매우 다른 종류의 것이라는 점을 간과하면 인공지능과 관계 맺음에 있어 의도하지 않은 오류를 범하기 쉽다. 예를 들어 최근에 인간과 기계의 '대결'로 묘사된 이세돌 9단과 알파고의 대국은 결코 인간 기사들 사이의 '대결'과 유사한 방식으로 이해될 수 없다. 알파고는 이세돌 9단처럼 바둑을 두는 과정에 집중하거나 즐길 수 없다. 실은 알파고가 자신이 '바둑'이라는 인간의 게임에 참여하고 있다는 점을 '의식'하고 있다고 보기조차 어렵다. 알파고는 컴퓨터 공학자가 만들어 입력한 알고리즘을 작동시켜

---

5 '모라벡의 역설'로도 알려진 이런 경향성에 대해서는 한스 모라벡(Hans Moravec), 『마음의 아이들』(김영사, 2011) 참조. 모라벡은 이 책에서 발달된 인공지능이 궁극적으로는 우리와 다른 마음을 갖는 우리의 후손이 될 것이라는 색다른 미래 시나리오를 제시하고 있기도 하다.

인간이 보기에 최선이라고 할 만한 바둑의 수를 산출할 뿐이다. 이 과정에서 알파고는 어떤 수를 둘지 망설이거나 좋은 수가 생각나지 않아 초조해하거나 승리가 거의 확실시될 때 기뻐하거나 하지 않는다. 정작 바둑을 두는 일에 그렇게 주체적으로 참여하는 사람은 대국을 지켜보고 있는 알파고의 인간 설계자들일 것이다. 원칙적으로 알파고는 극단적으로 우수한 계산기다. 알파고의 바둑 두는 '행위'가 아무리 뛰어난 바둑 기사의 행위와 유사하다고 해도, 적어도 아직까지는 '진정한 의미에서', 즉 주체적으로 행위한다는 의미에서 바둑을 두는 인공지능은 없다고도 이야기할 수 있다.

그런데 이 지점에서 잠시 이 주체적 행위라는 개념을 비판적으로 검토해볼 필요가 있다. 인간 기사와 달리 알파고가 바둑을 두는 행위를 주체적으로 하지 않고 있다고 말할 때 우리가 대체적으로 떠올리는 이유는 알파고가 바둑을 두는 행위에 대해 감정을 느끼거나 즐길 수 없다는 점에 초점이 맞추어져 있다. 아무도 알파고가 두는 바둑의 결과 자체가 최고 수준의 인간 기사에 비해 못하다고 할 수 없기 때문이다. 즉, '주체적 행위'는 실은 행위주체의 주관적 느낌의 문제이지 객관적으로 관찰할 수 있는 행위와는 무관한 영역이라고 볼 수 있다.

그런데 이 '주관적 느낌'이 그렇게나 중요할까? 오해하지 말길 바란다. 인간인 우리에게 이 주관적 느낌은 무척 중요하다. 사실 삶의 재미의 거의 대부분은 다양한 종류의 주관적 느낌이라고 해도 과언이 아니다. 단순히 감각적 쾌락만을 말하는 게 아니다. 어떤 의미 있고 중요한 일을 성공적으로 마쳤을 때 느끼는 '만족감', 어렵고 고된 노동을 끝냈을 때 느끼는 '성취감' 등 우리 삶의 여러 순간에서 '좋은 느낌',

'의미 있는 느낌'이 갖는 의의는 무척 크다. 필자가 말하고 싶은 부분은 인간의 마음, 인간의 삶의 맥락에서 바라볼 때 '주관적 느낌'이 갖는 중요성이 아니라 다양한 종류의 마음을 아우르는 관점에서, 인간 조건에 구애받지 않는 우주 보편적 관점에서의 이 '주관적 느낌'이 가치 있는 마음이 되기 위한 필요조건이어야만 할까 하는 의문이다.

이 질문에 대해 생각해보기 위해 1997년 5월에 벌어진 IBM의 인공지능 체스 컴퓨터 딥블루와 당시 체스 세계챔피언 카스파로프(Garry Kasparov)의 대국을 살펴보자. 알파고와 이세돌의 대국처럼 당시 세계적으로 큰 파문을 불러일으켰던 딥블루와 카스파로프와의 대국은 한 번이 아니라 두 번 이루어졌다. 1996년에 치러진 딥블루와의 첫 대결에서 카스파로프는 첫판을 내주기는 했지만 종합점수 4 대 2로 승리했다. 카스파로프는 당시 체스 마스터 중에는 드물게 알고리즘에 의해 작동하는 체스 프로그램의 특징에 익숙했다. 그러기에 카스파로프는 자신이 '인간적인 창의성'이 결여된 체스 프로그램을 충분히 이길 수 있다고 자신했다.

하지만 1997년 재대결의 첫 대국에서 딥블루가 도저히 이해할 수 없는 이상한 수를 두자 카스파로프는 당황했다. 누가 봐도 '멍청한 수'였고, 비록 카스파로프가 최종적으로 이기기는 했지만 '기계는 결국 예측 가능한 방식으로밖에 체스를 둘 수 없다'는 고정관념에서 벗어난 이 한 수에 카스파로프는 당혹감을 느꼈다. 결국 카스파로프는 이후 무너지기 시작해 종합점수에서 3.5 대 2.5로 패하고 말았다. 그는 대국 후에 IBM이 인간 기사를 활용하는 반칙을 저질렀다고 비난하기까지 했다.[6]

정작 흥미로운 점은 이 '멍청한 수'가 나중에 밝혀진 바에 의하면 알고리즘의 오류였다는 사실이다. IBM 기술자들은 이 오류를 대국이 끝나자마자 금방 간파해 다음 대국이 벌어지기 전에 알고리즘을 수정했다. 하지만 이 사실을 몰랐던 카스파로프는 '창의적으로' 체스를 둘 줄 아는 기계의 등장에 당황해 나중에는 IBM이 페어플레이를 하지 않았다고 오해하기까지 했던 것이다.

이처럼 인간의 주체적 '느낌'이 항상 '현명한' 결정을 의미하지도 않거니와 어떤 경우에는 카스파로프처럼 똑똑한 사람조차 감정에 휘둘려 엉뚱한 결정을 내리게 만들 수도 있다. 이런 점을 보면 적어도 지능적 행위의 효율성 측면에서는 주체적 의식 없이 체스나 바둑을 두는 인공지능이 더 '똑똑하다'고 할 수 있을지도 모른다. 즉 지적인 능력에 대한 평가에 국한한다면 '주체적 느낌'은 별다른 의미가 없다고 볼 수 있는 것이다. 인공지능 알파고는 물론 인간과 다른 '방식'으로 바둑을 두었고, 그 방식은 '주관적 느낌'이 없는 우리에게는 낯선 방식이었다. 하지만 그럼에도 불구하고 외부적으로 관찰되는 지적인 능력에 관한 한 알파고는 충분히 뛰어난 지능을 보유했다고 판단하는 것이 맞다.

이 이야기가 시사하는 바는 무엇일까? 인간의 지능은 매우 독특하다. 뛰어난 점도 많지만 지적인 능력에 대한 일반적인 관점에서 보면 특이하다고 할 수 있을 특징도 많다. 인간이 만든 인공지능도 정확히

---

6 관련 내용 및 이 사례가 데이터 과학에 던지는 시사점에 대해서는 네이트 실버(Nate Silver), 『신호와 소음』(더퀘스트, 2014) 참조.

이런 점에서는 똑같다. 즉, 인공지능이 보여주는 지능적 행위의 특징 중에는 감탄스러운 점도 많지만 인간의 관점에서 보면 괴이하다고까지 여겨질 수 있는 이상한 점도 많다. 하지만 이는 우리 인간의 지능과 인공지능의 지능이 서로 다른 '종류'의 지능이기 때문인 것이지, 인간 지능의 특징이 더 본질적인 것이고 이를 인공지능이 아직까지는 제대로 구현하지 못해서 그런 것은 아니다. 앞서 소개한 체스 예에서 알 수 있듯이 인간의 지능은 감정적인 면과 밀접하게 연관되어 있는데 이는 창의성의 원천이기도 하지만 불필요한 오해의 근원이 될 수도 있다.

4. 인공지능이 꼭 인간 지능을 흉내 내야 할까?

사실 인공지능을 만드는 공학자들은 이 점을 잘 이해하고 있다. 그래서 그들은 인공지능의 목표가 반드시 인간 지능을 흉내 내는 것이라고 생각하지 않는다. 대중의 관심을 끌기 위해서라면 인간만이 할 수 있다고 여겨지는 능력을 흉내 내는 인공지능을 만드는 것이 유리하겠지만, 특정 목적을 효율적으로 달성할 수 있는 지능을 인공적으로 만들어 활용하는 것이 목적이라면 구태여 인간을 목표나 경쟁상대로 삼을 필요가 없기 때문이다.

예를 들어보자. 사하라 사막에 서식하는 사막개미는 참조할 만한 아무런 지형지물도 없는 사막에서 기가 막히게 자기 집을 찾는다. 밤에 기온이 떨어지면 먹이를 찾아 모래 구멍에서 나와 방황하다가 먹이를 구하고 나서는 거의 직선으로 자기가 사는 모래 구멍으로 돌아간다. 사막개미가 이 놀라운 길 찾기 능력을 어떻게 발휘할 수 있는지는 정확히 알려져 있지 않다. 하지만 과학자들이 여러 실험을 통해 얻은 경험적 자료에 기초해 추측하기로는 사막개미가 일종의 기하학적 계산을 인간과 다른 방식의 어림으로 하고 있다고 여겨진다.

이게 무슨 말인지 이해하기 위해 우리가 거리 계산을 하는 방법에도 엄밀한 방식과 어림 방식이 있다는 점을 떠올려보자. 엄밀한 방식은 삼각함수나 피타고라스 정리를 이용해서 정확하게 두 지점 사이의 거리 계산을 하는 것이다. 중추 신경계가 한 줌도 되지 않는 사막개미가 이런 수학적 계산을 할 수 있으리라고 기대하는 것은 당연히 무리다. 하지만 우리는 정확한 계산을 하기 어려울 때도 방향과 걸음 수를 헤아려서 어림으로 위치를 계산할 수 있다. 예를 들어, 집에서 지하철역까지는 북쪽으로 100걸음 정도 걷다가 편의점 모퉁이 갈림길에서 오른쪽, 즉 동쪽으로 꺾어서 120걸음 정도 더 걸으면 된다는 식이다. 여기서 알 수 있듯이 이 계산을 위해서는 어림으로라도 방향을 결정하거나 그게 어려우면 특징적인 지형지물을 이용해야 한다. 사막개미는 방향이나 어림 계산을 어떻게 하는 걸까? 그것도 눈에 뜨이는 지형지물을 찾기 어려운 사막에서 말이다.

지금까지 과학자들이 발견해낸 바로는 사막개미는 자신의 이동 방향을 사막의 밤하늘에서 오는 빛을 분석해 알아내고 이 정보에 총걸음 수 정보를 결합해 집을 찾아낸다. 과학자들의 설명을 들으면 그럴듯하기는 하지만 사막개미가 정말로 이런 일을 해낸다는 것을 무슨 근거로 믿을 수 있을까?

그림 9-4 사막개미가 집을 나와 집을 찾는 능력의 실험적 증명

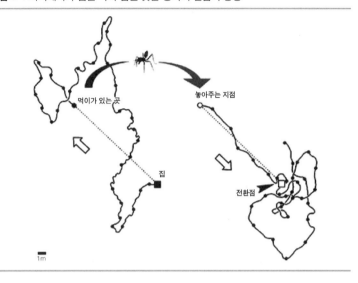

그걸 어떻게 알게 되었는지가 재미있다. 사막개미가 먹이를 찾은 후 집으로 돌아가려 할 때 잡아서 수평으로 일정 거리를 이동시킨 다음 놓아주면, 〈그림 9-4〉에서 볼 수 있듯이 그 지점에서 집 방향으로 원래 지점에서 집까지의 거리만큼 정확히 이동하는 것을 실험을 통해 관찰할 수 있다. 물론 불쌍한 사막개미는 자신이 '예상한 장소'에서 집을 발견할 수 없기 때문에 당황해서 그 근처를 헤매게 된다. 실험에 강제로 동원된 사막개미가 나중에 집을 제대로 찾아갔기를 바라지만 하여튼 이 확인된 길 찾기 능력은 정말 놀랍다고 할 수 있다. 게다가 사막개미에게 인공적으로 자신이 걸은 발걸음 수를 헷갈리게 조치하면(일정 시간 동안 일종의 '개미' 러닝머신 위에 올려두어서), 사막개미는 역시 제대로 길을 찾지 못한다.[7]

이처럼 사막개미의 길 찾기 능력은 비슷한 환경에서 인간이 보여줄 길 찾기 능력에 비해 비교가 불가능할 정도로 탁월하다고 할 수 있다. 만약 인공지능 연구자들이 지형지물이 없는 상황에서 길을 찾는 능력을 인공적으로 구현하려고 한다면 당연히 인간이 아니라 사막개미의 지적 행동을 모방하려 할 것이다.

실제로 인공지능 연구자 중에서 사막개미의 길 찾기 능력을 알고 리즘화하려고 시도하는 사람이 있는지는 모르겠다. 하지만 앞서 지적한 것처럼 현재 개발 중인 인공지능의 대부분이 특정 기능을 효율적으로 수행하는 특수지능이라는 점을 고려할 때, GPS를 사용할 수 없는 난처한 상황에서 길 찾기를 도와줄 인공지능을 설계하려는 연구자는 지형지물 없이는 속수무책인 사람보다는 당연히 사막개미로부터 영감을 얻을 가능성이 많다. 마찬가지 이유로 특수지능을 연구하는 인공지능 연구자라면 자신의 인공지능이 모방할 생명 지능이 반드시 인간이어야 할 이유는 없다. 만약 인간이 아닌 다른 생물이 특정한 문제를 해결하는 데서 만큼은 인간보다 훨씬 더 뛰어나다면 당연히 인간이 아닌 그 생물을 모방 대상으로 택할 것이다.[8]

교훈은? 인공지능의 연구 목표는 인간의 지능과 절대적으로 결부

7 R. Wehner, "Desert ant navigation: How miniature brains solve complex tasks," in J. Comp(ed.), *Journal of Comparative Physiology. A, Sensory, Neural, and Behavioral Physiology*, Vol.189, Issue 8, pp.579~588..

8 실제로 이런 방향의 과학적·공학적 연구는 인공지능 연구의 범위를 넘어서 시도되고 있다. 재닌 베니어스(Janine Benyus), 『생체 모방』(시스테마, 2010) 참조.

되어 있지는 않다. 유용하고 우리 삶에 필요한 인공지능을 만드는 수많은 방법이 있고 그 방법 중 많은 부분은 인간의 지능과는 다른 종류의 지능을 모방해 아예 다른 방식으로 효율적인 지능을 구현하려는 노력에 해당된다. 인공지능이 '인간이 만든' 지능을 의미하고 인공지능의 초기 역사가 인간의 능력을 모방하는 데 초점이 맞추어졌던 것은 사실이지만, 현재 인공지능 연구는 매우 유별난 인간의 능력과 특징에 구애받지 않고 자유롭게 기계적으로 지능적 행위를 구현하려는 기계지능(machine intelligence) 패러다임에 의해 주도되고 있는 것이다.

5. 행위자 네트워크, '낯선' 존재론의 가능성?

이제 인공지능의 존재론을 다루는 이 책의 주제에 대해 이 장의 내용이 어떤 의의를 갖는지를 생각해보자. 우선 우리는 앞의 논의를 통해 인공지능이 단순히 인간 지능을 어설프게 흉내 낸 것이라기보다는 (역사적으로 그 방향의 연구가 중요한 연구 동기를 부여했던 것은 사실이지만), 인간 지능과는 질적으로 다른, 그래서 단순한 선형적 순서매기기가 그다지 생산적이지 않은 '다른' 종류의 지능임을 강조했다. 대다수의 인공지능 연구자들도 실제로는 이 점을 잘 알고 있으며(물론 인간 지능을 흉내 낸 인공지능이 훨씬 더 대중의 주목을 끌게 마련이므로 끊임없이 인간 지능과 자신의 연구 결과를 비교하려는 유혹에 빠지기는 하지만), 그래서 인간과의 위계적 관계를 암시하는 '인공' 지능이라는 표현보다는 지능을 기계적으로 구현한, 그래서 본질적으로 '다른' 종류의 지능일 수밖에 없는 기계지능이라는 개념을 더 자주 사용한다. 그런데 이 인공지능 혹은 기계지능이 인간 지능과 다른 방식이 우리에게는 매우 낯선 방식, 즉 인간에게는 매우 어려운 일을 기계지능으로 구현하기는 비교적 용이하되 그 일을 수행하는 '주관적 느낌'은 없기에, '자각 없는 수행(performance without awareness)'이라는, 우리에게는 매우 낯설고 당혹스러운 방식으로 작동한다. 한편 일찍이 모라벡이 지적했듯이, 그다지 '지적이라고' 평가하기 어려운 사람들도 별 어려움 없이 척척 해내는 일을 기계지능으로 구현하기는 상대적으로 매우 어려운데, 이 역시 지능이 작동하는 방식에 대한 우리의 익숙한 직관에 반하는 '낯선' 현상이다.

인공지능이 가진 이러한 '낯선' 존재론적 특징을 담아낼 수 있는 이론적 틀의 강력한 후보가 프랑스 기술철학자 브뤼노 라투르(Bruno Latour) 등이 제안한 행위자 네트워크 이론(ANT: Actor Network Theory)이다.[9] 이 이론틀의 가장 중요한 특징 중 하나는 근대 존재론 및 인식론의 근본 전제라고 할 수 있는 객체/주체의 견고한 이분법을 거부한다는 점이다. 이 말은 필요에 따라 분석대상이 되는 객체와 분석대상에서 제외되는 주체를 구별할 수 있음을 부인하는 것은 아니다. 단지

---

9 행위자 네트워크 이론에 대한 간략한 소개는 브뤼노 라투르, 『브뤼노 라투르의 과학인문학 편지』(사월의책, 2012) 참조. 라투르를 비롯한 ANT 이론가들의 논문을 모아 해제를 단 책으로 홍성욱 엮음, 『인간, 사물, 동맹: 행위자 네트워크 이론과 테크노사이언스』(이음, 2010) 참조.

합리적 이성으로 자신 외부의 사물과 현상을 분명하게 경계지워 경험하고 인식하는 주체의 절대적 실체성을 부인한다는 것이다. 이렇게 되면 자연스럽게 이론 내에서 '주관적 경험'이 갖는 인식론적 의미가 사라지게 된다.

실제로 행위자 네트워크 이론의 가장 핵심적인 (그리고 매우 논쟁적인) 특징 중 하나가 인간과 비인간 모두를 행위자(actor)로 간주하고 이론적 분석을 수행한다는 점이다. 인간이든 사물이든 네트워크 안에서 다른 행위자에게 인과적 영향을 끼칠 수 있다면, 주관적 경험의 유무나 자유의지에 기반을 둔 주체적 결정/행동에 무관하게 행위자로서 간주된다. 행위자 네트워크 이론 틀 내에서 더 본질적인 것은 인간이냐 인간의 주체적 행위의 대상이 되는 사물이냐가 아니라 인간/비인간 행위자, 즉 혼종적(heterogeneous) 행위자가 어떻게 서로 영향을 주고받으며 각자의 목적을 달성하기 위해 효과적이고 강력한 동맹을 구성하는지에 있다. 행위자 네트워크 이론의 이런 특징들이 인공지능과 인간의 상호작용을 분석하기에 적절한 존재론적 틀의 가능성을 제시한다.

구체적인 사례를 한번 생각해보자. 인공지능을 탑재한 자율주행차가 도입된 서울 도심 교통 상황을 상상해보자. 자율주행차 연구자들은 인공지능이 운전하는 자율주행차와 인간이 운전하는 일반 자동차가 섞여서 운행되는 도심 상황이 자율주행차만 운행하는 자율차 전용 고속도로 상황보다 훨씬 위험하다고 판단한다. 인간과 인공지능의 운전 '스타일'이 다를 수밖에 없고 사고로 이어질 수 있는 위급한 상황에서 순간적 직관에 따라 이후 행동을 결정하는 인간 운전자와 달리 자율주행차는 실시간으로 수집된 정보에 미리 정해진 알고리즘을 결합해 결정을 내릴 것이기에 이 두 결정 방식이 혼재된 도심 교통 상황은 더욱더 분석하기도 어렵고 통제하기도 어려울 것이기 때문이다.

이런 상황을 인간 중심주의적 오류를 범하지 않고 객관적으로 파악하고 효율적인 교통 통제 제도를 만들기 위해서는 자율주행차와 일반 자동차, 인간 운전자와 자율주행차에 탄 탑승객, 보행자, 자율주행차 제조사, 관련 공학자, 교통통제관, 자율주행차 관련 법률가, 도심에 있는 여러 지형지물 등을 모두 네트워크상의 행위자로 설정하고 이들 사이의 인과적 상호작용을 목적추구적 행동으로 분석하는 것을 시도해볼 수 있다. 이들 각각의 행위자는 서로 추구하는 이해관심(interests)이 조금씩 다르기에 사안에 따라 동맹이 형성될 수도 있고 대립이 형성될 수도 있다. 예를 들어 자율주행차에 탄 탑승객으로서는 자신의 안전이 최고의 이해관심일 것이고 이 이해관심은 자율주행차를 비롯한 수많은 행위자의 이해관심에 포함되겠지만 행위자마다 이 이해관심에 부여하는 가치는 다를 것이다. 예를 들어 보행자의 이해관심은 상황에 따라 자율주행차에 탄 탑승객의 이해관심과 정면으로 충돌할 수 있다. 결국 이 모든 이해관심의 상호작용은 자율주행차의 제조와 운행을 규제하는 법률 및 제도적 틀을 만드는 과정에서 영향을 끼치게 될 것이고 역으로 이렇게 만들어진 법과 제도적 틀은 자율주행차 관련 행위자들의 행동에 영향을 미치게 될 것이다. 이는 물론 네트워크가 작동하는 전형적인 방식이고, 여러 사례 연구를 통해 행위자 네트워크 이론이 다른 이론에 비해 가장 설득력 있는 분석을 제공했던 주제이다.

인간과 비인간을 대칭적 행위자로 설정해 인간의 '주체적 경험'에 대해 특별한 지위는커녕 분석 과정에 개입할 여지조차 없는 행위자 네트워크 이론은 이처럼 인공지능과 관련된 복잡한 상황, 특히 인간과 인공지능이 복잡하게 얽혀 있는 상황에서 법률적·제도적 판단을 내려야 할 경우에 유용하게 활용될 가능성이 있다. 하지만 이런 실용적 가치를 인정하더라도 행위자 네트워크 이론이 인공지능의 '낯섦'을 온전히 담아낸 존재론으로 적절한지에 대해서는 강한 의문이 남아 있다.

행위자 네트워크 이론이 인간과 인공지능을 포괄하는 새로운 존재론으로 기능하기 어려운 가장 큰 이유는 역설적으로 그 이론이 실용적 차원의 분석 도구로 유용한 이유와 같다. 즉, 행위자 네트워크 이론은 인공지능이 제기하는 가장 중요한 존재론적 도전인 인공지능의 '낯섦'을 무시하고 있다는 것이다. 이런 낯섦은 대체로 인간이 자신이 익숙한 '지능' 개념과 다른, 기능적으로 우수한 지능을 만났을 때 느끼는 '주관적 경험'인데, 행위자 네트워크 이론의 존재론에는 앞서 강조했듯이 인간의 이 '주관적 개념'이 들어갈 여지 자체가 없기 때문이다. 존재론적으로 다양한 행위자들의 이해관심이 어떻게 서로 상호작용하고 조정되어 결국에는 특정한 사회적·제도적·문화적 실천으로 표출되는지를 분석하고 이해하는 것이 목적이라면 행위자 네트워크 이론은 분명 '유용한' 이론틀이다. 하지만 그 네트워크에서 활동하는 행위자들이 존재론적으로 정확히 어떻게 다른지, 그리고 그 다름이 함축하는 바가 정확히 무엇인지에 대해서는 행위자 네트워크 이론은 침묵한다. 물론 사람 행위자와 인공지능 행위자 사이의 상호작용을 분석하면서 사람들이 왜 인공지능을 특정 방식으로 대하는지를 일종의 '문화적 선입견' 정도로 다룰 수는 있을 것이다. 하지만 이는 궁극적으로는 네트워크가 확장되는 방식에 영향을 끼치는 인과적 요소로서 다루는 것이지 진정한 의미의 존재론적 분석이 되기는 어려워 보인다.

정리하자면 행위자 네트워크 이론은 인간과 인공지능이 상호작용하는 상황에 대한 유용한 분석 도구가 될 수는 있지만 인간 지능과 인공지능 사이의 '다름'과 인간의 '주관적 경험'이 갖는 존재론적 의미를 깊이 있게 탐색하기에는 원리적 한계를 가진 이론이다. 그러므로 우리는 행위자 네트워크 이론을 구체적인 쟁점 사안에 대한 네트워크적 해결책을 마련하는 과정에서 유용하게 활용할 수는 있겠지만 인공지능의 낯섦을 적절히 반영하는 존재론적 틀은 다른 방식으로 모색해야 할 것이다.

6. 우주에서 인간 지능의 의미 찾기

인간은 자연스럽게 인공지능의 행위를 인간 마음에 대한 가정에 맞추어 해석하는 경향이 있다. 영국 경험주의 철학 전통에 따르면 이는 우리 인간 본성에 내재한 자연스러운 경향이다.[10] 사람들은 정색을 하고 물어보면 당연히 '마음' 같은 것이 있을 리 없다고 인정하는 일상적 사물들에 대해 자연스럽게 의인화를 하고 정서적 애착을 느낀다. 그러니 외부에 드러나는 행동 수준에서는 대단히 '지적으로' 느껴지는 수행 능력을 보이는 인공지능에 대해 의인화를 비롯한 다양한 인간중심적 가정을 하는 것은 너무도 당연한 일이다.

하지만 인공지능은 인간과 다른 방식으로 '실수'를 하고 다른 방식으로 사고를 한다. 이렇게 인간과 다른 방식의 지적 사고 능력에 주목하지 않으면 예상하지 못한 결과가 나올 수 있다. 사람의 정서적 집착에 상응하는 집착을 보여줄 수 없는 인공지능 로봇에게 탐닉할 수도 있고, 그러한 애착과 탐닉에 대해 인공지능 로봇이 마땅한 반응을 보이지 않는다고 느끼면 분노를 표출하거나 폭력적이 될 수도 있다. 얼핏 듣기에는 형용모순처럼 느껴지는 인공지능 심리학이 필요한 이유가 여기에 있으며, 진정한 감정을 갖지 않은 채 인간의 감정 표현을 효율적으로 흉내 내는 감정 로봇이 사회적 맥락에서 위험한 이유가 여기에 있다.

사실 찬찬히 생각해보면 인간과 인공지능을 대결 구도로 생각하고 인간이 그 대결에서 지는 게 자존심 상하는 일이라고 하는 것 자체가 이상스럽다. 어떤 논리학자도 컴퓨터보다 논리 연산을 빠르게 할 수는 없다. 이 점이 우리의 인간으로서의 자존심에 상처를 주는가? 그럴 리는 없다. 인간이 치타보다 빨리 뛰지 못한다는 점이 문제가 되지 않는 것과 마찬가지다.

하지만 육체적 능력이 아니라 지적인 능력에서는 기계가 결코 인

---

10 대표적인 영국 경험주의 철학자 데이비드 흄은 이를 사람이 가진 본성적 능력인 상상력이 발휘된 결과라고 지적했다.

간의 상대가 되지 못하리라는 생각이 오랜 기간 인간의 정체성을 규정해왔다. 또한 계산능력처럼 인간이 기계보다 못한 영역이 나타나면, 그 능력은 인간의 '고도' 정신 능력에 해당되지 않는다고 규정하거나 실수도 안 하고 계산을 척척 하는 능력은 '기계적'이라고 폄하하는 식으로 인간과 가계를 구별하는 일이 기계 발전의 역사에서 반복되어왔다.[11] 즉, 인간이 가진 매우 특수한 종류의 능력의 조합이 전 우주에서 가장 훌륭한 것이고 기계가 그것을 해내지 못할 때는 역시 인간이 우월하다고 자신하다가 기계가 그런 일을 해낸 순간 인간은 그런 기계적인 능력보다 더 훌륭한 능력을 갖고 있다고 자위해왔던 것이다.

인공지능이 아무리 발전하더라도 매 발전 단계마다 인공지능은 할 수 없고 인간은 할 수 있는 일을 찾아내는 것은 아마도 항상 가능할 것이다.[12] 하지만 그 능력이 인간 지능의 우수함을 보여준다거나 인

---

11 이와 관련된 역사적으로 흥미로운 수많은 사례는 브루스 매즐리시, 『네번째 불연속 - 인간과 기계의 공진화』(사이언스북스, 2001) 참조.

12 이런 주장이 가능한 이유는 설사 일반지능이 기계적으로 구현되고 인간이 할 수 있는 모든 기능적 작업에서 인간보다 기계가 우월해지더라도 여전히 인간은 인간만이 경험하는 '주관적 느낌(철학자들이 '감각질'이라고 부르는)'에 호소해서 인간의 우월성을 주장할 가능성이 남기 때문이다. 물론 주관적 느낌'이 존재론적으로 도대체 왜 그렇게 가치 있는 것인지에 대해서는 논증이 필요할 것이다. 하지만 현재 시점에서는 이러한 주관적 느낌이 어떻게 존재론적으로 등장할 수 있는지조차 해명되지 않고 있기에 기계지능이 가까운 미래에 감각질을 갖게 될 가능성은 높지 않아 보인다. 감각질에 관한 조금 더 자세한 설명과 논의는 이 책의 2장 3.2)절을 참조.

간 지능을 규정하는 정체성이 된다고 생각하는 것은 좀 우습다. 왜 우리가 가진 지능의 본질을 인공지능이 못 하는 것으로 정의해야 하는가? 그보다 더 '성숙한' 자세는 이 우주에는 다양한 지능이 존재할 수 있고 인간의 지능은 그것 중 하나에 불과하다는 평범한 사실을 겸손하게 인정하는 게 아닐까? 어차피 인공지능이 사회적으로 널리 퍼져 있는 현 상황에서 그 사실에서 출발해 다른 종류의 지능과 함께 사는 방법을 모색하는 것이 더 생산적인 태도일 것이다.

이렇게 지능의 본성에 대해 존재론적으로 다원주의적 태도, 즉 우주에는 원칙적으로 다양한 '종류'의 지능이 존재할 수 있고 우리 인간의 지능은 독특하기는 하지만 다른 모든 가능한 종류의 지능을 압도하는 위치를 점유하지 않는다는 시각에서 출발하더라도 여전히 남는 본질적 질문은 여럿이다.

우선 가장 쉽게 떠오르는 질문은 이렇게 다원주의적으로 설정된 다양한 지능이 함께 모여 사는 사회에서 어떤 관계 설정이 바람직한지와 관련된다. 예를 들어, 동물도 상당한 수준에서 인지적 능력을 갖고 있음이 입증되었고 우리는 (반드시 동물의 인지적 능력을 인정하기 때문만은 아니지만) 예전보다는 훨씬 더 동물의 권리를 긍정하게 되었다. 하지만 그렇다고 해서 우리 모두가 채식주의자가 되어야 한다거나 인간과 '동등하게' 동물을 대우해야 한다는 생각이 자동적으로 보편타당한 설득력을 얻게 되는 것은 아니다. 동물의 인지 능력, 특히 우리와 다른 '종류'의 인지 능력을 인정하고 나서도 여전히 우리는 인간과 동물 사이의 '정당한' 관계 맺음이 무엇인지에 대해 논의하고 사회적으로 결정을 내려서 제도화해야 하는 과업을 갖는다. 마찬가지로 인공지능이 인간과 '다른' 종류의 지능이라는 점을 인정한다고 해서 곧바로 로봇의 권리나 인공지능권 같은 새로운 권리가 정당화되는 것은 아니다.

예를 들어 극단적으로 생각해서 우리가 권리 가짐의 필수적 요건으로 '자기주체적 느낌'을 요구한다면 아무리 탁월한 초지능도 '의식'이나 '주관적 느낌'을 갖기 전에는 권리를 향유할 수 없다. 필자가 이런 생각을 옹호하는 것은 아니다. 다만 인공지능에 대한 다원주의적 존재론을 받아들이더라도 사회적·윤리적으로 복잡한 문제는 여전히 남는다는 점을 강조하고 싶을 뿐이다.

이런 원리적 문제 말고도 가까운 미래에 시급하게 해결되어야 할 더 현실적인 문제도 있다. 인공지능의 다양한 구현 형태를 인식론적으로 어떻게 규정하고 그것에 대한 기술철학적 함의를 해명하는 일은 인공지능 기술의 발달 과정에서 실시간으로 이루어져야 할 과제이다. 이런 과제를 하나씩 해결하다 보면 궁극적으로 더 큰 문제, 즉 우주에서 인공지능과 인간의 위치 및 둘 사이의 관계 설정에 대한 해답의 실마리를 찾을 수 있을 것이다. 그리고 그 실마리를 찾게 된다면 모라벡이 전망하듯이 인공지능이 우리의 후손이 될지, 아니면 인류 역사에서 수많은, 놀라운 기계 장치가 그러했듯 우리의 삶에 통합된 우리의 도구가 될지에 대한 답도 더 분명하게 제시할 수 있을 것이다.

참고문헌

도킨스, 리처드(Richard Dawkins) 외. 2018. 『조상 이야기』. 이한음 옮김. 까치.

드 발, 프란스(Frans de Waal). 2017. 『동물의 생각에 관한 생각』. 이충호 옮김. 세종서적.

라투르, 브뤼노(Bruno Latour). 2012. 『브뤼노 라투르의 과학인문학 편지』. 이세진 옮김. 사월의책.

매즐리시, 브루스(Bruce Mazlish). 2001. 『네번째 불연속: 인간과 기계의 공진화』. 김희봉 옮김. 사이언스북스.

모라벡, 한스(Hans Moravec). 2011. 『마음의 아이들』. 박우석 옮김. 김영사.

베니어스, 재닌(Janine Benyus). 2010. 『생체 모방』. 최돈찬, 이명희 옮김. 시스테마.

실버, 네이트(Nate Silver). 2014. 『신호와 소음』. 이경식 옮김. 더퀘스트.

카너먼, 대니얼(Daniel Kahneman). 2012. 『생각에 관한 생각』. 이진원 옮김. 김영사

테그마크, 맥스(Max Tegmark). 2017. 『맥스 테그마크의 라이프 3.0』. 백우진 옮김. 동아 시아.

하라리, 유발(Yuval Noah Harari). 2015. 『사피엔스』. 조현욱 옮김. 김영사.

홍성욱 외. 2010. 『인간, 사물, 동맹: 행위자 네트워크 이론과 테크노사이언스』. 홍성욱 엮음. 이음.

Wehner, R. 2003. "Desert ant navigation: How miniature brains solve complex tasks." in J. Comp(ed.). *Journal of Comparative Physiology. A, Sensory, Neural, and Behavioral Physiology*, Vol.189, Issue 8, pp.579~588.

찾아보기

지은이

박충식

박충식은 한양대학교 전자공학과를 졸업하고, 연세대학교 전자공학과(인공지능 전공)에서 공학박사 학위를 받았다. 1994년부터 유원대학교(구 영동대학교) 스마트IT학과 교수로 재직 중이다. 지식 기반 시스템, 컴퓨터 비전, 자연언어 처리, 빅데이터, 기계학습, 에이전트 기반 소셜 시뮬레이션 등의 기술과 지능형 교육 시스템, 지능형 재난정보 시스템, 스마트 팩토리, 스마트 시티, 등의 주제에 대해 구성주의적 관점의 인공지능 구현을 연구하고 있으며, 인문사회학과 인공지능의 학제적 연구에 관심을 가지고 있다.
『제4차 산업혁명과 새로운 사회 윤리(인공지능과 포스트휴먼 사회의 규범 1)』(2017), 『논어와 로봇』(2012), 『유교적 마음 모델과 예교육』(2009)을 공동 저술하고, 프란시스코 바렐라의 『윤리적 노하우』(2009)를 공동 번역했다. 2015년부터 현재까지 이코노믹 리뷰에 전문가 칼럼[박충식의 인공지능으로 보는 세상(http://www.econovill.com/)]을 연재하고 있다.

이영의

이영의는 고려대학교 철학과를 졸업하고 미국 뉴욕 주립대학에서 박사 학위를 받았다. 한국과학철학회 회장을 역임했으며 현재 한국철학상담치료학회 회장직을 맡고 있다. 강원대학교 인문과학연구소 교수로 재직 중이며 베이즈주의 인식론, 체화된 인지, 신경철학, 철학 상담 등에 관심을 갖고 있다.
저서로 『입증』(공저, 2018), *Understanding the Other and Oneself*(공저, 2018), 『부모의 공감교육이 아이의 뇌를 춤추게 한다』(공저, 2016), 『베이즈주의: 합리성으로부터 객관성으로의 여정』(2015), 『몸과 인지』(공저, 2015) 등이 있고, 논문으로 「이원론적 신경과학은 가능한가?」(2017), "Can Scientific Cognition be Distributed?"(2017), 「인공지능과 딥러닝」(2016), "Teleological Narrative Model of Philosophical Practice"(2016), 「고통변증법」(2016), 「체화된 인지의 개념 지도: 두뇌의 경계를 넘어서」(2015) 등이 있다.

고인석

고인석은 서울대학교 물리학과와 연세대학교 대학원 철학과를 졸업하고 독일 콘스탄츠 대학 철학과에서 과학철학을 전공해 박사 학위를 받았다. 연세대학교 철학연구소, 전북대학교 과학문화연구센터 연구원과 이화여자대학교 교수를 거쳐 인하대학교 철학과 교수로 재직 중이다. 주된 연구 분야는 과학철학이고, 최근에는 지능을 가진 인공물의 존재론과 윤리에 관한 연구라는 관점에서 지각, 행위, 주체성 등의 주제를 연구하고 있다. 현재 한국과학철학회 회장이다.

저서로 『과학의 지형도』(2007)가 있고, 에른스트 마흐의 『역학의 발달: 역사적-비판적 고찰』 (2014)을 번역했다. 『인간의 탐색』(2016), 『과학철학: 흐름과 쟁점, 그리고 확장』(2011), 『인터-미디어와 탈경계 문화』(2009) 등을 공저하고 에른스트 마이어의 『이것이 생물학이다』를 공역했으며, 「로봇윤리의 기본 원칙: 로봇 존재론으로부터」(2014), 「아시모프의 로봇 3법칙: 윤리적인 로봇 만들기」(2011) 등 로봇윤리에 관한 논문들을 발표했다.

이중원

이중원은 서울대학교 물리학과에서 학사 및 석사 학위를 취득하고, 동 대학원 과학사 및 과학철학 협동과정에서 과학철학으로 이학박사 학위를 받았다. 현재 서울시립대학교 철학과 교수로 재직 중이다. 서울시립대학교에서 인문대학 학장 및 교육대학원장, 교육인증원장을 역임했고, 한국과학철학회 회장을 지냈다. 주로 과학철학과 기술철학을 강의하고 있으며, 주요 관심 분야는 현대 물리학인 양자이론과 상대성 이론의 철학, 기술의 철학, 현대 첨단기술의 윤리적·법적·사회적 쟁점 관련 문제들이다.

공저로 『정보혁명』(2016), 『양자, 정보, 생명』(2016), 『욕망하는 테크놀로지』(2009), 『필로테크놀로지를 말한다』(2008), 『과학으로 생각한다』(2007), 『인문학으로 과학 읽기』(2004), 『서양근대철학의 열 가지 쟁점』(2004) 등이 있고, 논문으로는 「로봇의 존재론적 지위에 관한 동·서 철학적 고찰」(2016), 「나노기술 기반 인간능력향상의 윤리적 수용가능성에 대한 일고찰」(2009), 「양자이론에 대한 반프라쎈의 양상해석 비판」(2005), 「실재에 관한 철학적 이해」(2004), 「현대 물리학의 자연인식 방식과 과학의 합리성」(2001) 등이 있다.

천현득

천현득은 서울대학교에서 물리학을 공부하고, 동 대학원에서 과학철학 전공으로 석사와 박사 학위를 받았다. 주된 연구 분야는 과학기술철학과 인지과학철학이다. 미국 피츠버그 대학 방문연구원, 서울대학교 인지과학연구소 연구원을 거쳐, 현재 이화여자대학교 이화인문과학원 교수로 재직 중이다. 한국과학철학회와 한국인지과학회에서 이사로 활동하고 있다. 공저로 『포스트휴먼 시대의 휴먼』(2016), 『과학이란 무엇인가』(2015), *Oxford Handbook of Philosophy of Science*(2016)가 있으며, 『실험철학』(2015), 『역학의 철학』(공역, 2015), 『증거기반의학의 철학』(공역) 등을 우리말로 옮겼다. 논문으로는 「쿤의 개념 이론」, 「진화심리학의 아슬아슬한 줄타기: 대량모듈성에 대한 재고」, 「포스트휴먼 시대의 인간 본성」, 「인공지능에서 인공 감정으로」, "In What Sense Is Scientific Knowledge Collective Knowledge?", "Distributed cognition in scientific contexts", "Meta-incommensurability Revisited" 등이 있다.

정재현

정재현은 서강대학교 철학과 학부와 대학원을 졸업하고, 미국 하와이 주립대학에서 박사 학위를 받았다. 제주대학교를 거쳐 현재 서강대학교 철학과 교수로 재직 중이다. 주된 관심 분야는 동아시아의 언어, 논리사상과 동아시아의 덕윤리, 덕정치철학이다.
저서로 『고대 중국의 명학』(2012), 『묵가사상의 철학적 탐구』(2012)가 있으며, 공저로 *Cultivating Personhood: Kant and Asian Philosophy*(2010), 『중국철학』(2007), 『차이와 갈등에 대한 철학적 성찰』(2007), 『21세기의 동양철학』(2005), 『논리와 사고』(2002) 등이 있다. 주요 논문으로는 「Rectification of Names to Secure Ethico-Political Truth」(2017), 「유학에 있어서 도의 추구와 행복」(2015), 「Xunzi's Sanhuo」(2012) 등이 있다.

신상규

신상규는 서강대학교 철학과에서 학사, 석사 졸업 후 미국 텍사스 대학에서 철학박사 학위를 받았다. 현재 이화여자대학교 이화인문과학원 교수로 재직 중이다. 의식과 지향성에 관한 다수의 심리철학 논문을 저술했고, 현재는 확장된 인지와 자아, 인공지능의 철학, 인간향상, 트랜스휴머니즘, 포스트휴머니즘을 연구하고 있다.

저서로 『호모 사피엔스의 미래: 포스트휴먼과 트랜스휴머니즘』(2014), 『푸른 요정을 찾아서: 인공지능과 미래인간의 조건』(2008), 『비트겐슈타인: 철학적 탐구』(2004) 등이 있고, 『내추럴-본 사이보그』(2015), 『우주의 끝에서 철학하기』(2014), 『커넥톰, 뇌의 지도』(2014), 『라마찬드란 박사의 두뇌 실험실』(2007), 『의식』(2007), 『새로운 종의 진화 로보사피엔스』(2002)를 우리말로 옮겼다.

목광수

목광수는 서울대학교 철학과를 졸업하고, 동 대학원에서 석사 학위, 미시간 주립대학에서 박사 학위를 받았다. 현재는 서울시립대학교에서 윤리학 교수로 재직 중이며, 한국윤리학회, 과학철학회, 한국생명윤리학회에서 이사로 활동하고 있다. 윤리학과 정치철학 관련 연구를 해오고 있으며, 최근에는 존 롤스의 정의론과 아마르티아 센의 역량 접근법에 대한 연구, 인공 지능과 관련된 윤리적 문제에 대해 연구하고 있다.

공저로는 『우리 시대의 책 읽기』(2017), 『동물실험윤리』(2014), 『처음 읽는 윤리학』(2013), 『비판적 사고』(2012), 『정의론과 사회윤리』(2012) 등이 있으며, 주요 논문으로는 「인공 지능 시대의 정보 윤리학: 플로리디의 '새로운' 윤리학」(2017), 「전지구화 시대에 적합한 책임 논의 모색」(2017), 「롤즈의 자존감과 자존감의 사회적 토대의 역할과 의미에 대한 비판적 고찰」(2017), 「기후변화와 롤즈의 세대간 정의」(2016), "Revising Amartya Sen's capability approach to education for ethical development"(2016), 「생명의료윤리학에 적합한 공통도덕 모색」(2015) 등이 있다.

이상욱

이상욱은 서울대학교 물리학과에서 이학사 및 이학석사를 마친 후, 영국 런던 대학(LSE)에서 복잡한 자연 현상을 물리학의 모형을 통해 이해하는 것과 관련된 철학적 쟁점에 대한 연구로 철학박사 학위를 받았으며 이 학위 논문으로 매켄지상을 수상했다. 현재 한양대학교 철학과 교수로 재직 중이며, 주로 현대 과학기술이 제기하는 다양한 철학적·윤리적 쟁점을 폭넓은 과학기술학(STS)적 시각과 접목해 연구하고 있다. 2003년부터 한양대학교 전교생을 대상으로 '과학기술의 철학적 이해'라는 기초 필수과목을 설강해 운영했으며, 2005년부터는 학제적 과학기술학(STS) 융합 전공, 2016년부터는 테크노사이언스인문학 마이크로 전공을 학부에 개설해 운영 중이다.

공저로 한양대학교 융합 기초교양과목의 교재인 『과학기술의 철학적 이해』(제6판)(2017), 『과학은 논쟁이다』(2017), 『뇌과학, 경계를 넘다』(2012), 『과학 윤리 특강』(2011), 『욕망하는 테크놀로지』(2009), 『과학으로 생각한다』(2007), 『뉴턴과 아인슈타인』(2004) 등이 있으며, 논문으로 「자극에 반응하고 조절되는 인간」(2016), 「바이오 뱅크의 윤리적 쟁점」(2012), 「인공지능의 한계와 일반화된 지능의 가능성」(2009), 「대칭과 구성: 과학지식사회학의 딜레마」(2006), 「전통과 혁명: 토마스 쿤 과학철학의 다면성」(2004) 등이 있다.

포스트휴먼 시대의 인공지능 철학 02
인공지능의 윤리학

인간의 창조물, 인공지능과의 동행을 위한 철학적 성찰
9인의 연구자들이 포스트 휴먼의 관점에서
인공지능과의 공존의 윤리학을 새롭게 규명한다

전통적 관점에서 윤리학은 엄밀히 말해 도덕적 사고와
행위의 유일한 주체인 인간의 것이었다. 인간만이 도덕
성과 자율성 그리고 자유의지를 지니고 있고, 따라서 인
간만이 행위에 대해 책임질 수 있다고 보았기 때문이다.
인간 외의 타자들은 도덕적 주체로서가 아니라 도덕적
대상으로만 간주되었다.

하지만 스스로 학습을 통해 자율적으로 사고하고 행동
할 줄 아는 새로운 존재자인 인공지능(AI)의 등장은 다음
과 같은 질문들을 계속해서 던져주고 있다.

인공지능은 전통적으로 인간에게만 귀속되었던 윤리적
행위자의 지위를 가질 수 있는가? 아니면 이제 인공지
능과 같은 새로운 기술적 존재자를 포괄할 수 있는 새로
운 행위자 개념이 필요한가?

인공지능에 관심이 있는 독자들에게〈인공지능의 윤리
학〉은 그에 대한 흥미와 논의의 화두, 지적 갈망을 충족
시켜 주는 책이 될 것이다.

엮은이
이중원

지은이
이중원
고인석
이영의
고인석
천현득
정재현
신상규
목광수
이상욱

2019년 12월 2일 발행
신국판
336면

한울아카데미 2081
포스트휴먼 시대의 인공지능 철학 01

인공지능의 존재론

ⓒ 이중원 외, 2018

엮은이 ㅣ 이중원
지은이 ㅣ 이중원 · 박충식 · 이영의 · 고인석 · 천현득 · 정재현 · 신상규 · 목광수 · 이상욱
펴낸이 ㅣ 김종수
펴낸곳 ㅣ 한울엠플러스(주)
편집책임 ㅣ 최진희

초판 1쇄 발행 ㅣ 2018년 6월 29일
초판 2쇄 발행 ㅣ 2021년 2월 10일

주소 ㅣ 10881 경기도 파주시 광인사길 153 한울시소빌딩 3층
전화 ㅣ 031-955-0655
팩스 ㅣ 031-955-0656
홈페이지 ㅣ www.hanulmplus.kr
등록번호 ㅣ 제406-2015-000143호

Printed in Korea.
ISBN 978-89-460-8025-6 93400